# 良いコード／悪いコード

で学ぶ
設計入門

仙塲大也[著]

保守しやすい
成長し続けるコードの書き方

技術評論社

# はじめに

ソフトウェア開発で、こんな経験はありませんか。

- どこかのコードを変更すると、別の箇所でバグが発生した。
- 変更の影響がありそうな箇所を、あちこち探し回らなければならなくなった。
- コードを読んでいるだけで日が暮れてしまった。
- 簡単だと思っていた仕様変更やバグ修正に何日も費やしてしまった。

そして、こうしたつらさを覚えつつも、原因が何なのかわからない。あるいはソースコードのつくりに問題がありそうなのはなんとなく感じつつも、どう改善すればいいのかわからない。このように悩んだことはないでしょうか。

　原因がわからない理由は何でしょうか。それは、変更に強い「あるべき構造」を知らないからです。ソフトウェア関係ではないたとえですが、正方形は「4つの辺の長さがすべて等しく、内角がすべて直角の図形」であることを我々は知っています。この正方形の定義を知っているおかげで、辺の長さが一部違っていたり、内角の一部が直角ではない図形を見たとき、「これは正方形ではない」と我々は知覚できます。ソフトウェア設計も同様に、あるべき構造を知ると、良くない構造をはっきり知覚できます。

　西洋では、悪魔の真名（まな）を知ることで、悪魔を支配し、従わせることができるとされています。大昔、疫病が流行したとき、人々は「悪魔のしわざ」などと恐れていました。病原菌の発見により、疫病の対処方法が劇的に革新されていきました。悪魔の真名―すなわち正体を知覚できれば、正しく対処できます。

　本書では、開発力をおとしめ、ソフトウェアの成長を阻害する、設計や実装上の問題を「悪魔」とたとえます。設計や実装上の問題も同様に、正体を知覚できれば正しく対処できます。

　本書は、ソフトウェア開発に潜む悪魔を知覚し、退治できるようになるための設計技術書です。

　開発力を落とす、悪魔を呼び寄せる良くない構造を事例に、原因は何か、どう設計すれば良いのかを解説します。本書の理解を通じて、「悪魔の正体を見破る目」と「悪魔を退治する武器」が備わります。

　ソフトウェアがすばやく成長できるよう、本書を片手に悪魔退治の旅に出かけましょう。

**図A** 悪魔に注意せよ

## 本書の対象読者

　本書は、オブジェクト指向プログラミング言語を使うソフトウェア開発者向け
に書かれています。

　対象レベルとしては、オブジェクト指向プログラミング言語の基礎知識はある
ものの、設計がよくわからない／自信がない方、これから設計をしっかり学びは
じめようと考えている方を想定しています。

## 本書でオブジェクト指向設計を取り扱う理由

　筆者はアプリケーションアーキテクトとして、システム設計に従事していま
す。メンテナンス困難になったシステムの設計立て直しや、拡張性向上などの設

計をしています。

　本書ではサンプルコードとして、大変多くの悪しきコードが登場します。それらはどれも、筆者が実際に遭遇したコードを、皆さんにとってわかりやすいようにゲームなどのたとえに変えて再構成したものです。

　筆者はこれらの課題にオブジェクト指向設計で立ち向かい、改善しています。本書は、筆者が活用しているオブジェクト指向設計の実践的ノウハウを記したものです。

　設計とは、課題を効率的に解決するしくみづくりのことです。オブジェクト指向には、複雑なロジックを区分けして整理し、秩序ある構造へ成長させるさまざまな設計テクニックがあります。本書では悪しきコードを良いコードへ成長させる、オブジェクト指向の実践的テクニックを解説します。

# 本書で使用するプログラミング言語

　本書のサンプルコードは、一部をのぞきJavaで書かれています。

　Javaを採用した理由は、使用者が非常に多いプログラミング言語であり、多くの読者に広く読んでいただきたいこと。また、Javaは設計関連の話題が豊富であり、読者の皆さんが今後自主的に学ぶ上で、入口として最適と判断したためです。

　筆者にはC#、C++、Ruby、JavaScriptといったオブジェクト指向プログラミング言語の使用経験があります。本書は、オブジェクト指向であれば、言語を問わず広く有効な設計手法となるよう考慮して書かれています。Java独自の言語仕様やフレームワーク知識はあまり用いていません。オブジェクト指向プログラミング言語を利用している開発者であれば、読み替えはさほど難しくはないでしょう。

　また筆者には、業務ではWebアプリ、Windowsアプリ、組込みソフトウェアの開発経験。個人ではゲームの開発経験があります。Webアプリだけ、といった特定のIT領域限定ではなく、オブジェクト指向プログラミング言語ならば、どのIT領域でも広く活用可能な設計手法としても、本書は書かれています。

# 本書の構成

| 章 | 解説内容 | 段階 |
|---|---|---|
| 1 悪しき構造の弊害を知覚する | 悪しき構造の弊害を通じて、設計の重要さを認識する。 | 入門 |
| 2 設計の初歩 | 簡単な改善例から、何をするのが設計かを学ぶはじめの一歩。 | 入門 |
| 3 クラス設計―すべてにつながる設計の基盤― | 本書全体のベースとなる、クラスとオブジェクト指向設計の基礎を学ぶ。 | 実践 |
| 4 不変の活用―安定動作を構築する― | 予測可能な動作にするための、不変。 | 実践 |
| 5 低凝集 ―バラバラになったモノたち― | 本来まとまるべきコードどうしがバラバラに散在してしまう問題の対策。 | 実践 |
| 6 条件分岐―迷宮化した分岐処理を解きほぐす技法― | 複雑な条件分岐の整理、構造化の方法。 | 実践 |
| 7 コレクション―ネストを解消する構造化技法― | 複雑なリスト処理の整理、構造化の方法。 | 実践 |
| 8 密結合 ―絡まって解きほぐせない構造― | さまざまなコードが結合し、メンテ困難になったクラスの分割。 | 実践 |
| 9 設計の健全性をそこなうさまざまな悪魔たち | ここまで紹介しきれなかった悪しきコードと対策。 | 実践 |
| 10 名前設計―あるべき構造を見破る名前― | 名前が構造に密接に関わることを学び、構造改善する名前設計の考え方を身につける。 | 実践 |
| 11 コメント―保守と変更の正確性を高める書き方― | 読み手を混乱させる悪しきコメントと、理解を促す良いコメント。 | 実践 |
| 12 メソッド（関数）―良きクラスには良きメソッドあり― | メソッドの設計方法を集中的に解説。 | 実践 |
| 13 モデリング―クラス設計の土台― | クラスの区分けや構造のベースとなるモデリングの考え方。 | 発展 |
| 14 リファクタリング―既存コードを成長に導く技― | 実装済みの悪しきコードを良いコードに改善するリファクタリングの方法。 | 発展 |
| 15 設計の意義と設計への向き合い方 | 本書の設計意義「成長性」を軸に、設計への向き合い方を考える。 | 発展 |
| 16 設計を妨げる開発プロセスとの戦い | コード品質を低下させる開発プロセスの諸問題。 | 発展 |
| 17 設計技術の理解の深め方 | スキルアップのためのブックガイド、学習法。 | 発展 |

# 謝辞

　本書は多くの方々との出会いやご協力により完成しました。お世話になった皆さんを紹介します。

　本書をレビューしてくださった増田亨さん、加藤潤一さん、谷本心さん、岡村謙さん。すばらしいエンジニアである皆さんからの、厳しくも力強いご指摘のおかげで、本書の品質と価値が大幅に向上しました。

　これまで筆者と仕事をしてきた皆さん。皆さんとの仕事で得た数多の経験が、本書の血肉になっています。

　設計コミュニティの皆さん。コミュニティで得た知見が、本書の価値を強化しています。皆さんとの楽しいやりとりが、設計の原動力になっています。

　筆者が子供のころ、当時高額だったパソコンを買い与えてくれた父と母。あれが、筆者がプログラマーとしての道を歩む第一歩でした。そして今につながっています。

　本書執筆のご提案と編集に携わられた、技術評論社の野田大貴さん。筆者にとって初めての執筆でわからないところ、ご丁寧かつさまざまなサポートをいただきました。

　ゲーム制作ツール『RPGツクール』関係者の皆様、そしてツクラー（RPGツクールを用いたゲーム制作者）の皆さん。筆者がTwitterにアップした風刺動画を、野田さんがご覧になったことが、本書執筆のきっかけです。動画はRPGツクールで制作したものです。ツクラーの皆さんの、斬新で奇抜なアイデアが刺激となり、良い作風に仕上がりました。おかげで動画がたくさんの方からシェアされ、野田さんとの出会いにつながり、執筆にいたったのです。

　そしてこれまで一緒に家庭を築いてきた妻と子へ。家族の力強い支えがあったからこそ、約1年9か月の長きにわたる執筆を乗り切ることができました。

　そのほか、ここに挙げきれなかったさまざまな関係者も含め、皆さんに感謝と敬意を表します。皆に幸あれ！

# 目 次

## 第1章
## 悪しき構造の弊害を知覚する　　　　　　　　　　　　　　　　1

## 第2章
## 設計の初歩　　　　　　　　　　　　　　　　　　　　　　　13

## 第3章
## クラス設計 ―すべてにつながる設計の基盤―　　　　　　　21

# 第9章
# 設計の健全性をそこなうさまざまな悪魔たち 179

# 第10章
# 名前設計 ―あるべき構造を見破る名前― 203

# 第11章

## コメント ―保守と変更の正確性を高める書き方― 245

# 第12章

## メソッド（関数） ―良きクラスには良きメソッドあり― 255

第 **13** 章

# モデリング ―クラス設計の土台―
267

第 **14** 章

# リファクタリング ―既存コードを成長に導く技―
291

## 第 **15** 章
# 設計の意義と設計への向き合い方　319

第 **16** 章

## 設計を妨げる開発プロセスとの戦い　　341

第 **17** 章

## 設計技術の理解の深め方　　363

第 **1** 章

## 悪しき構造の弊害を
## 知覚する

　良き構造[*1]へ改善を進めるには、まず悪しき構造の弊害を知覚することが必須です。そのうえで変更に強い良き構造を知ると、ギャップとして悪しき構造の具体的課題を認識できるようになり、設計改善が可能になります。

　かつて、筆者が従事した開発プロジェクトが炎上したことがありました。バグ[*2]が頻発し、リリース可能な品質まで移行できず、長時間残業が慢性化し、疲弊する毎日でした。

　炎上の原因がなんなのか、はじめのころ筆者もよくわかっていませんでした。さまざまな技術書との出会いにより、理解を簡単にする、バグ発生を抑止する、良い設計の存在を知りました。そのおかげで、炎上を生み出す、悪しき構造を知覚できるようになりました。

　設計の重要さを知覚するには、設計をないがしろにするとどんな弊害が起こるのかを知ることが第一歩です。弊害とは、たとえば以下です。

- コードを読み解くのに時間がかかる
- バグを埋め込みやすくなる
- 悪しき構造がさらに悪しき構造を誘発する

　本章は、悪しき構造の弊害を知覚できるようになることを目的とします。

　いくつかのサンプルを例に、悪しき構造が引き起こす弊害をダイジェスト的に紹介していきます。

## 1.1
## 意味不明な命名

　良くない命名が引き起こす悪影響を紹介します。

　リスト 1.1 で、各ロジックが何を意味するかわかるでしょうか。

 リスト 1.1　技術駆動命名

```
class MemoryStateManager {
  void changeIntValue01(int changeValue) {
    intValue01 -= changeValue;
```

---

[*1]　プログラム構造には、クラスやメソッドなどさまざまな粒度があります。本書では特に断りがない限り、「構造」という言葉は、粒度に関係なくプログラム構造全般を意味するものとします。

[*2]　「プログラムの欠陥によりシステム仕様を満たせないこと」をバグと定義します。

```
    if (intValue01 < 0) {
      intValue01 = 0;
      updateState02Flag();
    }
  }
  ...
}
```

おそらくまったくわからないでしょう。

よく見ると、型名を表す Int、メモリ制御を表す Memory や Flag など、プログラミング用語やコンピューター用語にもとづいた名前が見られますね。こうした技術ベースでの命名を**技術駆動命名**と呼びます（10.4.1参照）[*3]。

ほかの例も見てみましょう。

 リスト 1.2 連番命名

```
class Class001 {
  void method001();
  void method002();
  void method003();
  ...
}
```

リスト 1.2 のように、クラスやメソッドに対し番号付けで命名するのを**連番命名**と呼びます（10.5.4参照）。

技術駆動命名や連番命名は、意図がまったく読み取れない、悪しき手法です。

こうしたコードは理解が難しくなります。読み解くのに膨大な時間がかかります。理解が不十分なまま変更するとバグ化します。

こうしたリスクを下げるため、スプレッドシートなどを用いた対応表がつくられる場合があります。各クラスやメソッドの仕様を説明したドキュメントです。しかし、この手のドキュメントは忙しさなどからメンテナンスされなくなっていきます。コードの仕様変更にドキュメントのメンテナンスが追いつかず、ドキュメントが嘘をつきはじめるのです。不正確なことが書かれているわけですから、後任の担当者は混乱し、バグを埋め込む可能性が増大します。

さらには、ロジックが不必要に複雑化しやすいです。意図や目的を表現した命名をすることで構造が簡明になります（第10章で解説）。

---

[*3] 本書では、いくつかの箇所で説明を簡素にするために Manager という名前を用いています。実はこれは問題の多い名前です。10.5.2 を参照してください。

## 1.2
# 理解を困難にする条件分岐のネスト

　条件分岐は、条件に応じて処理を切り替えるための、プログラミングの基本制御です。一方で、条件分岐をずさんに扱うと、悪魔となって開発者を苦しめることになります。

　リスト1.3は、RPG（ロールプレイングゲーム）における魔法発動までの条件を実装した例です。

**✗ リスト1.3** 何重にもネストしたロジック

```
// 生存しているか判定
if (0 < member.hitPoint) {
  // 行動可能かを判定
  if (member.canAct()) {
    // 魔法力が残存しているかを判定
    if (magic.costMagicPoint <= member.magicPoint) {
      member.consumeMagicPoint(magic.costMagicPoint);
      member.chant(magic);
    }
  }
}
```

　RPGでは、メンバーが魔法の指示を受けても必ず魔法を発動できるとは限りません。順番が回ってくるまでに、敵の攻撃で戦闘不能、眠りや麻痺で動けなくなる状態に陥ることがあります。したがってこのコードのように、魔法発動可能かどうかを何重にも判定する必要があります。

　このコードはif文の中にif文、さらにその中にif文……というように、if文が入れ子構造になっています。このような入れ子構造を**ネスト**、または**ネストしている**と呼びます。

　ネストしているとコードの見通しが悪くなってきます。どこからどこまでがif文の処理ブロック[*4]なのか読み解くのが難しくなります。ひどいものではリスト1.4のように書かれていることがあります。

---

*4　{}、中括弧でくくられた処理範囲。

**✕** リスト1.4 巨大なネスト

```
if (条件) {
  //
  // 数十～数百行に及ぶ何かの処理
  //
  if (条件) {
    //
    // 数十～数百行に及ぶ何かの処理
    //
    if (条件) {
      //
      // 数十～数百行に及ぶ何かの処理
      //
      if (条件) {
        //
        // 数十～数百行に及ぶ何かの処理
        //
      }
    }
    //
    // 数十～数百行に及ぶ何かの処理
    //
  }
  //
  // 数十～数百行に及ぶ何かの処理
  //
}
```

　なんの冗談かと思うかもしれませんが、この手のコードは実在します。

　条件が複雑になると見通しが悪くなり、理解が困難になります。理解困難になるとデバッグに時間がかかったり、仕様変更に時間がかかったりします。分岐ロジックを正確に理解できずに仕様変更した場合、バグとなってしまいます（詳細は6.1にて解説します）。

# 1.3
# さまざまな悪魔を招きやすいデータクラス

　データクラスは、設計が不十分なソフトウェアで頻繁に登場するクラス構造です。データクラスは単純な構造でありながら、さまざまな悪魔を招きやすく、開発者を苦しめます。

　金額を扱うサービスを例に、データクラスの何がマズいのかを見ていきましょう。

　業務契約を扱うサービスがあるとします。そのサービスでは契約金額を扱う仕様だとします。何も考えずに実装すると、リスト1.5のようなクラス構造になりがちです。

 **リスト1.5** データしか持たないありがちなクラス構造

```
// 契約金額
public class ContractAmount {
  public int amountIncludingTax;  // 税込み金額
  public BigDecimal salesTaxRate; // 消費税率
}
```

　税込み金額と消費税率をpublicなインスタンス変数として持ち、自由にデータの出し入れが可能な構造です。データを保持するだけのクラスを**データクラス**と呼びます。

　さて、データの入れ物だけでなく、税込み金額を計算するロジックが当然必要になります。あまり設計を考えないと、この手の計算ロジックはデータクラスとは別のクラスに実装されることが多いです。たとえばリスト1.6のように、別のクラスに計算ロジックが実装されているのを見たことはないでしょうか。

 **リスト1.6** ContractManagerに書かれる金額計算ロジック

```
// 契約を管理するクラス
public class ContractManager {
  public ContractAmount contractAmount;

  // 税込み金額を計算する。
  public int calculateAmountIncludingTax(int amountExcludingTax, ←
BigDecimal salesTaxRate) {
    BigDecimal multiplier = salesTaxRate.add(new BigDecimal("1.0←
"));
    BigDecimal amountIncludingTax = multiplier.multiply(new ←
BigDecimal(amountExcludingTax));
    return amountIncludingTax.intValue();
  }

  // 契約締結する。
  public void conclude() {
    // 省略
    int amountIncludingTax = calculateAmountIncludingTax(←
amountExcludingTax, salesTaxRate);
    contractAmount = new ContractAmount();
    contractAmount.amountIncludingTax = amountIncludingTax;
    contractAmount.salesTaxRate = salesTaxRate;
    // 省略
  }
```

```
}
```

　ごく小規模なアプリであれば、この構造は特に問題にはならないでしょう。しかし、大規模になるにつれ、この構造はさまざまな悪魔を呼び寄せることになります。

　どんな悪魔を呼び寄せるのか順番に見ていきましょう。

### 1.3.1
## 仕様変更時に牙をむく悪魔

　この業務契約サービスにおいて、消費税関係で仕様変更が発生したとします。実装担当者となったあなたは、消費税の税率ロジックを変更しました。

　ところが何日か経過して「消費税が新しい税率になっていない」との障害報告が上がってきました。原因を調べると、なんと別の箇所にも税込み計算ロジックがあったのです。慌てて修正対応するあなた。

　ところがしばらくして、同様に「消費税が新しい税率になっていない」との障害報告が上がってきました。調べると、やはりまた別の箇所に税込み計算ロジックがありました。

　「もっとほかにも税込み計算ロジックがあるのでは」と推測したあなたは、消費税に関係する箇所を全ソースコードの中から調べることにしました。すると驚いたことに、数十箇所で税込み計算ロジックが実装されていることがわかったのです......[5]。

---

[5]　この消費税の例は、架空のシチュエーションではなく、筆者が実際に遭遇したコードにもとづいています。筆者を含む担当メンバーが消費税関連のロジックを調査、変更するのに多大な労力を要していました。

**図1.1** データクラスが原因の重複

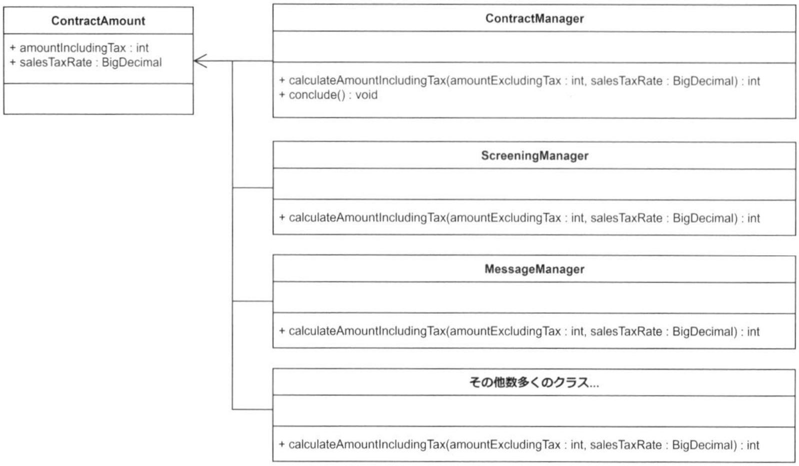

| ContractAmount |
| --- |
| + amountIncludingTax : int<br>+ salesTaxRate : BigDecimal |
| |

| ContractManager |
| --- |
| |
| + calculateAmountIncludingTax(amountExcludingTax : int, salesTaxRate : BigDecimal) : int<br>+ conclude() : void |

| ScreeningManager |
| --- |
| |
| + calculateAmountIncludingTax(amountExcludingTax : int, salesTaxRate : BigDecimal) : int |

| MessageManager |
| --- |
| |
| + calculateAmountIncludingTax(amountExcludingTax : int, salesTaxRate : BigDecimal) : int |

| その他数多くのクラス... |
| --- |
| |
| + calculateAmountIncludingTax(amountExcludingTax : int, salesTaxRate : BigDecimal) : int |

なぜこんなことになってしまったのでしょう。

まず、税込み計算は金額を取り扱うあらゆるユースケースで必要になるため、多くの箇所で実装されやすいです。

多くの場所で使うといっても、税込み計算ロジックをどこか一箇所で共通化しておけば、複数箇所に実装されることはないと考える方もいるでしょう。ところが、設計に無頓着だと、税込み計算ロジックが実装されていることにほかのメンバーが気づかず、再実装してしまうことが多くなります。

このような事態はデータを保持するクラスと、データを使って計算するロジックが離れているときに頻発します。データと計算ロジックがそれぞれ遠く離れた箇所に実装されているために、計算ロジックが複数実装されていても、認知が難しいのです。

このように関連するデータやロジックどうしが分散し、バラバラになっているのを**低凝集**と言います。低凝集によって引き起こされる弊害を一度まとめてみましょう。

1.3.2

## 重複コード

関連するコードどうしが離れていると、関連するものどうしの把握が困難にな

ります。

業務契約サービスの例で示したように、すでに実装済みの機能があるのに、別の開発メンバーが「この機能は未実装だ」と誤解し、同じようなロジックをいたるところに複数実装してしまう可能性が高まります。意図せず**重複コード**が量産されることになります。

### 1.3.3
### 修正漏れ

重複コードが多く実装されている場合、仕様変更時にすべての重複コードを変更しなければなりません。しかし、重複コードをすべて把握していないと、修正漏れが生じ、バグとなってしまいます。

### 1.3.4
### 可読性低下

**可読性**とは、コードの意図や関係する処理の流れを、どれだけすばやく正確に読み解けるかを表す指標です。関連するコードどうしが分散していると、重複コードも含め、関連するものすべてを探し出すのに膨大な時間が必要です。可読性が低下してしまうのです。

小さなアプリならすぐに探し出せるかもしれません。しかし、何万、何十万行ものソースコードに分散している場合、時間だけでなく体力や精神力もいたずらに消耗していくことになります。

### 1.3.5
### 未初期化状態（生焼けオブジェクト）

リスト1.7のコードを実行すると何が起こるでしょうか。

**✖ リスト1.7** 生焼けオブジェクト

```
ContractAmount amount = new ContractAmount();
System.out.println(amount.salesTaxRate.toString());
```

`NullPointerException`が発生してしまいます。消費税率`salesTaxRate`は`BigDecimal`型として定義されているため、初期化しない限りnullです。`ContractAmount`が初期化の必要なクラスであることを利用側が知らないとバグが生じてしまう、不完全なクラスです。

このように初期化しないと使い物にならないクラス、または未初期化状態が発生しうるクラスを、アンチパターン**生焼けオブジェクト**と呼びます。

1.3.6

## 不正値の混入

不正とは、仕様として正しくない状態を指します。たとえば次のような状態です。

- 注文数がマイナスになっている
- ゲームにおいて、ヒットポイントの値が最大を超えてしまっている

リスト 1.8 に示すように、負の消費税率を代入するなど、データクラスは不正値を与えることが容易にできてしまいます。

**✕** リスト 1.8 不正値を混入可能

```
ContractAmount amount = new ContractAmount();
amount.salesTaxRate = new BigDecimal("-0.1");
```

不正値が混入しないように、データクラスの利用側でバリデーションロジックを実装することもままあるでしょう。しかし、税込み計算ロジックと同様に、バリデーションロジックの重複コードがあちこちに書かれてしまう可能性があります。

バリデーションに仕様変更が生じた場合、今度はバリデーションロジックに関して、低凝集で引き起こされる弊害……、すなわち修正漏れや可読性低下が発生することでしょう。

データクラスが引き起こす弊害を一旦まとめてみましょう。

- 重複コード
- 修正漏れ
- 可読性低下
- 未初期化状態（生焼けオブジェクト）
- 不正値の混入

　データクラスという悪魔1匹が、多くの悪魔を招き寄せ、バグを生み出したり可読性を下げたりしてしまっているのです[*6]。総じて正確に変更できるまで時間がかかってしまい、**開発生産性が低下してしまうのです。**

## 1.4
## 悪魔退治の基本

　以上、悪しき構造が引き起こす弊害の代表例を紹介しました。

　この章で取り上げたのはほんの数例にすぎません。しかし、本書ではこの先、悪魔的なコードがもっともっと、うんざりするほど登場します。

　これらの悪魔に我々は打ち克てないのでしょうか？いいえ、悪魔退治の方法があります。

　ひとつは、悪しき構造の弊害を知ることです。弊害を知ると、「何か対処しなければ」という意思があなたの中に生まれます。この意思が、設計を良くするためのすべてのはじまりになります。

　もうひとつは、オブジェクト指向の基本であるクラスを、適切に設計することです。オブジェクト指向設計が悪魔退治の武器になります。

　次の章から、悪しき構造と設計方法について、さまざまな例を取り上げながら解説していきます。

---

[*6]　意図してデータクラスとして設計する場合がありますが、データクラスのリスクを十分に解消可能な見込みがある場合に限ります。本書ではDTO（10.5.1参照）で、データクラスを用いる例を紹介しています。

第**2**章

設計の初歩

　クラス設計の本格的な解説の前に、まずは設計の基本的な考え方から入ってい
きます。

　本章では、簡単なコードを例に、どういったことをするのが設計なのか理解す
ることを目的とします。設計の肩慣らしとして、変数やメソッド（関数）といっ
た小さな単位の設計を取り扱います。

## 2.1

# 省略せずに意図が伝わる名前を設計する

　まずはリスト 2.1 を見てください。どういったロジックなのでしょう。

**✕　リスト 2.1　　いったいなんのロジックだろう……？**

```
int d = 0;
d = p1 + p2;
d = d - ((d1 + d2) / 2);
if (d < 0) {
  d = 0;
}
```

　何かを計算しているようですが、何をしているのかまったくわかりません。

　実はこれは、ゲームのダメージ計算ロジックなのです。各変数は次の表に示す
とおりの意味を持ちます。

**表 2.1　　　変数の意味**

| 変数 | 意味 |
| --- | --- |
| d | ダメージ量 |
| p1 | プレイヤー本体の攻撃力 |
| p2 | プレイヤーの武器の攻撃力 |
| d1 | 敵本体の防御力 |
| d2 | 敵の防具の防御力 |

　名前を省略するとタイピング文字数が減って、少しはすばやく実装できるかも
しれません。しかし、読み解くのが難しくなってしまい、何倍も、何十倍も読
むのに時間がかかってしまうのです。トータルでは開発に要する時間が増大し

ます。

　意図がわかる変数名に改善します。

**リスト 2.2**　意図が伝わる名前を付けよう

```
int damageAmount = 0;
damageAmount = playerArmPower + playerWeaponPower;  // ①
damageAmount = damageAmount - ((enemyBodyDefence + ←
enemyArmorDefence) / 2); // ②
if (damageAmount < 0) {
  damageAmount = 0;
}
```

　変更しやすいコードを実装する上で、コードが読みやすくなる名前を考えることは立派な設計行為です。意図が伝わる名前を設計しましょう。

# 2.2
# 変数を使い回さない、目的ごとの変数を用意する

　リスト2.2で読みやすくはなりましたが、課題があります。

　ダメージ量damageAmountに何度か値が代入されていますね。複雑な計算処理では、計算の途中結果を同じ変数に何度も代入しがちです。

　変数に再度値を代入することを**再代入**と呼びます。再代入はコードの途中で変数の用途が変わってしまいます。読み手が混乱し、バグを埋め込んでしまう可能性があります。

　実際、リスト2.2の①でdamageAmountに代入されているのは、プレイヤーの攻撃力の総量です。ダメージ量ではありません。

　再代入で変数を使い回さず、目的ごとの変数を用意しましょう。リスト2.2のコードをよく見てみましょう。①ではプレイヤーの攻撃力の総量を、②では敵の防御力の総量を計算していますね。これらを計算して格納する変数をそれぞれ totalPlayerAttackPower、totalEnemyDefence として用意します。そして全体のコードを整理します。

**リスト 2.3**　丁寧に目的ごとの変数を用意しよう

```
int totalPlayerAttackPower = playerArmPower + playerWeaponPower;
int totalEnemyDefence = enemyBodyDefence + enemyArmorDefence;
```

```
int damageAmount = totalPlayerAttackPower - (totalEnemyDefence / 2←
);
if (damageAmount < 0) {
  damageAmount = 0;
}
```

全体としてどんな値を扱っているのか、ある値を算出するのにどんな値を使っ
ているのか、関係性がグッとわかりやすくなりました。

## 2.3
## ベタ書きせず、意味のあるまとまりでメソッド化

リスト2.3では、攻撃力や防御力の総量の計算や、計算結果を格納する変数を
分けました。

しかし、一連の処理の流れの中にすべてベタ書きとなっています。こうした計
算ロジックがダラダラと書かれると、どこからどこまでがなんの処理なのかわか
らなくなってきます。計算ロジックがさらに複雑になってくると、たとえば攻撃
力の計算に防御力が混ざり込むなど、違うものが紛れ込むといったことも実際の
開発ではたびたび発生します。

こうした事態を防ぐには、意味のあるまとまりでロジックをまとめ、メソッド
（関数）として実装しましょう。リスト2.4は、リスト2.3中の攻撃力合算、防御
力合算、ダメージ計算をメソッドとして抽出したコードです。

◯ **リスト2.4** 意味のあるまとまりでメソッド化しよう

```
// プレイヤーの攻撃力を合算する
int sumUpPlayerAttackPower(int playerArmPower, int ←
playerWeaponPower) {
  return playerArmPower + playerWeaponPower;
}

// 敵の防御力を合算する
int sumUpEnemyDefence(int enemyBodyDefence, int enemyArmorDefence) ←
{
  return enemyBodyDefence + enemyArmorDefence;
}

// ダメージ量を評価する
int estimateDamage(int totalPlayerAttackPower, int ←
totalEnemyDefence) {
```

```
  int damageAmount = totalPlayerAttackPower - (totalEnemyDefence / ←
2);
  if (damageAmount < 0) {
    return 0;
  }
  return damageAmount;
}
```

これらのメソッドを呼び出す形に改善します。

● リスト2.5 メソッドを呼び出す形に整理

```
int totalPlayerAttackPower = sumUpPlayerAttackPower(playerBodyPower←
, playerWeaponPower);
int totalEnemyDefence = sumUpEnemyDefence(enemyBodyDefence, ←
enemyArmorDefence);
int damageAmount = estimateDamage(totalPlayerAttackPower, ←
totalEnemyDefence);
```

　細かい計算ロジックをメソッドに閉じ込めたおかげで、一連の流れがすっと読みやすくなりました。また、種類の異なる処理をそれぞれメソッドとして分離したことで、違う処理が紛れ込みにくくなっています。

　さて、リスト2.1とリスト2.5を見比べてみましょう。この2つはまったく同じ実行結果が得られるロジックですが、見た目や構造がずいぶん変わりましたね。前者に比べ後者は文字数が大幅に増えています。しかし、理解のしやすさでは圧倒的に上回ります。

　このように、保守しやすい、変更しやすいよう、変数の名前やロジックに工夫をこらすことが設計になります。

# 2.4
# 関係し合うデータとロジックをクラスにまとめる

　本章では最後に、クラスの効能について簡単に説明します。

　ゲームを例に説明します。戦闘を伴うゲームには、主人公の生命力を表すヒットポイント（HP）があります。ヒットポイントが、リスト2.6のように、ローカル変数などのなんらかの変数で定義されているとします。

リスト 2.6  単なる変数として用意されたヒットポイント

```
int hitPoint;
```

ダメージを受けてヒットポイントが減少するロジックが必要ですね。これはリスト 2.7 のように、どこかに実装されるでしょう。

リスト 2.7  どこかに書かれるヒットポイント減少ロジック

```
hitPoint = hitPoint - damageAmount;
if (hitPoint < 0) {
  hitPoint = 0;
}
```

「回復アイテムなどで回復する仕様を追加したい」となった場合、リスト 2.8 のようなロジックが、またどこかに実装されるでしょう。

リスト 2.8  どこかに書かれるヒットポイント回復ロジック

```
hitPoint = hitPoint + recoveryAmount;
if (999 < hitPoint) {
  hitPoint = 999;
}
```

ところで、こうした変数や変数を操作するロジックは、ゲームに限らず、バラバラに書かれがちです。小さなプログラムだと問題にはなりませんが、何千何万行もあるソースコードだと、関係するロジックを探し回るだけでも時間がかかって大変です。また、変数 hitPoint に負の値が入ってしまうなど、どこかで不正な値がうっかり混入してしまうかもしれません。不正な値が入り込んだままプログラムが動作し続けるとバグになります。

こうした問題を解決するのがクラスです。クラスはデータをインスタンス変数として持ち、インスタンス変数を操作するメソッドをまとめることができます。リスト 2.9 は、ヒットポイントを表現するデータと関連する操作をひとつにまとめたクラスです。

リスト 2.9  クラスにすると強く関係するデータとロジックをまとめられる

```
// ヒットポイント(HP)を表現するクラス
class HitPoint {
  private static final int MIN = 0;
  private static final int MAX = 999;
  final int value;
```

```
HitPoint(final int value) {
    if (value < MIN) throw new IllegalArgumentException(MIN + "以上↩
を指定してください");
    if (MAX < value) throw new IllegalArgumentException(MAX + "以下↩
を指定してください");

    this.value = value;
}

// ダメージを受ける
HitPoint damage(final int damageAmount) {
    final int damaged = value - damageAmount;
    final int corrected = damaged < MIN ? MIN : damaged;
    return new HitPoint(corrected);
}

// 回復する
HitPoint recover(final int recoveryAmount) {
    final int recovered = value + recoveryAmount;
    final int corrected = MAX < recovered ? MAX : recovered;
    return new HitPoint(corrected);
}
}
```

　ダメージはdamageメソッド、回復はrecoverメソッドというように、HitPo
intクラスにはヒットポイントに関係するロジックが備わっています。強く関係
し合うデータとロジックを一箇所にギュッと集めておくと、あちこち探し回らず
に済みますね。

　コンストラクタでは、0〜999の範囲外は不正な値として弾くロジックになっ
ています。不正な値が紛れ込まないようにしかけをしておくと、バグ化しない頑
強なクラス構造になります。

　このように、意図を持って適切に設計することで、保守や変更がしやすい構造
になります。

　本章は設計の初歩を扱いました。これ以降の章は、より詳しく本格的な設計方
法を解説します。特に次章では、クラスの設計方法と背景となる考え方をより詳
細に解説します。クラス設計の考え方は本書全体の基盤となるものです。しっか
り読んで要点をおさえてください。

# 第 3 章

# クラス設計
## ―すべてにつながる設計の基盤―

　この章ではオブジェクト指向設計の基本を解説します。

　保守や変更がしやすいコードを書くには、関心の分離（10.1.1参照）が重要です。オブジェクト指向は、ロジック整理の方針がわかりやすく、関心の分離が容易である点から、Javaが流行しはじめた1990年代後半から今日に至るまで広く支持されています。

　オブジェクト指向は、ソフトウェアの品質向上を目的とする考え方の一種です。定義には諸説あり、たとえばバートランド・メイヤー氏の書籍『オブジェクト指向入門 第2版 原則・コンセプト』では「クラス、表明、総称性、継承、多相性、動的束縛から構成されるもの」[*1]とあります。本書ではオブジェクト指向が何なのか詳しい定義については取り扱いません。どのようにプログラム構造を改善し、ソフトウェア開発に役立てるのか、実務でどう活かすのかという点に着目して、オブジェクト指向の設計ノウハウを解説していきます。

　本書全体では、クラスベースのオブジェクト指向設計を取り扱います。

　クラスベースとは、データとそのデータを操作するロジックをクラスにひとまとめにし、プログラムの構造を定義していく手法です。クラスが構造の基本単位となります。

　クラスベースのオブジェクト指向言語には、JavaやC#があります。

　オブジェクト指向設計の解説にあたり、この章ではクラス設計の基本を取り扱います。クラスよりも小さな構造単位には条件分岐やメソッドなどがあります。このため、クラスを取り扱うのは早いと感じた読者もいるかもしれません。

　しかし、クラスを適切に設計することが、複雑で難解な条件分岐やメソッドの構造改善につながります。クラスの設計があって、保守や変更がしやすいコードになります。

　また、この後の章で解説するノウハウも、この章の考え方を基本にしています。そのために、早いうちからクラスの設計方法を取り扱います。

　この章ではデータクラスを例に、悪魔退治の基本となるクラスの設計方法を説明します。データクラスに潜む悪魔を一つ一つ順番に退治し、エレガントで成熟したクラスへ成長させる方法を解説していきます。

---

*1　『オブジェクト指向入門 第2版 原則・コンセプト』著：Bertrand Meyer、訳：酒匂寛、2007年刊行、翔泳社、P.850

# 3.1

## クラス単体で正常に動作するよう設計する

　まず大事にしたいのは「クラスが単体で正常動作するよう設計する」という考え方です。この考え方を身の回りのものでたとえてみます。

　あなたが普段使っているヘッドホンやドライヤー、電子レンジなどの家電製品は、ジャックやコンセントに接続するだけですぐに使えます。キーボードやマウスもPCに接続するだけで使用できます[*2]。

　たとえばヘッドホンを購入し、箱から取り出して接続すればすぐに使えますよね。接続前にヘッドホン自体を分解していじり回したり、ほかの部品を取り付けたりしないとまともに使えない、ということはないはずです。

　また、たとえばドライヤーには電源のオン／オフスイッチと、風量調節スイッチ、冷風か熱風を切り替えるスイッチが用意されています。これらのスイッチを切り替えるだけで正常に風量や温度を調整可能です。使用者の些細な操作ミスによってドライヤーが破損するほどの風量や温度になることはありません。

　これらの製品は、それ自体単体で正常に動作するよう設計されています。まどろっこしい初期設定をしたり、ほかの部品と組み合わせないとまともに使えなかったり、ということは基本的にはありません。また、操作方法も、製品が破損しない操作手段が提供されています。

　クラス設計の考え方も同じです。クラスが単体で正常動作するよう設計します。まどろっこしい初期設定をせずともはじめから使える設計にします。また、クラスが不正状態に陥りバグを生み出さないよう、正しく操作できるメソッドのみを外部に提供します。

　あるべきクラス設計を説明していきます。

### 3.1.1

## 悪魔に負けない、頑強なクラスの構成要素

クラスの構成要素は次の2つです。

- インスタンス変数
- メソッド

---

*2　内部的にはドライバーのインストールなどもありますが、無視します。

　この構成を、より悪魔を招きづらいものにするには、メソッドの役割を明確化する必要があります。これを踏まえた、**良いクラスの構成要素**は次のようになります。

- インスタンス変数
- インスタンス変数を不正状態から防御し、正常に操作するメソッド

　この2つの要素を両方備えたクラスが悪魔退治の武器になります。どれか1つ欠けてもダメです。

図3.1　　　　良いクラスの構成

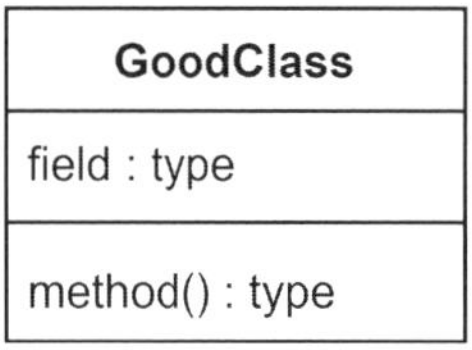

| GoodClass |
| --- |
| field : type |
| method() : type |

メソッドは必ずインスタンス変数を使用する。

図3.2　　　　良くないクラスの構成

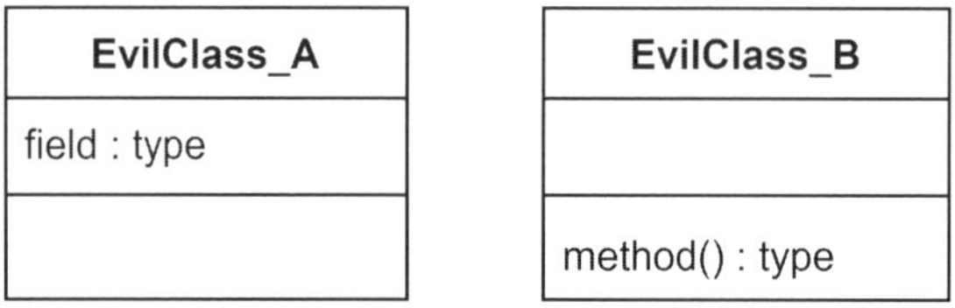

| EvilClass_A | | EvilClass_B |
| --- | --- | --- |
| field : type | | |
| | | method() : type |

メソッド、インスタンス変数のどちらかが欠けても良くない。
ただし、目的によっては例外的にこのような構造でも良い場合がある。

　なぜこれらを守らなければならないのでしょうか。データクラスで起こっていた弊害を思い出してみましょう（1.3）。
　データクラスのインスタンス変数を操作するロジックが、まったく別のクラスに実装されていたために、関連し合うものどうしの認知が困難になり、重複コードの発生、修正漏れ、可読性低下の弊害を招いていました。

インスタンスを生成した段階ではインスタンス変数は不正状態であり、初期化処理をしなければバグになるつくりでした。そして初期化処理は別のクラスに実装されていました。

どんな値でもインスタンス変数に出し入れ可能であったため、不正値が容易に混入するつくりでもありました。不正値から防御するためのバリデーション（入力チェック）は別のクラスに実装されており、データクラス自身に自分を守るロジックは用意されていませんでした。

先に挙げたように、ドライヤーやヘッドホンなどの家電製品は、それ自身が単体で正常動作するよう設計されています。同様に、クラスもそれ自身が単体で正常動作するよう設計する必要があります。この観点からすると、データクラスはほかのクラスがあれこれ準備してやらないと正常動作できない、一人では何もできない未熟なクラスであることがわかります。

3.1.2

## すべてのクラスに備わる自己防衛責務

「詳細な初期化処理や下準備をしないと使い物にならない」......、読者の皆さんはこんなクラスやメソッドを使いたいと思うでしょうか。

そもそもの話として、ソフトウェアはメソッド、クラス、モジュール、どの粒度でも、それ自体が単体でバグがなく、いつでも安全に利用できる品質が求められます。

わざわざほかのクラスに初期化してもらったり、データの入力をチェックしてもらったりしているようなクラスは、単体では安全に利用できない未熟なクラスです。

自分の身は自分で守らせる。**自己防衛責務**をすべてのクラスが備える、という考え方がソフトウェア品質を考える上で重要です。構成部品であるクラス一つ一つが品質的に完結していることにより、ソフトウェア全体の品質が向上するのです。

データクラスは、何でもほかのクラスに任せっきりだった未熟さが原因で悪魔を呼び寄せていたのです。ではどうすればいいのでしょうか？もはや自明ですね。この自己防衛責務の考えにもとづき、ほかのクラスに任せっきりだったことを、データを持つクラスにやらせるように設計すれば良いのです。

## 3.2

# 成熟したクラスへ成長させる設計術

順番に、データクラスを成熟したクラスへ成長させていきましょう。

この章では、金額を表すMoneyクラスを例に設計方法を解説していきます。

 リスト 3.1 　金額を表すクラス

```java
import java.util.Currency;

class Money {
  int amount;         // 金額値
  Currency currency;  // 通貨単位
}
```

リスト 3.1のMoneyはインスタンス変数しか持っていない、典型的なデータクラスです[*3]。

### 3.2.1
### コンストラクタで確実に正常値を設定する

データクラスではデフォルトコンストラクタ（引数なしのコンストラクタ）を使ってインスタンスを生成した後に、インスタンス変数に個別に値を代入して初期化するものでした。これは「生焼けオブジェクト（1.3.5参照）」であり、未初期化状態を誘発するクラス構造でした。

生焼けオブジェクトを防ぐには、「クラスのインスタンスを生成する時点で、インスタンス変数に正常値が確実に設定されている状態」にします。適切な初期化ロジックをコンストラクタに実装していきます。

まず、デフォルトコンストラクタを使わず、インスタンス変数をすべて初期化できるだけの引数を持ったコンストラクタを用意します。Moneyクラスに以下のコンストラクタを定義します。

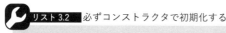 リスト 3.2 　必ずコンストラクタで初期化する

```java
class Money {
  int amount;
```

---

[*3]　CurrencyクラスはJavaライブラリ付属の、通貨を表現するクラスです。Java特有の事項について、別の言語をお使いの方は、適宜読み替えてください。

```
Currency currency;

Money(int amount, Currency currency) {
  this.amount = amount;
  this.currency = currency;
}
}
```

これで必ずインスタンス変数を初期化できます。しかし、これでは不十分で、引数に不正値を渡せてしまいます。

**リスト3.3** 不正値を渡せてしまう

```
Money money = new Money(-100, null);
```

不正値を持ったままプログラムが動作していくと、バグが発生します。不正値の混入を防止するためのバリデーション（入力チェック）をコンストラクタ内に定義します。不正値の場合、例外をスローするよう実装します。

まず正常値のルールを定義します。次の定義に当てはまらない値が不正値となります。これらをバリデーションとしてコンストラクタに実装します。

- 金額amount: 0以上の整数
- 通貨currency: null以外

**リスト3.4** コンストラクタで正常値のみが確実に設定されるしくみ

```
class Money {
  // 省略
  Money(int amount, Currency currency) {
    if (amount < 0) {
      throw new IllegalArgumentException("金額には0以上を指定してく←
ださい。");
    }
    if (currency == null) {
      throw new NullPointerException("通貨単位を指定してください。←
");
    }

    this.amount = amount;
    this.currency = currency;
  }
}
```

これで、正常値のみインスタンス変数に格納できるようになりました。

なお、リスト3.4のコンストラクタのように、処理の対象外となる条件をメ

ソッドの先頭に定義する方法を**ガード節**といいます。ガード節を用いると、不要な要素を先頭で除外できるので、後続のロジックがシンプルになります。

コンストラクタにガード節を用意する方法には、さらなる利点があります。不正値が渡されるとコンストラクタで例外がスローされます。不正値を持った`Money`クラスのインスタンスが存在できなくなります。常に安全で正常なインスタンスのみが存在し、利用できます。

---

### 3.2.2
## 計算ロジックをデータ保持側に寄せる

データクラス前提の実装では、金額の加算など計算ロジックは別のクラスに実装されてしまいます。このようなデータとデータを操作するロジックが分散している構造、低凝集には、さまざまな弊害があります。この弊害を防ぐため、「別のクラスに任せっきりだったことを自身にやらせるようにして、成熟したクラスに成長させる」目標を示しました。

計算ロジックも同様に、`Money`クラス自身に持たせるようにします。金額加算メソッドを`Money`クラスに追加します。

🔧 **リスト3.5** `Money`クラスに金額加算メソッドを用意する

```
class Money {
  // 省略
  void add(int other) {
    amount += other;
  }
}
```

これで`Money`はかなり成熟したクラスになりました。しかし、これはまだ完璧とは言い切れません。実はさらに2匹の悪魔が潜んでいます。

---

### 3.2.3
## 不変で思わぬ動作を防ぐ

インスタンス変数の上書きは、理解を難しくします。

❌ **リスト3.6** インスタンス変数をどんどん上書きしている

```
money.amount = originalPrice;
// 中略
if (specialServiceAdded) {
  money.add(additionalServiceFee);
```

```
// 中略
if (seasonOffApplied) {
  money.amount = seasonPrice();
}
}
```

変数の値が変わる前提だと、いつ変更されたのか、今の値がどうなっているのかをいちいち気にしなければなりません。仕様変更で処理が変わったとき、意図しない値に書き換わる、いわゆる「思わぬ副作用」が容易に発生します[*4]。

これを防止するために、インスタンス変数を不変（イミュータブル）にします。不変にはfinal修飾子を使います。

**リスト3.7** finalで不変にする

```
class Money {
  final int amount;
  final Currency currency;

  Money(int amount, Currency currency) {
    // 省略
    this.amount = amount;
    this.currency = currency;
  }
}
```

final修飾子を付与されたインスタンス変数は、一度しか代入できません。変数宣言時かコンストラクタでのみ代入でき、再代入できなくなります。

**リスト3.8** 再代入できなくなる

```
Currency yen = Currency.getInstance(Locale.JAPAN);
Money money = new Money(100, yen);
money.amount = -200;  // コンパイルエラー
```

インスタンス変数に不正値を直接代入することもできなくなります。ガード節付きコンストラクタとも合わせて、さらに不正に強い構造です。

3.2.4

## 変更したい場合は新しいインスタンスを作成する

「おいおい、不変にしたら変更ができなくなってしまうじゃないか」と思った

---

[*4] 思わぬ副作用と関連する話題に、副作用のある関数というものがあります。ここでは、別のものだと考えてください。副作用について、詳細は4.2.3で解説します。

読者もいるかもしれません。でも、ちゃんと方法があります。インスタンス変数の中身を変更するのではなく、変更値を持ったMoneyクラスのインスタンスを、また新たに生成するのです。Money.addメソッドをリスト3.9に変更します。

**リスト3.9** 変更値を持ったMoneyクラスのインスタンスを生成する

```
class Money {
  // 省略
  Money add(int other) {
    int added = amount + other;
    return new Money(added, currency);
  }
}
```

加算値を持ったMoneyのインスタンスを生成し、返すロジックにしました。これで不変にしつつ、変更できるようになりました。

---

### 3.2.5
## メソッド引数やローカル変数にもfinalを付け不変にする

メソッドの引数は、リスト3.10のようにメソッド内で変更可能です。

**リスト3.10** 引数が変更できてしまう

```
void doSomething(int value) {
  value = 100;
```

途中で値が変化すると、どう変化したのか追うのが難しくなりますし、バグの原因にもなります。したがって、基本的に引数は変更するものではありません。

引数にfinalを付けると不変になります。メソッド内で変更するコードを書くとコンパイルエラーになります。

**リスト3.11** finalで引数を不変にする

```
void doSomething(final int value) {
  value = 100;  // コンパイルエラーになる
```

より頑強なメソッド構造にするため、引数にfinalを付けましょう。

**リスト3.12** addメソッドの引数も不変にする

```
class Money {
  // 省略
  Money add(final int other) {
```

```
    int added = amount + other;
    return new Money(added, currency);
  }
}
```

　ほかのメソッドやコンストラクタ引数も同様です（引数のfinalについては4.1.2
も参照）。

　ローカル変数も同様に、途中で値が変化すると意味が変わってしまいます。リ
スト2.2のdamageAmountも、再代入により途中で意味が変わっていましたね。
ローカル変数にもfinalを付けて不変にしましょう。

🔧 **リスト 3.13** ローカル変数も不変にする

```
class Money {
  // 省略
  Money add(final int other) {
    final int added = amount + other;
    return new Money(added, currency);
  }
}
```

　ローカル変数やメソッド引数のfinalについては、4.1でも解説します。

3.2.6

# 「値の渡し間違い」を型で防止する

　悪魔「思わぬ副作用」のほかに、まだあともう1匹悪魔が残っています。悪魔
「値の渡し間違い」です。リスト3.14を見てください。

❌ **リスト 3.14** 金額ではない値を渡せてしまう

```
final int ticketCount = 3;  // チケット枚数
money.add(ticketCount);
```

　なんと金額ではないチケット枚数の値を加算できてしまいます。明らかにバグ
になります。同じint型であるために引数として渡せてしまいます。通常の判断
力ではこんなことは起こらないかもしれません。しかし、膨大なデータを取り扱
うアプリケーションでは、実装者の不注意から容易に起こりえます。筆者自身、
何度もこの手のバグを見たことがあります。

　渡し間違いを防ぐには、Money型どうしのみで加算するメソッド構造にします。

リスト 3.15 Money 型だけ渡せるようにする

```java
class Money {
  // 省略
  Money add(final Money other) {
    final int added = amount + other.amount;
    return new Money(added, currency);
  }
}
```

　引数の型を、int型から Money 型に変更しました。Money 型以外の型を渡すことができなくなります。値の渡し間違いを抑止可能になりました。

　同じint型だと、意図が異なる値を間違って渡してもコンパイルエラーになりません。間違いの発見が困難です。int型や String 型といった、プログラミング言語が標準で用意している基本データ型を**プリミティブ型**と呼びます。プリミティブ型に固執すると、意図が異なる値が複数あっても、整数はすべて int 型、文字列はすべて String 型で定義しがちです。そのため、この手の意図が異なる値を渡してしまうミスを防げません。

　一方、Money 型のように独自の型を用いると、異なる型の値が渡された場合にコンパイルエラーで弾くことができます。

　ついでに、異なる通貨単位での加算を防止します。通貨単位が異なる場合、例外をスローします。

リスト 3.16 add メソッドにもバリデーションを追加

```java
class Money {
  // 省略
  Money add(final Money other) {
    if (!currency.equals(other.currency)) {
      throw new IllegalArgumentException("通貨単位が違います。");
    }

    final int added = amount + other.amount;
    return new Money(added, currency);
  }
}
```

　これでバグに強い、頑強な加算メソッドに仕上がりました。

---

3.2.7
# 現実の営みにはないメソッドを追加しないこと

　注意しないとまた悪魔を招いてしまう実装があります。リスト 3.17 は金額の

乗算メソッドです。これは意味があるのでしょうか?

 リスト3.17 金額の乗算はありえるだろうか?

```
class Money {
  // 省略
  Money multiply(Money other) {
    if (!currency.equals(other.currency)) {
      throw new IllegalArgumentException("通貨単位が違います。");
    }

    final int multiplied = amount * other.amount;
    return new Money(multiplied, currency);
  }
}
```

　金額の合計値を算出するには加算、割引計算するには減算、割合を求めたい場合は除算を使うでしょう。しかし、金額どうしの乗算はありえるのでしょうか? 少なくとも会計サービスなどではありえないでしょう。「int型だから加減乗除できるようにしておこう......」と考え、システムの仕様にない不必要なメソッドを「善意」で追加すると、うっかり使われた場合にバグ化します。

　システムの仕様に必要なメソッドのみを定義しましょう。

# 3.3
## 悪魔退治の効果を検証する

　ここまでが悪魔退治のためのオブジェクト指向設計の基本です。Moneyクラスのソースコードとクラス図[5]を見てみましょう。

リスト3.18 関連ロジックを凝集した変更に強いMoneyクラス

```
import java.util.Currency;

class Money {
  final int amount;
  final Currency currency;

  Money(final int amount, final Currency currency) {
    if (amount < 0) {
      throw new IllegalArgumentException("金額には0以上を指定してく←
```

---

[5]　本書全体では、クラス図上ではfinal修飾子を表現しないことにします。

```
ださい。");
    }
    if (currency == null) {
      throw new NullPointerException("通貨単位を指定してください。←
");
    }

    this.amount = amount;
    this.currency = currency;
  }

  Money add(final Money other) {
    if (!currency.equals(other.currency)) {
      throw new IllegalArgumentException("通貨単位が違います。");
    }

    final int added = amount + other.amount;
    return new Money(added, currency);
  }
}
```

図3.3　　　Moneyクラス図

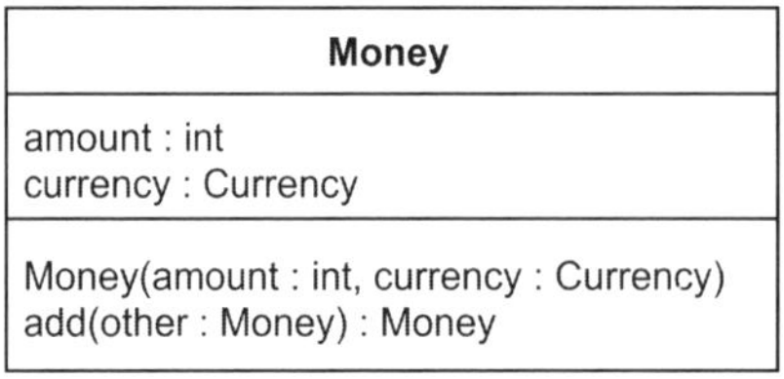

| Money |
| --- |
| amount : int<br>currency : Currency |
| Money(amount : int, currency : Currency)<br>add(other : Money) : Money |

　データクラスにはさまざまな悪魔がいました。これらは退治されたでしょう
か。検証してみると（表3.1）、悪魔が退治され、悪魔が入り込むスキがほぼない
ぐらい頑強な構造に仕上がったことがわかります。

**表3.1** オブジェクト指向による設計効果の検証

| 悪魔 | どうなったか |
|---|---|
| 重複コード | 必要なロジックがMoneyクラスに集まっているため、別のクラスに重複コードが書き散らされにくくなった。 |
| 修正漏れ | 重複コード解消に伴い修正漏れも発生しにくくなった。 |
| 可読性低下 | 必要なロジックはMoneyクラスに集まっているため、デバッグ時や仕様変更時にあちこち関連ロジックを探し回らずに済み、可読性が向上した。 |
| 生焼けオブジェクト | コンストラクタでインスタンス変数の値を確定し、未初期化状態がなくなった。 |
| 不正値の混入 | 不正値を弾くガード節を用意し、インスタンス変数をfinal修飾子で不変にすることで、不正値が混入されないようになった。 |
| 思わぬ副作用 | final修飾子で不変にすることで副作用から解放された。 |
| 値の渡し間違い | 引数をMoney型にすることで、異なる型の値をコンパイラで防止できるようになった。 |

本章の冒頭で、悪魔退治のクラス要素として以下を列挙しました。

- インスタンス変数
- インスタンス変数を不正状態から防御し、正常に操作するメソッド

バグは、データに不正な値が混入することで発生します。この観点でMoneyクラスを見てみると、コンストラクタとaddメソッドのガード節で不正値を防御しています。

このように、インスタンス変数を中心に、インスタンス変数が不正状態に陥らないように設計することで悪魔を退治できるのです。**クラス設計とは、インスタンス変数を不正状態に陥らせないためのしくみづくりと言っても過言ではありません。**同じデータであってもメソッド引数やローカル変数、static変数を中心にした設計では悪魔の攻撃からは防御できません。インスタンス変数だからこそ防御できるのです。

リスト1.5の`ContractAmount`は、契約金額に関するロジックを何も持っておらず、さまざまな弊害を招いていました[6]。一方、Moneyクラスのソースコードは、金額に関するルールや制約がギュッと集まっていますね。

---

[6] 関連ロジックが不足している状態を、書籍『ドメイン駆動設計』(17.1.11) では貧血ドメインモデル（Anemic Domain Model）と呼んでいます。

　関連ロジックがあちこちいろんなところに書き散らかされた構造を低凝集といいます。それに対し、ここで示したMoneyクラスのように、密接に関係し合うロジックが一箇所にギュッと集まっている構造を**高凝集**と呼びます。また、データとそのデータを操作するロジックを1つのクラスにまとめ、必要な手続き（すなわちメソッド）のみを外部へ公開することを**カプセル化**と呼びます。

## 3.4
## プログラム構造の問題解決に役立つ設計パターン

　高凝集化したり、不正状態から防護したりなど、プログラム構造を改善する設計手法を**設計パターン**（デザインパターン）と呼びます。設計パターンは、設計ノウハウとして、カタログ化されています。たとえば表 3.2 に示すものがあります。設計パターンは、それぞれさまざまな効果を発揮します[7]。

**表3.2**　設計パターンの例

| 設計パターン | 効果 |
| --- | --- |
| 完全コンストラクタ | 不正状態から防護する |
| 値オブジェクト | 特定の値に関するロジックを高凝集にする |
| ストラテジ | 条件分岐を削減し、ロジックを単純化する |
| ポリシー | 条件分岐を単純化したり、カスタマイズできるようにする |
| ファーストクラスコレクション | 値オブジェクトの亜種で、コレクションに関するロジックを高凝集にする |
| スプラウトクラス | 既存のロジックを変更せずに安全に新機能を追加する |

　実は本章のMoneyクラスは、完全コンストラクタと値オブジェクト、この2つの設計パターンを適用したものなのです。

---

[7]　ゲームにおける魔法には、攻撃魔法や味方の防御力を上げる魔法など、それぞれさまざまな効果がありますね。設計パターンもそれぞれ違った効果を発揮します。

## 完全コンストラクタ

**完全コンストラクタ**とは、不正状態から防護するための設計パターンです。

引数なしのデフォルトコンストラクタで生成し、あとからインスタンス変数に値を設定する方法では、未初期化のスキが生じます。生焼けオブジェクトになります。

生焼けオブジェクトを防止するため、インスタンス変数をすべて初期化できるだけの引数を持ったコンストラクタを用意します。そしてコンストラクタ内では、ガード節で不正値を弾きます。このように設計することで、生成された段階で正常値だけを持つ完全なインスタンスが生成されます。Moneyクラスのコンストラクタが、まさに完全コンストラクタの構造です。

さらに、インスタンス変数にfinal修飾子を付与して不変とすることで、生成後に不正状態に陥らなくなります。不正に強い頑強な構造に仕上がります。

## 値オブジェクト

**値オブジェクト**（Value Object）とは、値をクラス（型）として表現する設計パターンです。アプリケーションでは金額、日付、注文数、電話番号など、さまざまな値を扱います。こうした値をクラスとして表現することで、各値それぞれのロジックを高凝集にする効果があります。

たとえば金額を単なるint型のローカル変数や引数で制御していると、金額計算ロジックがあちこちに書かれて低凝集に陥ります。また、同じint型の「注文数」や「割引ポイント」が、金額用のint型変数に不注意で代入されてしまう可能性もあります。

こうした事態を防ぐために、値の概念そのものをクラスとして定義します。

Moneyクラスでは、金額の制約条件（0円以上）をコンストラクタにカプセル化しています。また、金額計算ロジックが別のクラスにバラバラに書かれないよう、Money.addメソッドとして備えています。これにより高凝集を果たしています。さらに、Money.addには同じMoney型のみ渡せるので、意図の異なる値を間違って渡してしまうミスを防げます。

値オブジェクトとして設計する対象は、アプリケーションで取り扱う値、概念です。例を表3.3に列挙します。

表3.3 　　　　値オブジェクトとして設計可能な値、概念の例

| アプリケーション | 値オブジェクトとなる値、概念 |
| --- | --- |
| ECサイト | 税別金額、税込み金額、商品名、注文数、電話番号、配送元、配送先、割引ポイント、割引料金、配送日時 |
| タスク管理ツール | タスクタイトル、タスク説明、コメント、開始日、期日、優先度、進捗状態、担当者ID、担当者名 |
| 健康管理アプリ | 年齢、性別、身長、体重、BMI、血圧、腹囲、体脂肪量、体脂肪率、基礎代謝量 |
| ゲーム | 最大ヒットポイント、残りヒットポイント、ヒットポイント回復量、攻撃力、魔法力、消費魔法力、所持金、敵がドロップする金額、アイテムの売値、アイテム名 |

　値オブジェクトと完全コンストラクタは得たい効果が近いため、ほぼセットで用いられます。「**値オブジェクト ＋ 完全コンストラクタ」は、オブジェクト指向設計の最も基本形を体現している構造のひとつ**といっても過言ではありません。

　Money型は、金額の制約や意図を表現しています。「値オブジェクト + 完全コンストラクタ」で設計すると、制約や意図を型として表現可能になり、堅牢なコードを書けます。アプリケーションで扱う値を丁寧に値オブジェクトとして設計していくことが悪魔退治の基本になります。

　「値オブジェクト + 完全コンストラクタ」の組み合わせは、この先も多くの例で用いることになるので、よく覚えておいてください。

---

Column

### 種類の異なる言語と本書のノウハウ

　プログラミング言語にはさまざまな種類があります。言語によって、それぞれ考え方や仕様が異なります。

　パラダイム（規範や構成の考え方）にはオブジェクト指向のほか、手続き型や関数型などがあります。複数のパラダイムを備える言語もあります。

　型付けには静的型付けと動的型付けがあります。

　本書で中心的に取り扱うJavaは、静的型付け、クラスベースのオブジェクト指向言語です。Javaと同タイプの言語には、C#やKotlin、Scalaなどがあります。

　ではほかの種類の言語では、本書の設計ノウハウは使えないのでしょうか？そんなことはありません。

　Rubyは動的型付けですが、Javaと同じクラスベースのオブジェクト指向

言語です。クラスの構成要素は基本的に同じです。筆者の開発業務での言語
は Ruby です。本書の設計ノウハウを十二分に活用しています。たとえば本
章の Money クラスを Ruby で実装すると、リスト 3.19 になります。

**リスト 3.19** Ruby 版 Money クラス

```ruby
class Money
  attr_reader :amount, :currency

  def initialize(amount, currency)
    if amount < 0
      raise ArgumentError.new('金額には0以上を指定してくだ←
さい。')
    end
    if currency.nil? || currency.empty?
      raise ArgumentError.new('通貨単位を指定してくださ←
い。')
    end
    @amount = amount
    @currency = currency
    self.freeze  # 不変にする
  end

  def add(other)
    if @currency != other.currency
      raise ArgumentError.new('通貨単位が違います。')
    end
    added = @amount + other.amount
    Money.new(added, @currency)
  end
end
```

　一方、JavaScript はオブジェクト指向言語ではありますが、クラスベース
である Java とは異なり、プロトタイプベースです。プロトタイプベースと
は、プロトタイプと呼ばれるしくみを利用して構造を定義していくもので
す。クラスとして構造を定義するクラスベースとは考え方やしくみが異なり
ます。ただし、似たような意図を持ったコードは書けます。

**リスト 3.20** JavaScript 版 Money オブジェクト

```javascript
function Money(amount, currency) {
  if (amount < 0) {
    throw new Error('金額には0以上を指定してください。');
  }
  if (!currency) {
    throw new Error('通貨単位を指定してください。');
  }
  this.amount = amount;
  this.currency = currency;
  Object.freeze(this);  // 不変にする
}

Money.prototype.add = function(other) {
  if (this.currency !== other.currency) {
    throw new Error('通貨単位が違います。');
  }
  const added = this.amount + other.amount;
  return new Money(added, this.currency);
}
```

JavaScript ES2015 以降では class 構文が追加され、JavaScript でもクラスのように記述が可能になりましたが、プロトタイプベースであっても本書のノウハウは十分に活かせます。

大事なのはデータとデータを操作するロジックを一箇所にまとめて高凝集にすること、そして必要な操作だけを外に公開するようカプセル化する考えです。この目的の実現手段としてクラスとプロトタイプがあり、考え方としくみに違いがあるだけです。

言語のパラダイムや仕様によっては適用の難しいノウハウが一部あるでしょう。しかし、多くは適用可能だと筆者は考えます。たとえ適用困難であっても、背景の考え方をどう活かすか、どう応用するかを検討する契機になります。後述の目的駆動名前設計やモデリングなどでは、どんなプログラミング言語であっても共通して活用可能な手法を解説しています。

# 第4章

## 不変の活用
### ―安定動作を構築する―

本章では、第3章で取り扱った可変と不変について、より詳しく解説します。

変数の値を変更するなど状態変更できることを**可変（ミュータブル）**と呼びます。一方状態変更できないことを**不変（イミュータブル）**と呼びます。

可変と不変を適切に設計しないと、悪魔が暴れ出します。挙動の予測が困難になり、混乱します。たとえば「この値になるはず」と意図して実装したのに、意図しない違う値に変わっていた、といった事態が発生します。

この悪魔を退治するには、変更を最小限にする設計が重要です。そこで、不変が大きな役割を果たします。不変は、近年のプログラミングスタイルで標準的な流れになりつつあります。

## 4.1

# 再代入

変数に再度値を代入することを**再代入**、または**破壊的代入**と呼びます。再代入は変数の意味が変わり、推測を困難にします。また、いつ変更されたのか追うのが難しくなります。

ゲームを例に説明します。リスト 4.1 では、ダメージ計算をしています。

**✖ リスト4.1** 変数tmpへの度重なる再代入

```
int damage() {
  // メンバーの腕力と武器性能が基本攻撃力
  int tmp = member.power() + member.weaponAttack();
  // メンバーのスピードで攻撃力を補正
  tmp = (int)(tmp * (1f + member.speed() / 100f));
  // 攻撃力から敵の防御力を差し引いたのがダメージ
  tmp = tmp - (int)(enemy.defence / 2);
  // ダメージ値が負数にならないよう補正
  tmp = Math.max(0, tmp);

  return tmp;
}
```

計算のために、途中でさまざまなパラメータの加算や補正をしています。これらの計算に、ローカル変数tmpが使い回されています。

変数tmpは、基本攻撃力、補正値、ダメージ値……と、代入される値の意味がコロコロ変わっています。

途中で意味が変わると読み手が混乱します。誤解してバグを埋め込む可能性も

あります。再代入は避けるべきです。変数の上書きをせず、別の変数を用意することで再代入を防げます。

## 不変にして再代入を防ぐ

再代入を機械的に防ぐ、良い方法があります。ローカル変数にfinal修飾子を付けるのです。finalを付与すると不変になり、変更できなくなります。リスト4.2のコードはコンパイルできません。

`リスト4.2` ローカル変数にfinalを付与すると再代入不可

```
void doSomething() {
  final int value = 100;
  value = 200;  // コンパイルエラー
```

リスト4.1のdamageメソッドを、個別の不変なローカル変数に変更します。

`リスト4.3` 個別の不変なローカル変数に変更

```
int damage() {
  final int basicAttackPower = member.power() + member.weaponAttack↩
();
  final int finalAttackPower = (int)(basicAttackPower * (1f + ↩
member.speed() / 100f));
  final int reduction = (int)(enemy.defence / 2);
  final int damage = Math.max(0, finalAttackPower - reduction);

  return damage;
}
```

## 引数も不変にする

引数の変更も同様です。値の意味が変わってしまいます。読み手が混乱し、バグの原因になりえます。

`リスト4.4` 引数productPriceへ再代入している

```
void addPrice(int productPrice) {
  productPrice = totalPrice + productPrice;
  if (MAX_TOTAL_PRICE < productPrice) {
    throw new IllegalArgumentException("購入金額の上限を超えていま↩
す。");
  }
```

　再代入を防ぐため、引数にも final を付与しましょう。引数を変更したい場合は、不変なローカル変数を用意し、そのローカル変数に変更値を代入する実装にします。

🔧 **リスト 4.5** 引数に final を付与して不変にする

```
void addPrice(final int productPrice) {
  final int increasedTotalPrice = totalPrice + productPrice;
  if (MAX_TOTAL_PRICE < increasedTotalPrice) {
    throw new IllegalArgumentException("購入金額の上限を超えていま↩
す。");
  }
```

## 4.2
# 可変がもたらす意図せぬ影響

　インスタンスが可変だと、意図しない影響が発生しやすくなります。コードを変更したとき、思わぬ箇所で状態が変わり、予測と反する挙動になってしまうケースがあります。

　意図しない影響が生じるケースを2例紹介します。そのうえで、どう改善すればよいか設計方法を解説します。

### 4.2.1
## ケース1　可変インスタンスの使い回し

　ゲームを例に説明します。

　武器の攻撃力 AttackPower クラスを実装しました。攻撃力の値を格納するインスタンス変数 value には final 修飾子が付いておらず、可変です。

❌ **リスト 4.6** 攻撃力を表現するクラス

```
class AttackPower {
  static final int MIN = 0;
  int value;  // finalが付いてないので可変

  AttackPower(int value) {
    if (value < MIN) {
      throw new IllegalArgumentException();
    }

    this.value = value;
```

```
  }
}
```

　武器を表現する Weapon クラスは、AttackPower をインスタンス変数として持つ構造です。

**リスト 4.7**　武器を表現するクラス

```
class Weapon {
  final AttackPower attackPower;

  Weapon(AttackPower attackPower) {
    this.attackPower = attackPower;
  }
}
```

　最初の仕様では、武器ごとの攻撃力は固定でした。攻撃力が同じ場合は、AttackPower のインスタンスを使い回しているケースがありました。

**リスト 4.8**　AttackPower インスタンスを使い回している

```
AttackPower attackPower = new AttackPower(20);

Weapon weaponA = new Weapon(attackPower);
Weapon weaponB = new Weapon(attackPower);
```

　その後、「武器それぞれで攻撃力を強化できる仕様に変えよう」という話になりました。ところが、ある武器の攻撃力を強化すると、ほかの武器も強化されてしまうバグが発生しました。リスト 4.9 を見てください。weaponA の攻撃力を変更したところ、weaponB の攻撃力まで変化しています（リスト 4.10）。AttackPower のインスタンスを使い回しているためです。

**✕** **リスト 4.9**　使い回している攻撃力を変更すると……？

```
AttackPower attackPower = new AttackPower(20);

Weapon weaponA = new Weapon(attackPower);
Weapon weaponB = new Weapon(attackPower);

weaponA.attackPower.value = 25;

System.out.println("Weapon A attack power : " + weaponA.attackPower←
.value);
System.out.println("Weapon B attack power : " + weaponB.attackPower←
.value);
```

リスト4.10 別の武器の攻撃力まで変化してしまう

```
Weapon A attack power : 25
Weapon B attack power : 25
```

　このように、可変なインスタンス変数は予期せぬ動作を招きやすくしてしまいます。AttackPowerのインスタンスを使い回すと、一方の変更が、もう一方に影響を与えてしまうのです。

　こうした事態を防ぐには、インスタンスの使い回しをやめることです。AttackPowerのインスタンスを個別に生成し、使い回さないロジックに変更します。

リスト4.11 攻撃力のインスタンスを個別に生成する

```
AttackPower attackPowerA = new AttackPower(20);
AttackPower attackPowerB = new AttackPower(20);

Weapon weaponA = new Weapon(attackPowerA);
Weapon weaponB = new Weapon(attackPowerB);

weaponA.attackPower.value += 5;

System.out.println("Weapon A attack power : " + weaponA.attackPower↩
.value);
System.out.println("Weapon B attack power : " + weaponB.attackPower↩
.value);
```

　一方の攻撃力が変化しても、もう一方が変化していません。

リスト4.12 使い回しをやめると影響しなくなる

```
Weapon A attack power : 25
Weapon B attack power : 20
```

4.2.2
## ケース2　関数による可変インスタンスの操作

　予期せぬ動作は関数（メソッド）によっても引き起こされます。

　AttackPowerクラスに、攻撃力を変化させるreinForceメソッドとdisableメソッドが追加されました。

リスト4.13 攻撃力を変化させるメソッドを追加

```
class AttackPower {
  static final int MIN = 0;
```

```
int value;

AttackPower(int value) {
  if (value < MIN) {
    throw new IllegalArgumentException();
  }

  this.value = value;
}

/**
 * 攻撃力を強化する
 * @param increment 攻撃力の増分
 */
void reinForce(int increment) {
  value += increment;
}

/** 無力化する */
void disable() {
  value = MIN;
}
}
```

　戦闘中、攻撃力を強化するユースケースで、`AttackPower.reinForce`メソッドを呼び出す実装です。

**リスト 4.14** 攻撃力を強化する処理

```
AttackPower attackPower = new AttackPower(20);
// 中略
attackPower.reinForce(15);
System.out.println("attack power : " + attackPower.value);
```

　はじめは正常に動作していました。

**リスト 4.15** 想定どおりに攻撃力強化

```
attack power : 35
```

　ところが、ある日を境に正しく動作しなくなってしまいました。攻撃力が0になることが、たびたび発生するようになったのです。

**リスト 4.16** なぜか攻撃力が0になってしまう

```
attack power : 0
```

　原因を調査したところ、`AttackPower`のインスタンスが別のスレッドで使い

回されていることがわかりました。リスト4.17のスレッドでは、攻撃力を0にする`AttackPower.disable`メソッドが呼び出されていたのです。

**リスト 4.17** 別のスレッドで攻撃力が変更されている

```
// 別のスレッド処理
attackPower.disable();
```

`AttackPower`の`disable`メソッドや`reinForce`メソッドは、構造的な問題を抱えています。それは副作用です。

---

### 4.2.3
## 副作用のデメリット

**副作用**とは、関数が引数を受け取り、戻り値を返す以外に、外部の状態（変数など）を変更することです[*1]。

もう少し具体的に説明すると、関数（メソッド）には、主作用と副作用があります。

- 主作用：関数（メソッド）が引数を受け取り、値を返すこと。
- 副作用：主作用以外に状態変更すること。

ここでの状態変更とは、関数の外にある状態の変更です。たとえば以下を指します。

- インスタンス変数の変更
- グローバル変数（9.5）の変更
- 引数の変更
- ファイルの読み書きなどのI/O操作

リスト4.17では、別スレッドでの`AttackPower.disable`の呼び出しが、予想外の別の箇所に影響を及ぼしています。`AttackPower.disable`や`AttackPower.reinForce`を実行するたびに、インスタンス変数`AttackPower.value`の値はコロコロと変わります。同じ結果を得るには、同じ手順で実行するなど、処理の実行順に依存してしまいます。結果の予測が難しく、保守が大変になります。

---

[*1] ここでの副作用は、3.2.3で解説した思わぬ副作用とは別であることにご注意ください。

インスタンス変数だけでなく、グローバル変数や引数の変更でも同様の弊害が生じます。

ファイルの読み書きなどのI/O操作も状態の変更と言えます。単にデータの置き場所がメモリ上の変数から、外部デバイスに置き換わっただけだからです。また、読み出し時点でファイルが必ず存在するとは限らないですし、内容もどこかで書き換わっているかもしれません。常に同じ結果が得られないのです。

なお、関数内で宣言したローカル変数の変更は副作用とは言えません。関数の外部に影響を与えないからです。

### 4.2.4
## 関数の影響範囲を限定する

副作用のある関数は、影響範囲がどこまで及んでいるのか推測が困難です。したがって予期しない動作を防ぐには、関数が影響を受ける・与える範囲を限定するのが確実です。

関数が次の項目を満たすことを前提に設計します。

- データ、つまり状態を引数で受け取る。
- 状態を変更しない。
- 値は関数の戻り値として返す。

引数で状態を受け取り、状態変更せず、値を返すだけの関数が理想です[*2]。

この前提を読んで、「メソッド内でインスタンス変数に触ること自体が良くないのでは？」と感じた方がいるかもしれません。しかし、そうではありません。具体的にはこの後で解説しますが、インスタンス変数を不変にすることで影響が伝搬しなくなり、予期せぬ動作の問題を回避できます。オブジェクト指向プログラミング言語では、副作用のない関数を厳密につくり込むスタイルよりも、クラスのスコープ内で影響を閉じ込めるスタイルが一般的です。本書でもインスタンス変数を同一クラスのメソッドで使用することを制限しません。

### 4.2.5
## 不変にして予期せぬ動作を防ぐ

ここまで解説した考え方にもとづき、予期せぬ動作を防ぐよう AttackPower

---

[*2]　副作用と関連する概念に、参照透過性という考え方があります。同じ条件（引数）を与えたとき、実行結果が常に等しくなるという性質です。

クラスを改善します。不変による堅牢性を活かした構造に設計し直すのです（リスト 4.18）。

インスタンス変数valueが可変であることが、副作用の余地を与えています。「注意してコードを書いてるから可変でも大丈夫だ」と考えるのは過信です。**仕様変更時に意図せず副作用のある関数がつくり込まれてしまい、予期しない動作を招いてしまう、ということがよくあります。**コード量が増大するほど、この傾向は顕著になります。

副作用の余地を残さぬよう、インスタンス変数valueにfinal修飾子を付与して不変にします。

不変にすると、当然ですが変更できなくなります。変更するには、変更値を持った新しいインスタンスを生成する形にします。reinForceメソッドやdisableメソッドを、新しい値を持ったAttackPowerのインスタンスを生成し、返すつくりにするのです。

● **リスト 4.18** 不変で堅牢になったAttackPowerクラス

```java
class AttackPower {
  static final int MIN = 0;
  final int value;  // finalで不変にする

  AttackPower(final int value) {
    if (value < MIN) {
      throw new IllegalArgumentException();
    }

    this.value = value;
  }

  /**
   * 攻撃力を強化する
   * @param increment 攻撃力の増分
   * @return 強化された攻撃力
   */
  AttackPower reinForce(final AttackPower increment) {
    return new AttackPower(this.value + increment.value);
  }

  /**
   * 無力化する
   * @return 無力化された攻撃力
   */
  AttackPower disable() {
    return new AttackPower(MIN);
  }
}
```

　AttackPowerを呼び出しているコードも変更します（リスト 4.19、リスト 4.20）。インスタンス変数AttackPower.valueは不変なので、攻撃力を変更するにはreinForceやdisableメソッドを呼び出し、変更後の値を持つAttackPowerインスタンスを生成します。attackPowerが使い回されても、攻撃力の変更には新たにインスタンス生成しなければならないので、変化前、変化後の攻撃力はお互いが影響を受けません。

**●　リスト 4.19** 影響範囲が閉じた攻撃力強化

```
final AttackPower attackPower = new AttackPower(20);
// 中略
final AttackPower reinForced = attackPower.reinForce(new ←
AttackPower(15));
System.out.println("attack power : " + reinForced.value);
```

**●　リスト 4.20** 別のインスタンスを生成するので影響なし

```
// 別のスレッド処理
final AttackPower disabled = attackPower.disable();
```

　ついでにリスト 4.11 も不変を活用したつくりにしましょう。Weaponクラスにメソッドを追加します。武器を強化するreinForceは、攻撃力を強化したWeaponのインスタンスを返すメソッドです。Weaponクラスのインスタンスを生成して返すだけのつくりです。

**●　リスト 4.21** 武器を表現するクラス（改良版）

```
class Weapon {
  final AttackPower attackPower;

  Weapon(final AttackPower attackPower) {
    this.attackPower = attackPower;
  }

  /**
   * 武器を強化する
   * @param increment 攻撃力の増分
   * @return 強化した武器
   */
  Weapon reinForce(final AttackPower increment) {
    final AttackPower reinForced = attackPower.reinForce(increment←
);
    return new Weapon(reinForced);
  }
}
```

AttackPowerとWeaponの改善に伴い、リスト4.11はリスト4.22になります。

**リスト 4.22** AttackPower と Weapon の利用（改良版）

```
final AttackPower attackPowerA = new AttackPower(20);
final AttackPower attackPowerB = new AttackPower(20);

final Weapon weaponA = new Weapon(attackPowerA);
final Weapon weaponB = new Weapon(attackPowerB);

final AttackPower increment = new AttackPower(5);
final Weapon reinForcedWeaponA = weaponA.reinForce(increment);

System.out.println("Weapon A attack power : " + weaponA.attackPower←
.value);
System.out.println("Reinforced weapon A attack power : " + ←
reinForcedWeaponA.attackPower.value);
System.out.println("Weapon B attack power : " + weaponB.attackPower←
.value);
```

強化前のweaponAと強化後のreinForcedWeaponAは、それぞれが別のインスタンスで、不変です。それぞれ内部に持つAttackPowerインスタンスも同様です。お互いが影響を受けません（リスト4.23）。

**リスト 4.23** それぞれが影響を受けない

```
Weapon A attack power : 20
Reinforced weapon A attack power : 25
Weapon B attack power : 20
```

# 4.3
# 不変と可変の取り扱い方針

実際の開発では、不変と可変をどのように扱っていけばいいのでしょうか。指針を示します。

---
4.3.1
## デフォルトは不変に

ここまで解説したように、不変にすると以下のメリットが得られます。

- 変数の意味が変化しなくなるので、混乱が抑えられる。
- 挙動が安定し、結果を予測しやすくなる。

- コードの影響範囲が限定的になり、保守が容易になる。

したがって、標準的には不変で設計しましょう。本書でも不変を標準的なスタイルとして扱います。間違った使い方ができない構造にする、**フールプルーフ**の立場を採ります。

Javaの場合、不変にするには変数宣言時にfinal修飾子が必要なので、コードは多少冗長にはなります。それでも、不変のメリットが上回ります。KotlinやScalaは、`val`句（不変）か`var`句（可変）を選択する仕様です。JavaScriptにも定数宣言の`const`が導入されています。これらの言語に不変を用いることの冗長さはありません。

Rustにいたっては、不変がデフォルトです。可変にするには、`mut`句を付け加える必要があります。

このように、近年登場したプログラミング言語は不変を導入しやすいものになっています。それほどに不変の重要性が増していると筆者は考えます。

## 4.3.2
## どんなとき可変にしてよいか

基本的には不変が望ましくはありますが、不変がふさわしくない場合もあります。それはパフォーマンスに問題が生じるケースです。たとえば大量データの高速処理や画像処理、リソース制約の厳しい組込みソフトウェアなどで可変が必要なことがあります。

不変にした場合、値を変更するにはインスタンスを生成しなければなりません。したがって、値の変更が膨大に発生する、インスタンス生成に時間がかかるといったことが原因でパフォーマンス要件を満たせないならば、可変にするとよいでしょう。

パフォーマンス以外で可変にして良いのは、スコープが局所的なケースです。ループカウンタなど、ループ処理のスコープでしか使われないことが確実なローカル変数ならば、可変にしてよいと考えます。

## 4.3.3
## 正しく状態変更するメソッドを設計する

インスタンス変数を可変にする場合はメソッドのつくりに注意が必要です。リスト4.24はゲームにおけるヒットポイント、およびメンバーを表現したクラス

です。また、次の仕様とします。

- ヒットポイントは0以上。
- ヒットポイントが0になった場合、死亡状態にする。

さて、Member.damageメソッドはこの仕様を満たせるでしょうか？

**✗ リスト4.24** 正しく動作するのかあやしげなロジック

```java
class HitPoint {
  int amount;
}

class Member {
  final HitPoint hitPoint;
  final States states;
  // 中略

  /**
   * ダメージを受ける
   * @param damageAmount ダメージ量
   */
  void damage(int damageAmount) {
    hitPoint.amount -= damageAmount;
  }
}
```

　Member.damageのロジックでは、HitPoint.amountがマイナスになってしまうことがありますね。また、ヒットポイントが0になっても死亡状態に変化させていません。仕様を満たしているとは言えません。

　可変にする場合は、正しく状態変更できるつくりにしましょう。状態変更を発生させるメソッドを**ミューテーター**と呼びます。正しい状態変更のみ発生させるミューテーターへ改良します[*3]。

**○ リスト4.25** 可変では必ず正しい状態変更のみ発生するよう設計すること

```java
class HitPoint {
  private static final int MIN = 0;
  int amount;

  HitPoint(final int amount) {
    if (amount < MIN) {
```

---

[*3] 『ドメイン駆動設計 モデリング/実装ガイド』（著：松岡幸一郎、2020年刊行）でも詳しく解説しています。

```
      throw new IllegalArgumentException();
    }

    this.amount = amount;
  }

  /**
   * ダメージを受ける
   * @param damageAmount ダメージ量
   */
  void damage(final int damageAmount) {
    final int nextAmount = amount - damageAmount;
    amount = Math.max(MIN, nextAmount);
  }

  /** @return ヒットポイントがゼロであればtrue */
  boolean isZero() {
    return amount == MIN;
  }
}

class Member {
  final HitPoint hitPoint;
  final States states;
  // 中略

  /**
   * ダメージを受ける
   * @param damageAmount ダメージ量
   */
  void damage(final int damageAmount) {
    hitPoint.damage(damageAmount);
    if (hitPoint.isZero()) {
      states.add(StateType.dead);
    }
  }
}
```

4.3.4

## コード外とのやりとりは局所化する

どれだけ慎重に、不変を中心としたコードを設計しても、コード外とのやりとりには注意が必要です。

ファイル読み書きなどのI/O操作は、コードの外の状態に依存します。Webアプリケーションでは、データベースの操作はほとんど必須です。

いかに注意深く処理を書いても、これらはコードの外の状態です。たとえばファイルの内容は、別のシステムによって書き換わりうるものです。コード内で

は、その動作を完全にはコントロールできないのです。あまり考えずに外の状態に依存するコードを書くと、コードの見通しが悪くなります。挙動の予測が困難になります。

　近年、影響を最小限に抑えるために、コード外とのやりとりを局所化するテクニックが人気です。局所化の方法には、たとえばリポジトリパターン（Repositoryパターン）[*4]があります。リポジトリパターンは、データベースの永続化処理をカプセル化する設計パターンです。

---

[*4]　データベースなど、データソースの制御ロジックをカプセル化するパターンです。リポジトリパターンのクラス内にデータベース関連のロジックが隔離されるので、アプリケーションロジックがデータベース関連のロジックで汚れずに済みます。リポジトリパターンは、集約（整合性維持が必要な複数クラスの集合体）と呼ばれる単位で読み書きするよう設計するのが一般的です。

# 第5章

低凝集
ーバラバラになったモノたちー

この章では、凝集度について集中的に取り扱います。

**凝集度**とは、「モジュール内における、データとロジックの関係性の強さを表す指標」です（15.5.3も参照）。モジュールは、クラス、パッケージ、レイヤーなど、さまざまな粒度の解釈があります。ここではわかりやすいように、粒度をクラスとします。したがって、「クラス内における、データとロジックの関係性の強さを表す指標」を凝集度として話を進めます。

高凝集な構造は、変更に強い、望ましい構造です。逆に低凝集な構造は、壊れやすく変更が困難です。

低凝集の代表例としてデータクラスを紹介しました。しかし、データクラス以外にも低凝集を招く悪魔がいます。それぞれの構造と対策を紹介します。

図5.1　コードが散らかっていると、何がどこにあるのかわからなくなる

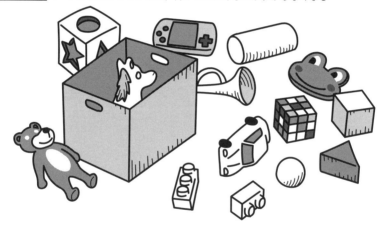

## 5.1
## staticメソッドの誤用

staticメソッドの誤用により、低凝集に陥るケースがあります。例を示します。

リスト5.1　staticメソッドが定義されたOrderManager

```
// 注文を管理するクラス
class OrderManager {
```

```
static int add(int moneyAmount1, int moneyAmount2) {
  return moneyAmount1 + moneyAmount2;
  }
}
```

　注文管理クラス OrderManager に、金額を加算する static メソッド add が定義されています。static メソッドはクラスのインスタンスを生成することなく、リスト5.2のように add メソッドを呼び出し可能です。

 **リスト5.2** static メソッドとデータクラスはセットで登場しがち

```
// moneyData1, moneyData2 はデータクラス
moneyData1.amount = OrderManager.add(moneyData1.amount, moneyData2.↩
amount);
```

　こうした static メソッドは、moneyData1、moneyData2 のようなデータクラスとセットで用いられる傾向が多いです。

　さて、この構造の何が良くないのでしょうか。データ保持は MoneyData、データを操作するロジックは OrderManager というように、データとロジックが別のクラスに定義されています。低凝集な構造であり、1.3.1で説明したのと同じ悪魔を呼び寄せてしまいます。

---
### 5.1.1
## staticメソッドはインスタンス変数を使えない

　static メソッドはインスタンス変数を使えません。static メソッドを持ち出した時点で、データとデータを操作するロジックが乖離します。どうしても低凝集にならざるをえません。

　それに対し、第3章で説明した Money クラスは、インスタンス変数 amount に関連するロジックを寄せ集めて高凝集になっています。さまざまな悪魔の攻撃から身を守るために、ロジックとデータをひとつのクラスに集めて高凝集に設計するのは、オブジェクト指向設計の基本です。

---
### 5.1.2
## インスタンス変数を使う構造につくり変える

　static メソッドの引数に着目しましょう。OrderManager.add メソッドでは金額を引数 moneyAmount1, moneyAmount2 で受け取り、計算しています。

　凝集度は「クラス内における、データとロジックの関係性の強さを表す指標」

であると、冒頭で説明しました。インスタンス変数と、そのインスタンス変数を用いるロジックを同じクラス内に閉じ込めた構造が高凝集と言えます。

　高凝集になるよう、インスタンス変数を使って計算する構造に設計しましょう。第3章のMoneyクラスと同じ構造になります。金額をインスタンス変数amountとして持ち、amountを使って加算するようaddメソッドを設計します。

---

5.1.3
## インスタンスメソッドのフリしたstaticメソッドに注意

　staticキーワードが付いていないだけで、staticメソッドと同じ問題を抱えているインスタンスメソッドもよく見受けられます。リスト5.3を見てください。

**✕　リスト5.3** インスタンスメソッドのフリをしたaddメソッド

```
class PaymentManager {
  private int discountRate;  // 割引率

  // 省略
  int add(int moneyAmount1, int moneyAmount2) {
    return moneyAmount1 + moneyAmount2;
  }
}
```

　PaymentManagerクラスのaddメソッドはインスタンスメソッドですが、インスタンス変数discountRateをまったく使っていません。引数で受け取った値を使って計算するだけの、OrderManagerのstaticメソッドaddと同じです。実際、PaymentManager.addメソッドにはstaticキーワードを付与しても問題なく動作します。

　こうした、インスタンスメソッドのフリしたstaticメソッドも低凝集問題を引き起こすので、同様に対処していきましょう。

　どれが実質staticメソッドなのか見分けがつきにくいと思ったかもしれません。実は、簡単に見破る方法があります。怪しいと睨んだメソッドに、試しにstaticキーワードを追加してみましょう。そのメソッドでインスタンス変数が使われていれば、IDEの静的解析で「インスタンス変数が使われている」旨のエラーが表示されたり、コンパイルが通らなくなったりします。一方で静的解析でのエラー表示もなく、すんなりコンパイルが通ってしまったら、そのメソッドは実質staticメソッドです。

## どうしてstaticメソッドが使われてしまうのか

staticメソッドが使われる背景には、C言語などの手続き型言語の考え方が影響していると考えられます。手続き型言語では、データとロジックが別々になるよう設計されます。この考え方のままオブジェクト指向言語で設計すると、データとロジックは別々のクラスになります[*1]。そしてメソッドは、クラスのインスタンスを生成せずに使えるstaticメソッドとして定義してしまうのです。

staticメソッドはクラスのインスタンス生成が不要なため、お手軽に使われがちです。しかし、低凝集問題を引き起こしやすく、濫用すべきではありません。

## どういうときにstaticメソッドを使えばいいのか

staticメソッドには正しい使い方があります。

凝集度に影響がない場合に、staticメソッドを使えます。簡単に言えば、ログ出力用メソッドやフォーマット変換用メソッドなど、凝集度に無関係なものはstaticメソッドとして設計して良いでしょう。

ファクトリメソッド（5.2.1）としてstaticメソッドを用いるのが良いでしょう。

# 5.2
# 初期化ロジックの分散

十分にクラス設計しても、初期化ロジックがあちこちに分散して低凝集になってしまう場合があります。

ECサイトや決済サービスでは、新規入会時に無料お買い物ポイントが付与されるものがあります。次のコードは、そうしたギフトポイントを値オブジェクトとして設計したものです。

**❌ リスト5.4** ギフトポイントを表現するクラス

```
class GiftPoint {
  private static final int MIN_POINT = 0;
  final int value;
```

---

[*1]　現在でも組込みソフトウェアではC言語が重宝されます。そのため、組込み系でC++などのオブジェクト指向言語が用いられる場合、staticメソッドが実装される傾向が顕著です。

```
  GiftPoint(final int point) {
    if (point < MIN_POINT) {
      throw new IllegalArgumentException("ポイントが0以上ではありま←
せん。");
    }

    value = point;
  }

  /**
   * ポイントを加算する。
   *
   * @param other 加算ポイント
   * @return 加算後の残余ポイント
   */
  GiftPoint add(final GiftPoint other) {
    return new GiftPoint(value + other.value);
  }

  /**
   * @return 残余ポイントが消費ポイント以上であればtrue
   */
  boolean isEnough(final ConsumptionPoint point) {
    return point.value <= value;
  }

  /**
   * ポイントを消費する。
   *
   * @param point 消費ポイント
   * @return 消費後の残余ポイント
   */
  GiftPoint consume(final ConsumptionPoint point) {
    if (!isEnough(point)) {
      throw new IllegalArgumentException("ポイントが不足していま←
す。");
    }

    return new GiftPoint(value - point.value);
  }
}
```

図5.2 一見凝集性が高く見える GiftPoint クラス

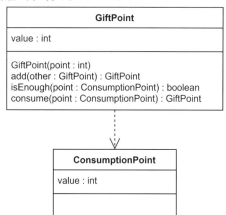

このGiftPointクラスにはポイントの加算メソッドや消費メソッドが定義されており、ギフトポイントに関するロジックがかなりしっかり凝集されているように見えます。

ところが、実はそうとは言い切れません。リスト5.5を見てください。これは標準会員として新規入会時に3000ポイントを付与する実装です。

リスト5.5 標準会員の入会ポイント

```
GiftPoint standardMemberShipPoint = new GiftPoint(3000);
```

また、別の場所にリスト5.6のコードが実装されています。これはプレミアム会員として新規入会時に10000ポイントを付与する実装です。

リスト5.6 プレミアム会員の入会ポイント

```
GiftPoint premiumMemberShipPoint = new GiftPoint(10000);
```

コンストラクタを公開すると、さまざまな用途に使われがちです。結果、関連ロジックが分散しがちになり、メンテナンスが大変になります。たとえば、入会ポイントを変更したいときに全ソースをチェックしなければいけません。

5.2.1
## privateコンストラクタ+ファクトリメソッドで目的別初期化

こうした初期化ロジックの分散を防ぐには、コンストラクタをprivateにして、代わりに目的別の**ファクトリメソッド**を用意します。

**リスト5.7** ファクトリメソッドを備えたGiftPointクラス

```
class GiftPoint {
  private static final int MIN_POINT = 0;
  private static final int STANDARD_MEMBERSHIP_POINT = 3000;
  private static final int PREMIUM_MEMBERSHIP_POINT = 10000;
  final int value;

  // 外部からはインスタンス生成できない。
  // クラス内部でのみインスタンス生成できる。
  private GiftPoint(final int point) {
    if (point < MIN_POINT) {
      throw new IllegalArgumentException("ポイントが0以上ではありま←
せん。");
    }

    value = point;
  }

  /**
   * @return 標準会員向け入会ギフトポイント
   */
  static GiftPoint forStandardMembership() {
    return new GiftPoint(STANDARD_MEMBERSHIP_POINT);
  }

  /**
   * @return プレミアム会員向け入会ギフトポイント
   */
  static GiftPoint forPremiumMembership() {
    return new GiftPoint(PREMIUM_MEMBERSHIP_POINT);
  }
  // 省略
}
```

図5.3 初期化ロジックも凝集した GiftPoint クラス

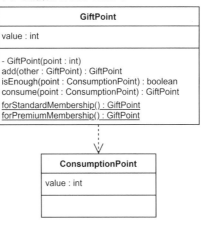

コンストラクタを private にすると、クラス内部でのみインスタンス生成できます。インスタンス生成用の static なファクトリメソッド内でコンストラクタを呼び出します。ファクトリメソッドは目的別に用意します。

標準会員向けの新規入会ポイントの生成に forStandardMembership、プレミアム会員向けに forPremiumMembership をファクトリメソッドとして用意します。各メソッドには、対応するポイント付与のロジックを実装します。

こうすることで、新規入会ポイントに関連するロジックが GiftPoint クラスに凝集します。新規入会ポイントやギフトポイント自体の仕様が変更される場合、GiftPoint クラスを中心に変更すれば良くなります。ほかのクラスから関連ロジックを探し回る手間を低減できます。

標準会員の新規入会、プレミアム会員の新規入会ロジックは、各ファクトリメソッドにより改善されます。

リスト5.8 標準会員入会ポイントのファクトリメソッド

```
GiftPoint standardMemberShipPoint = GiftPoint.forStandardMembership↩
();
```

リスト5.9 プレミアム会員入会ポイントのファクトリメソッド

```
GiftPoint premiumMemberShipPoint = GiftPoint.forPremiumMembership↩
();
```

## 生成ロジックが増えすぎたらファクトリクラスを検討すること

ものによっては生成ロジックが増えすぎてしまうケースがあります。すると、クラス内で生成以外のロジックが希薄になって、そのクラスで何をやりたいのかわかりにくくなってしまいます。生成ロジックがあまりにも長大になるようであれば、生成専門のファクトリクラスとして分離することも検討してください。

# 5.3
# 共通処理クラス（Common・Util）

staticメソッドのもうひとつの形として頻繁に見られるのが、共通処理の置き場所として用意されたクラス（共通処理クラス）です。Common、Utilなどと名付けられることが多いです。問題の性質はstaticメソッドと同じ低凝集構造です。ただし、よりたちの悪い悪魔を呼び込みやすくなっています。

同じような処理が多数書かれそうなとき、再利用できるよう共通処理を実装した共通クラスがつくられることがあります。このとき、共通処理用のメソッドはstaticメソッドとして実装されがちです。

たとえば、消費税計算です。金銭の取引を伴うサービスでは非常に多くのユースケースで金額を取り扱うことになります。そして金額を取り扱うユースケースでは、どこでも消費税計算が伴います。ユースケースごとに消費税計算ロジックを書いていては無駄です。無駄を省くため、共通処理クラスにstaticメソッドとして消費税計算ロジックが実装されることが多いのではないでしょうか。

**✗ リスト5.10** Commonクラス

```
// 共通処理クラス
class Common {
  // 省略

  // 税込み金額を計算する
  static BigDecimal calcAmountIncludingTax(BigDecimal ←
amountExcludingTax, BigDecimal taxRate) {
    return amountExcludingTax.multiply(taxRate);
  }
```

calcAmountIncludingTaxはstaticメソッドです。処理の共通化により重複コードの発生を抑える効果は期待できるように思えます。しかし、staticメソッ

ドであることには変わりはなく、低凝集構造の問題を抱えています。

なお、staticメソッドが招くのは低凝集だけではありません。グローバル変数（9.5参照）が出現しやすくなるなど、悪影響は多岐にわたります。

5.3.1

## さまざまなロジックが雑多に置かれがち

リスト5.11を見てください。

 リスト5.11 無関係な共通処理が雑多に置かれがち

```
// 共通処理クラス
class Common {
  // 省略

  // 税込み金額を計算する
  static BigDecimal calcAmountIncludingTax(BigDecimal ←
amountExcludingTax, BigDecimal taxRate) { ... }

  // ユーザーが退会済みの場合true
  static boolean hasResigned(User user) { ... }

  // 商品を注文する
  static void createOrder(Product product) { ... }

  // 有効な電話番号である場合true
  static boolean IsValidPhoneNumber(String phoneNumber) { ... }
```

税込み金額以外にも、退会済みか調べるメソッド、注文メソッドなど、お互い関連のないロジックが、Commonクラスに雑多に実装されてしまっています。しかもすべてstaticメソッドとして。低凝集な構造を、多くつくり込んでいる状態です。このような実装は、実際のプロダクションコードで非常に多く見られます。

なぜこのようなことが起こってしまうのでしょうか。

原因のひとつは、CommonやUtilといった「共通」を臭わせる名前です。「共通利用したいロジックはCommonクラスに置けばいいんだ」と読み手に感じさせてしまう可能性がとても高いのです。

根本的な原因は、共通化や再利用性に関して理解が不足していることです。再利用性は、高凝集な設計にすることで高まります。

リスト3.18のMoneyクラスを見てください。addメソッドをコールすることで、いつでも金額の加算ができます。再利用性があります。

5.3.2
## オブジェクト指向設計の基本に立ち返ろう

　共通処理クラスを安易につくらないようにしましょう。そしてオブジェクト指向設計の基本にもとづいて設計しましょう。

　`Common.calcAmountIncludingTax`メソッドを例に、あるべき構造に改善します。

**リスト 5.12** 税込み金額クラス

```java
class AmountIncludingTax {
  final BigDecimal value;

  AmountIncludingTax(final AmountExcludingTax amountExcludingTax, ←
final TaxRate taxRate) {
    value = amountExcludingTax.value.multiply(taxRate.value);
  }
}
```

5.3.3
## 横断的関心事

　ログ出力処理やエラー検出処理は、アプリケーションのどんな処理でも必要です。ECサイトなら注文、予約、配送、どんなユースケースでも必要となる基盤的な処理です。

　このように、さまざまなユースケースに広く横断する事柄を、**横断的関心事**と呼びます。代表的なものとして以下が挙げられます。

- ログ出力
- エラー検出
- デバッグ
- 例外処理
- キャッシュ
- 同期処理
- 分散処理

　横断的関心事に関する処理であれば共通処理としてまとめ上げて良いでしょう。リスト5.13に示すログ出力用`Logger.report`もインスタンス化する用途がないため、staticメソッドとして設計して問題ありません。

 **リスト5.13** 横断的関心事はstaticメソッドでもよい

```
try {
  shoppingCart.add(product);
}
catch (IllegalArgumentException e) {
  // reportはログ出力用のstaticメソッド
  Logger.report("問題が発生しました。買い物かごに商品を追加できませ←
ん");
}
```

# 5.4
# 結果を返すために引数を使わないこと

　共通処理クラスの例にもあるように、引数の扱いを誤ると低凝集に陥りやすいです。出力引数もそのひとつです。リスト5.14を見てください。

**リスト5.14** 引数の変更をしている

```
class ActorManager {
  // ゲームキャラの位置を移動する。
  void shift(Location location, int shiftX, int shiftY) {
    location.x += shiftX;
    location.y += shiftY;
  }
}
```

　shiftはゲームキャラの位置を移動するメソッドです。ただし、移動対象のインスタンスを引数locationで渡し、変更しています。このように出力として用いる引数を**出力引数**と呼びます。データ操作対象はLocation、操作ロジックはActorManager、といった形で別々のクラスに定義されているため、やはりこの構造も低凝集です。低凝集構造は重複を生みやすいので、リスト5.15のようにまったく同じメソッドが別のクラスに意図せず実装されることが多いです。

**リスト5.15** まったく同じメソッドが別のクラスにも

```
class SpecialAttackManager {
  void shift(Location location, int shiftX, int shiftY) {
```

　出力引数は低凝集を引き起こすだけではありません。リスト5.16を実行するといったい何が起こるのでしょうか。

リスト 5.16 何が起こるのだろう？

```
discountManager.set(money);
```

setメソッドのロジックを見てみましょう。

❌ リスト 5.17 引数変更されることが外部からわからない

```
class DiscountManager {
  // 割引を適用する
  void set(MoneyData money) {
    money.amount -= 2000;
    if (money.amount < 0) {
      money.amount = 0;
    }
  }
}
```

　なんと引数として渡したmoneyの金額値を変更しています。引数は入力値として受け渡すのが普通です。このように出力値として扱ってしまうと、引数が入力なのか出力なのか、メソッド内部のロジックを読んで確認しなければなりません。メソッドの中身をいちいち気にしなければならない構造は、ロジックを読み解く時間をいたずらに増大させ、可読性の低下を招きます。

　出力引数として設計せず、オブジェクト指向設計の基本にもとづいてデータとデータを操作するロジックを同じクラスに凝集しましょう。移動メソッドshiftを、位置を表現するクラスLocationに定義します。

⭕ リスト 5.18 引数を変更しない構造へ改善

```
class Location {
  final int x;
  final int y;

  Location(final int x, final int y) {
    this.x = x;
    this.y = y;
  }

  Location shift(final int shiftX, final int shiftY) {
    final int nextX = x + shiftX;
    final int nextY = y + shiftY;
    return new Location(nextX, nextY);
  }
}
```

## C#のoutキーワード

C#には出力引数の仕様として**out**キーワードや**ref**キーワードがあります。本書では**out**キーワードを紹介します。

リスト5.19のように**out**を付与すると、引数**value**は参照渡しとなり、宣言元の変数を変更できます。

**リスト5.19** C#の出力引数

```
static void Set(out int value) {
  value = 10;
}

int value;
Set(out value);
Console.WriteLine(value);   // 画面に10が出力される
```

リスト5.20のように、複数の値を変更して返したい場合に**out**キーワードが使われていたのを、筆者はたびたび目にしたことがあります。**RecoverCompletely**は、ゲームにおいて最大まで回復したヒットポイントと魔法力を返すメソッドです。

**✖ リスト5.20** 出力引数による変更

```
static void RecoverCompletely(out int hitPoint, out int ←
magicPoint) {
  hitPoint = MAX_HIT_POINT;
  magicPoint = MAX_MAGIC_POINT;
}

int hitPoint;
int magicPoint;
RecoverCompletely(out hitPoint, out magicPoint);
member.HitPoint = hitPoint;
member.MagicPoint = magicPoint;
```

しかし、これまで説明したように、出力引数は容易に低凝集な構造へと陥ります。オブジェクト指向設計の基本にもとづき、丁寧にクラス化しましょう。

**○ リスト5.21** ヒットポイントを値オブジェクトとして設計

```
/// <summary>ヒットポイント</summary>
class HitPoint {
  private const int MIN = 0;
  // readonlyはJavaのfinalに相当
  readonly int _value;
  private readonly MaxHitPoint _maxHitPoint;

  /// <summary>
  /// <param name="value">現在のヒットポイント</param>
  /// <param name="maxHitPoint">最大ヒットポイント</param>
  /// </summary>
  HitPoint(int value, MaxHitPoint maxHitPoint) {
    if (value < MIN) {
      throw new ArgumentOutOfRangeException("0以上を指定し↩
てください");
    }
    _value = value;
    _maxHitPoint = maxHitPoint;
  }

  /// <summary>
  /// 最大まで回復する
  /// <returns>ヒットポイント</returns>
  /// </summary>
  HitPoint RecoverCompletely() {
    return new HitPoint(_maxHitPoint._value, _maxHitPoint↩
);
  }
}
```

outキーワードは次に示すTryParseメソッドのように、極めて汎用的な変換用途などに限定しましょう。凝集性に問題がある場合は使用をおすすめしません。

**リスト5.22** 出力引数は凝集性に問題がないケースに限定しよう

```
int valueString = "123";
int value;
// TryParseはintへの型変換を試みるメソッド
bool success = int.TryParse(valueString, out value);
if (success) {
  total += value;
}
```

# 5.5

## 多すぎる引数

引数が多すぎるメソッドは、低凝集に陥る良くない構造です。

ゲームにおける魔法力を例に説明します。RPGなどのゲームには、魔法力（マジックポイント）があります。魔法力に関して、以下の仕様であるとします。

- 魔法を使うと、魔法力は一定量減少する。
- 回復アイテムなどにより、魔法力は一定量回復する。
- 魔法力には最大値がある。
- 魔法力は最大値まで回復可能。
- 一部の装備品は、魔法力の最大値を増加させる効果を持つ。

設計をあまり考えないと、リスト5.23のようなロジックになりがちです。

**✕ リスト5.23** 引数の多いメソッド

```
/**
 * 魔法力を回復する
 * @param currentMagicPoint 現在の魔法力残量
 * @param originalMaxMagicPoint オリジナルの魔法力最大値
 * @param maxMagicPointIncrements 魔法力最大値の増分
 * @param recoveryAmount 回復量
 * @return 回復後の魔法力残量
 */
int recoverMagicPoint(int currentMagicPoint, int ←
originalMaxMagicPoint, List<Integer> maxMagicPointIncrements, int ←
recoveryAmount) {
  int currentMaxMagicPoint = originalMaxMagicPoint;
  for (int each : maxMagicPointIncrements) {
    currentMaxMagicPoint += each;
  }

  return Math.min(currentMagicPoint + recoveryAmount, ←
currentMaxMagicPoint);
}
```

recoverMagicPointでは、装備品の魔法力最大値増加効果を追加した、魔法力最大値currentMaxMagicPointを算出しています。currentMaxMagicPointを超えないように魔法力を回復させています。

機能しますが、このメソッド構造は良くありません。

　魔法力残量や魔法力最大値、魔法力最大値の増分、回復量がバラバラに渡されています。バラバラに渡す方法は、不注意で正しくない値を代入してしまう可能性が高まります。この例では4個程度のデータです。しかし、ゲームに限らず実際のアプリケーションでは、膨大なデータを取り扱います。この例では、うっかり別のメンバーの魔法力を代入してしまうといったミスがありえます。

　また、回復以外の処理を行っています。魔法力最大値の増加計算は、回復以外のさまざまなケースでの利用が容易に考えられます。このようなベタ書きロジックでは、重複コードがさまざまな箇所に書かれる事態を招きます。

　こういった問題はなぜ生じるのでしょうか。メソッドに引数を渡すのは、その引数を使って何か処理をさせたいからです。引数の量が多いということは、すなわちそれだけ処理させたい内容が膨らむことになります。処理内容が増えると、ロジックが複雑化したり重複コードが増えたり、悪魔が棲み着き暴れ出します。

---
5.5.1
## プリミティブ型執着

　boolean、int、float、double、Stringといった、プログラミング言語が標準で用意している基本データ型を**プリミティブ型**と呼びます。

　リスト5.23のrecoverMagicPointメソッドと同様に、リスト5.24に示すdiscountedPriceメソッドは、引数、戻り値ともにプリミティブ型だけで構成されています。このようにプリミティブ型を濫用したコードを**プリミティブ型執着**と呼びます。

❌ リスト5.24 プリミティブ執着の例

```
class Common {
  /**
   * @param regularPrice 定価
   * @param discountRate 割引率
   * @return 割引価格
   */
  int discountedPrice(int regularPrice, float discountRate) {
    if (regularPrice < 0) {
      throw new IllegalArgumentException();
    }
    if (discountRate < 0.0f) {
      throw new IllegalArgumentException();
    }
```

　プログラミング初心者やプリミティブ型を中心に長年コードを書いてきたプロ

グラマーには、クラス設計の習慣がありません。そのためプリミティブ型執着に陥りがちです。

「いや、別に執着なんかしていない。これが一般的な実装スタイルでは？」「むしろクラスをたくさんつくることの方が普通でない気が......」と考える読者がいるかもしれません。しかし、それは誤りです。リスト5.25を見てください。

リスト5.25 プリミティブ型に執着するとコード重複が生じやすい

```
class Util {
  /**
   * @param regularPrice 定価
   * @return 適切価格である場合true
   */
  boolean isFairPrice(int regularPrice) {
    if (regularPrice < 0) {
      throw new IllegalArgumentException();
    }
```

isFairPriceは適正価格かどうかを調べるメソッドです。ところが、discountedPriceメソッドと同様に定価regularPriceのバリデーションが実装されています。プリミティブ型だけで実装すると、重複コードや演算ロジックがあちこちに無秩序に実装されやすくなります。

ほとんどプリミティブ型だけで「動くコード」を書くことはできるでしょう。しかし、それでは強く関係し合うデータとロジックをうまく凝集できません。このため、バグを埋め込みやすくなったり、可読性が低下したりします。

データがただ存在しているだけ、というのはほとんどありえません。データを使って計算したり、データを判断して制御を切り替えたりするものです。プリミティブ型だけで実装しようとすると、データのありかとデータを使って制御するロジックのありかがバラバラになります。低凝集になります。

第3章で解説したオブジェクト指向設計を基本に、まずは一つ一つ丁寧にクラス化していくよう、プログラミングへの向き合い方、考え方をあらためる必要があります。

リスト5.26に示すように、割引料金、定価、割引率を一つ一つクラスへ成長させます。定価クラスRegularPriceの中に、バリデーションをカプセル化します。割引率も同様にクラス化します。

リスト 5.26 「定価」という具体的な型として設計する

```
/** 定価 */
class RegularPrice {
  final int amount;

  /**
   * @param amount 金額
   */
  RegularPrice(final int amount) {
    if (amount < 0) {
      throw new IllegalArgumentException();
    }
    this.amount = amount;
```

そして割引料金DiscountedPriceには、定価クラスRegularPriceと割引率クラスDiscountRateを渡すようにします。リスト 5.24 の Common.discountedPriceとは異なり、引数はプリミティブ型ではなくクラスになっていますね。

リスト 5.27 プリミティブではなくクラスの型を渡す

```
/** 割引料金 */
class DiscountedPrice {
  final int amount;

  /**
   * @param regularPrice 定価
   * @param discountRate 割引率
   */
  DiscountedPrice(final RegularPrice regularPrice, final ←
DiscountRate discountRate) {
    // regularPriceとdiscountRateを使った計算
```

こうすることで各クラスそれぞれに関連の高いロジックが凝集します。

5.5.2
## 意味のある単位ごとにクラス化する

さて話は魔法力の例に戻ります。

引数が多すぎる事態に陥らないためには、概念的に意味のあるクラスをつくることが肝要です。ここでは魔法力が中心的な概念です。魔法力を表現するクラスMagicPointを用意します。そして、魔法力に関係する値をインスタンス変数として所有するクラス構造にします。

リスト 5.28 引数ではなくインスタンス変数として表現する

```
/** 魔法力 */
class MagicPoint {
  // 現在の魔法力残量
  int currentAmount;
  // オリジナルの魔法力最大値
  int originalMaxAmount;
  // 魔法力最大値の増分
  List<Integer> maxIncrements;
}
```

　さて、このままだと魔法力最大値の計算ロジックや魔法力回復ロジックが、別のクラスに書かれてしまいそうです。

　そこで、魔法力の最大値計算や回復メソッドをMagicPointクラスに定義します（リスト5.29）。このとき、ほかのクラスに余計な操作をさせないようにインスタンス変数はprivateにします。そのほか、魔法力消費メソッドなども定義します。

リスト 5.29 魔法力に関係するロジックをカプセル化

```
/** 魔法力 */
class MagicPoint {
  private int currentAmount;
  private int originalMaxAmount;
  private final List<Integer> maxIncrements;

  // 省略

  /** @return 現在の魔法力残量 */
  int current() {
    return currentAmount;
  }

  /** @return 魔法力の最大量 */
  int max() {
    int amount = originalMaxAmount;
    for (int each : maxIncrements) {
      amount += each;
    }
    return amount;
  }

  /**
   * 魔法力を回復する
   * @param recoveryAmount 回復量
   */
  void recover(final int recoveryAmount) {
```

```
    currentAmount = Math.min(currentAmount + recoveryAmount, max←
());
  }

  /**
   * 魔法力を消費する
   * @param consumeAmount 消費量
   */
  void consume(final int consumeAmount) { ... }
```

図5.4 　　MagicPointに凝集し「多すぎる引数」を解消

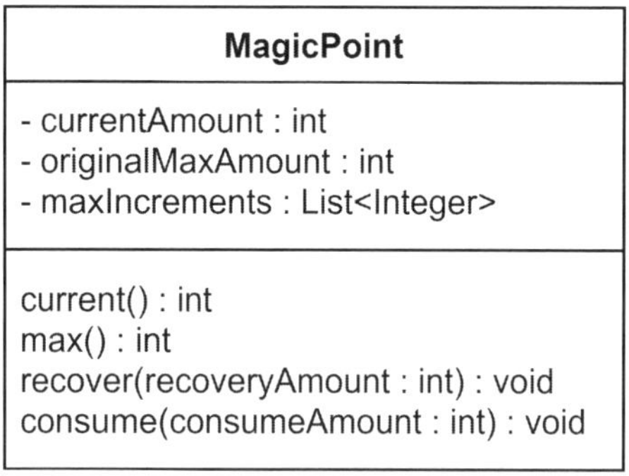

| **MagicPoint** |
|---|
| - currentAmount : int<br>- originalMaxAmount : int<br>- maxIncrements : List<Integer> |
| current() : int<br>max() : int<br>recover(recoveryAmount : int) : void<br>consume(consumeAmount : int) : void |

　魔法力に関係するロジックが、このクラスにギュッと凝集しましたね。
　引数が多い場合は、データを引数として扱うのではなく、そのデータをインスタンス変数として持つクラスへ設計変更してみましょう。

# 5.6
## メソッドチェイン

　リスト5.30は、ゲームでメンバーの装備を変更するメソッドです。

 リスト5.30 数珠つなぎにコールする「メソッドチェイン」

```
/**
 * 鎧を装備する
 * @param memberId 装備変更したいメンバーのID
 * @param newArmor 装備する鎧
```

```
*/
void equipArmor(int memberId, Armor newArmor) {
  if(party.members[memberId].equipments.canChange) {
    party.members[memberId].equipments.armor = newArmor;
  }
}
```

Partyクラスの List型インスタンス変数membersから装備変更したいメンバーを取得し、さらにequipmentsで装備一覧を取得しています。その中からさらにcanChangeを取得して装備変更可能かどうかを判断し、armorへアクセスして装備変更しています。

このように、「.」（ドット）で数珠つなぎにして、戻り値の要素に次々にアクセスする書き方を**メソッドチェイン**と呼びます。この例ではメソッドチェインを使い、階層構造になっているクラスの、かなり奥深い要素にアクセスしています。

この方法も低凝集に陥る、良くない書き方です。

このコードではarmorへ代入していますが、代入するコードをどこでも書けてしまいます。似たようなコードが複数箇所に実装される恐れがあります。それだけではなく、membersや equipmentsなども同様です。どこでもさまざまな要素へアクセス可能となります。

たとえば、members、equipments、canChange、armorにアクセスするコードがさまざまな箇所にいくつも実装されていたとします。これらの要素に仕様変更が生じた場合、呼び出している箇所すべての影響を調べて回らなければならなくなります。また、バグが発生した場合も同様に、どこでバグが混入したのか呼び出し箇所をすべて調べて回らなければならなくなります。

このように、影響範囲がいたずらに拡大可能な構造なので、グローバル変数（9.5参照）と同様の性質を帯びてきます。より多くの要素に、あらゆる箇所からアクセス可能な構造である点で、単一のグローバル変数よりも悪質です。

**デメテルの法則**と呼ばれる法則があります。利用するオブジェクトの内部を知るべきではない、とするもので、「知らない人に話しかけるな」と要約されたりもします。メソッドチェインで内部詳細を渡り歩くつくりは、まさにデメテルの法則に違反していると言えます。

---

5.6.1
## 尋ねるな、命じろ

ソフトウェア設計には、**尋ねるな、命じろ**（Tell, Don't Ask.）という有名な格

言があります。ほかのオブジェクトの内部状態（つまり変数）を尋ねたり、その状態に応じて呼び出し側が判断したりするのではなく、呼び出し側はただメソッドで命ずるだけで、命令された側で適切な判断や制御するよう設計します。

これには、インスタンス変数をprivateにして、外部からアクセスできなくします。インスタンス変数に対する制御は、メソッドとして外部から命じる形にします。そして命令された側が、詳細な判断や制御を担うつくりにします。

具体的に見ていきましょう。リスト5.31に示すように、インスタンス変数はprivateにします。

装備中の防具一覧を表現する**Equipments**クラスには、防具の着脱に関して「仕様的に意味のある」メソッドを定義します。たとえば装備変更用に**equipArmor**メソッド、全装備解除用に**deactivateAll**メソッドを用意します。

●リスト5.31 詳細なロジックは呼ぶ側ではなく、呼ばれる側に実装しよう

```java
/** 装備中の防具一覧 */
class Equipments {
  private boolean canChange;
  private Equipment head;
  private Equipment armor;
  private Equipment arm;

  /**
   * 鎧を装備する
   *
   * @param newArmor 装備する鎧
   */
  void equipArmor(final Equipment newArmor) {
    if (canChange) {
      armor = newArmor;
    }
  }

  /**
   * 全装備を解除する
   */
  void deactivateAll() {
    head = Equipment.EMPTY;
    armor = Equipment.EMPTY;
    arm = Equipment.EMPTY;
  }
```

図5.5 「尋ねるな、命じろ」にもとづき詳細な処理をカプセル化

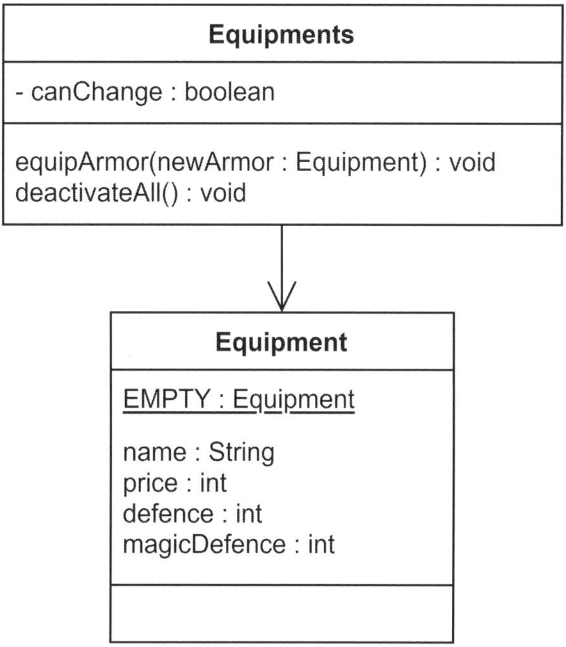

```
┌─────────────────────────────────────────┐
│              Equipments                  │
├─────────────────────────────────────────┤
│ - canChange : boolean                    │
├─────────────────────────────────────────┤
│ equipArmor(newArmor : Equipment) : void  │
│ deactivateAll() : void                   │
└─────────────────────────────────────────┘
                    │
                    ▽
        ┌───────────────────────────┐
        │        Equipment          │
        ├───────────────────────────┤
        │ EMPTY : Equipment         │
        ├───────────────────────────┤
        │ name : String             │
        │ price : int               │
        │ defence : int             │
        │ magicDefence : int        │
        ├───────────────────────────┤
        │                           │
        └───────────────────────────┘
```

　こうすることで防具の着脱に関するロジックがEquipmentsに凝集します。これにより、防具装備の仕様が変わった場合、Equipmentsに着目すれば良いことになります。ソースコードのあちこちを探し回る必要がなくなります。

第**6**章

# 条件分岐
―迷宮化した分岐処理を解きほぐす技法―

　本章では、if文やswitch文などの条件分岐の周りに潜む悪魔と、退治法を紹介していきます。

　条件分岐は、条件に応じて処理内容を切り替えるための、プログラミングの基本制御です。条件分岐のおかげで複雑な判断を高速かつ正確に実行でき、サービス利用者に恩恵をもたらしています。

　一方で、条件分岐をずさんに扱うと、悪魔となって開発者を苦しめることになります。条件が複雑になると見通しが悪くなり、理解が困難になります。理解が困難だとデバッグや仕様変更に時間がかかります。分岐ロジックを正確に理解せずに仕様変更すれば、バグを生むでしょう。

**図6.1** 　複雑すぎる条件分岐はコードに深刻な影響を与える

　条件分岐にはどのような悪魔が潜んでいるのか、順番に見ていきましょう。

## 6.1
## 条件分岐のネストによる可読性低下

　RPGにおける魔法発動を例に、条件分岐のネスト（入れ子構造）について説明します。

　RPGではプレイヤーが各メンバーに行動を指示します。その後すばやさなどから行動の順番が決まります。順番が回ってきたメンバーが指示された行動をし

ていきます。

　こうした仕様があるために、魔法の指示を受けても必ず魔法を発動できるとは限りません。順番が回ってくるまでに敵の攻撃を受けて戦闘不能に陥る、眠りや麻痺で動けなくなる場合があります。魔法力を敵に吸い取られてしまい、魔法力不足で魔法発動できない場合もあります。したがって実際に魔法発動するには、さまざまな条件をクリアしなければなりません。

　リスト 6.1 は、魔法発動までの条件を実装した一例です。

**✕　リスト 6.1**　if文で多重にネストした構造

```
// 生存しているか判定
if (0 < member.hitPoint) {
  // 行動可能かを判定
  if (member.canAct()) {
    // 魔法力が残存しているかを判定
    if (magic.costMagicPoint <= member.magicPoint) {
      member.consumeMagicPoint(magic.costMagicPoint);
      member.chant(magic);
    }
  }
}
```

- 生存していること
- 行動可能であること
- 魔法力が残存していること

　これらすべての条件を満たすことで魔法発動可能なロジックとなっています。いくつもの条件判定をするために、if文の中にif文、さらにその中にif文......というように、if文が入れ子構造になっています。このような入れ子構造を、**ネスト**、ネストしていると呼びます。何重もの入れ子構造になっていることを指し、ネストが深いと言ったりもします。

　ネストしていると何がマズいのでしょうか。コードの見通しが悪くなっていきます。どこからどこまでがif文の処理ブロック（{}中括弧でくくられた処理範囲）なのか、読み解くのが難しくなります。魔法発動のコード例はまだ理解しやすいかもしれません。しかし、ひどいものではリスト 6.2 のように書かれていることがあります。

❌ **リスト6.2** 巨大なネスト

```
if (条件) {
  //
  // 数十〜数百行に及ぶ何かの処理
  //
  if (条件) {
    //
    // 数十〜数百行に及ぶ何かの処理
    //
    if (条件) {
      //
      // 数十〜数百行に及ぶ何かの処理
      //
      if (条件) {
        //
        // 数十〜数百行に及ぶ何かの処理
        //
      }
    }
    //
    // 数十〜数百行に及ぶ何かの処理
    //
  }
  //
  // 数十〜数百行に及ぶ何かの処理
  //
}
```

　入れ子構造の間に数十〜数百行の処理が実装されていると、if文の終わり括弧（}）を探すだけでも一苦労です。ある条件を満たした場合にどこからどこまでが実行されるのか。逆に満たしていない場合に何が起こるのか。理解に莫大な時間を浪費することになります。それも一度や二度ではありません。このコードを読みに来た人すべてが理解に時間を浪費します。可読性が悪く、チーム全体で開発生産性が低下してしまうのです。

　仕様変更はさらに大変です。こうした長大で複雑なコードは、ロジックを正確に読み解けなくなります。理解が不十分なままでロジック変更するとバグになります。正しく動作させるためには、極めて慎重に読み解く必要があります。開発者の思考に非常に高い負荷がかかり、疲弊させてしまいます。

---
6.1.1
## 早期returnでネスト解消

　こうしたネストの悪魔を退治する手段のひとつに、早期returnがあります。**早期return**とは、条件を満たしていない場合に、ただちにreturnで抜けてしまう、

という手法です。先程の魔法発動のコードに早期returnを適用してみましょう。
最初の条件では、メンバーが生存しているかどうかを調べています。これを、「生存していなければreturnで抜ける」の形に変更します。

**リスト6.3** 早期returnでネスト解消

```
// 生存していない場合returnで処理を終了する。
// 早期returnへの変更には、条件を反転させる。
if (member.hitPoint <= 0) return;

if (member.canAct()) {
  if (magic.costMagicPoint <= member.magicPoint) {
    member.consumeMagicPoint(magic.costMagicPoint);
    member.chant(magic);
  }
}
```

早期returnの形へ変更するには、元の条件を反転させます。つまり、「生存している場合」から「生存していない場合」へ変更します。

これによってネストが1段浅くなりました。ほかの条件にも早期returnを適用します。

**リスト6.4** すべてのネストを解消

```
if (member.hitPoint <= 0) return;
if (!member.canAct()) return;
if (member.magicPoint < magic.costMagicPoint) return;

member.consumeMagicPoint(magic.costMagicPoint);
member.chant(magic);
```

リスト6.1のロジックと見比べてみてください。ネストが解消され、ロジックの見通しが良くなりました。

早期returnにはもうひとつ利点があります。それは条件ロジックと実行ロジックを分離できることです。魔法発動不能となる条件が冒頭の早期returnにまとめられました。それにより魔法発動時に実行するロジックが分離されました。分離によって、条件と実行を分けて考えることが容易になるのです。

たとえば次の仕様が追加されたとします。

- メンバーはテクニカルポイント（TP）というパラメータを持つ。
- 魔法発動には所定のテクニカルポイントを必要とする。

　発動不能条件が書かれている箇所が早期returnでまとめられています。そのためロジックの追加が容易です。

**リスト6.5**　条件追加が容易

```
if (member.hitPoint <= 0) return;
if (!member.canAct()) return;
if (member.magicPoint < magic.costMagicPoint) return;
if (member.technicalPoint < magic.costTechnicalPoint) return;  // ←
新規追加

member.consumeMagicPoint(magic.costMagicPoint);
member.chant(magic);
```

　また実行ロジックに関する仕様変更でも同じことが言えます。たとえば「魔法発動後にTPを一定数増加する」という仕様が追加された場合。魔法発動の実行ロジックが後半にまとまっているので、やはり容易にロジック追加できます。

**リスト6.6**　実行ロジックの追加も容易

```
if (member.hitPoint <= 0) return;
if (!member.canAct()) return;
if (member.magicPoint < magic.costMagicPoint) return;
if (member.technicalPoint < magic.costTechnicalPoint) return;

member.consumeMagicPoint(magic.costMagicPoint);
member.chant(magic);
member.gainTechnicalPoint(magic.incrementTechnicalPoint); // 新規追←
加
```

　早期returnを用いて冒頭で不要な条件を弾く方法は、リスト3.4で紹介したガード節の考え方がもとになっています。このように、ロジックをすばやく理解するには、ロジックの見通しの良さが重要です。

6.1.2
## 見通しを悪くするelse句も早期returnで解決

　else句も、見通しを悪化させる要因のひとつです。

　多くのゲームには、メンバーのヒットポイントが低下してきたときに、危険であることを知らせる表示仕様[*1]が盛り込まれています。こういった仕様を満たすために、ヒットポイントの割合に応じて生命状態HealthConditionを返すロジックを例に考えます。割合ごとの状態は表6.1の仕様とします。

---

*1　画面やウィンドウが赤く表示されたり、メンバーが辛そうな表情に変化したりといったもの。

表6.1　ヒットポイント割合ごとの生命状態

| ヒットポイント割合 | 生命状態 |
| --- | --- |
| 0% | 死亡 |
| 30%未満 | 危険 |
| 50%未満 | 注意 |
| 50%以上 | 良好 |

　この表のように、値の範囲に応じて状態を切り替えるには、どう実装するでしょうか。あまり設計を考えないと、リスト6.7のようにelse句をふんだんに使ったロジックになりがちです。

リスト6.7　多くのelse句でやや見通しの悪いロジック

```
float hitPointRate = member.hitPoint / member.maxHitPoint;

HealthCondition currentHealthCondition;
if (hitPointRate == 0) {
  currentHealthCondition = HealthCondition.dead;
}
else if (hitPointRate < 0.3) {
  currentHealthCondition = HealthCondition.danger;
}
else if (hitPointRate < 0.5) {
  currentHealthCondition = HealthCondition.caution;
}
else {
  currentHealthCondition = HealthCondition.fine;
}

return currentHealthCondition;
```

　リスト6.7はまだ簡単な方です。ネストしたif文の中にelse句が紛れ込むと、さらに見通しが悪くなり、理解が難しくなります。
　これも条件分岐のネストと同様に、早期returnにより解決できます。各ifブロック内の処理を、returnに置き換えます。

リスト6.8　else句を早期returnに置き換え

```
float hitPointRate = member.hitPoint / member.maxHitPoint;

if (hitPointRate == 0) {
  return HealthCondition.dead;
```

```
}
else if (hitPointRate < 0.3) {
  return HealthCondition.danger;
}
else if (hitPointRate < 0.5) {
  return HealthCondition.caution;
}
else {
  return HealthCondition.fine;
}
```

returnで返してしまえば、もはやelse句は不要になります。リスト6.9のロジックへ、さらに改善します。

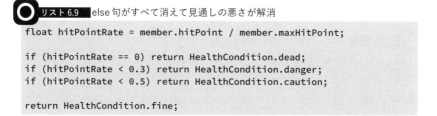 リスト6.9　else句がすべて消えて見通しの悪さが解消

```
float hitPointRate = member.hitPoint / member.maxHitPoint;

if (hitPointRate == 0) return HealthCondition.dead;
if (hitPointRate < 0.3) return HealthCondition.danger;
if (hitPointRate < 0.5) return HealthCondition.caution;

return HealthCondition.fine;
```

見通しが良くなっただけでなく、表6.1の仕様をそのまま表現した形にもなりました。

## 6.2

# switch文の重複

なんらかの種類ごとに処理を切り替えたい場合、switch文が使われることがほとんどです。しかし、switch文は悪魔を非常に呼び寄せやすい制御構文です。対処法を知らないと誰もが悪魔の呪いにかかって、バグを埋め込んだり、可読性を低下させたりしてしまいます。

switch文でどのように弊害が生じてくるかを、ゲームを例に説明します。

「とあるゲーム会社で新たにRPGを開発することになった」という架空の状況を想定します。戦闘システムの開発には複数のチームがあります。その内の1チームで攻撃魔法の実装を担当することになりました。

魔法には表6.2の基本仕様があります。

表6.2　魔法の基本仕様

| 項目 | 説明 |
| --- | --- |
| 名前 | 魔法の名前。表示に用いる。 |
| 消費魔法力 | 魔法使用時に消費する魔法力。 |
| 攻撃力 | 魔法の攻撃力。それぞれ計算式が異なる。 |

また、開発初期では表6.3の魔法が考えられました。

表6.3　魔法一覧

| 魔法 | 説明 |
| --- | --- |
| ファイア | 炎の魔法。使用者のレベルが高いほど攻撃力増大。 |
| 紫電 | 雷の魔法。使用者のすばやさが高いほど攻撃力増大。 |

6.2.1
## 即座にswitch文を書いてしまう

それぞれ効果の異なる魔法をいくつも実装する場合、どのようなロジックになるでしょうか[*2]。種類ごとに処理を切り替えるロジックを実装する場合、switch文が使われることが多いのではないでしょうか。このチームの担当者は、魔法の種類をswitch文で切り替えられるよう次のように実装しました。

まず魔法の種類を、enumのMagicTypeと定義しました。

リスト6.10　魔法の種類を定義したenum

```
enum MagicType {
  fire,  // ファイア。炎の魔法。
  shiden // 紫電。雷の魔法。
}
```

魔法にはそれぞれ以下が設定されている仕様です。

- 名前
- 消費魔法力

---

[*2]　一般的に、RPGでは数多くの魔法があります。1作品で数十種類近くの魔法があるのはザラで、効果や消費する魔法力（魔法利用時に消費される数値）もさまざまです。

• 攻撃力

まず、魔法の名前を取得する getName メソッドを実装しました。switch 文を使って、MagicType ごとに対応する名前を case 文で切り替えています。

 **リスト 6.11** switch 文で表示名を切り替え

```
class MagicManager {
  String getName(MagicType magicType) {
    String name = "";

    switch (magicType) {
      case fire:
        name = "ファイア";
        break;
      case shiden:
        name = "紫電";
        break;
    }

    return name;
  }
}
```

6.2.2

## 同じ条件式の switch 文が複数書かれていく

魔法の種類による処理の切り替えは、名前だけではありません。消費魔法力や攻撃力があります。

消費魔法力を取得する costMagicPoint メソッドを実装しました。getName メソッドと同様に、switch 文で消費魔法力を切り替えています。

 **リスト 6.12** 消費魔法力を switch 文で切り替え

```
int costMagicPoint(MagicType magicType, Member member) {
  int magicPoint = 0;

  switch (magicType) {
    case fire:
      magicPoint = 2;
      break;
    case shiden:
      magicPoint = 5 + (int)(member.level * 0.2);
      break;
  }

  return magicPoint;
```

```
}
```

攻撃力を取得する attackPower メソッドでも、switch 文で計算式を切り替えるよう実装しました。

**✖ リスト 6.13** 魔法攻撃力を switch 文で切り替え

```
int attackPower(MagicType magicType, Member member) {
  int attackPower = 0;

  switch (magicType) {
    case fire:
      attackPower = 20 + (int)(member.level * 0.5);
      break;
    case shiden:
      attackPower = 50 + (int)(member.agility * 1.5);
      break;
  }

  return attackPower;
}
```

一度ここまでのソースコードを見直してみましょう。このゲームの魔法の仕様はごく単純なものです。しかし、MagicType で処理を切り替える switch 文が3つも登場しています。同じ条件式の switch 文が複数実装されるのは良くない兆候です。いったい何が起こるのでしょうか。

### 6.2.3
## 仕様変更時の修正漏れ（case 文追加漏れ）

多忙な中開発は進み、新たな魔法「地獄の業火」が追加されることになりました。担当者は、魔法の種類ごとに switch 文で処理を切り替えていたことを思い出します。そして、魔法「地獄の業火」に対応する case 文を追加しました。

**✖ リスト 6.14** getName メソッドに case 文追加

```
String getName(MagicType magicType) {
  String name = "";

  switch (magicType) {
    // 中略
    case hellFire:
      name = "地獄の業火";
      break;
  }
```

```
  return name;
}
```

**✖ リスト6.15** costMagicPointメソッドにcase文追加

```
int costMagicPoint(MagicType magicType, Member member) {
  int magicPoint = 0;

  switch (magicType) {
    // 中略
    case hellFire:
      magicPoint = 16;
      break;
  }

  return magicPoint;
}
```

　軽く動作確認して仕様通りに実装されていそうだったので、リリースしてしまいました。ところが、リリース後しばらくして、「魔法『地獄の業火』のダメージが低すぎる」とユーザーから苦情が上がってくるようになりました。原因を調べると、攻撃力を計算するメソッドattackPowerにcase文を追加し忘れていたことがわかりました。

**✖ リスト6.16** case文の追加漏れ

```
int attackPower(MagicType magicType, Member member) {
  int attackPower = 0;

  switch (magicType) {
    // 中略
    // case hellFile: の追加を忘れていた
  }

  return attackPower;
}
```

　問題はそれだけではありませんでした。

　ときを同じくして、開発現場では、新たな仕様が次々と追加されている状況でした。新規仕様のひとつにテクニカルポイントがありました。テクニカルポイントは、魔法力と似たようなパラメータです。魔法使用時に魔法力を消費するのと同様に、所定の特殊行動時にテクニカルポイントを消費する、といった仕様です。

　今回の仕様追加では、魔法にも消費テクニカルポイントが設定されることにな

りました。テクニカルポイントの実装は、魔法のチームとは別のチームが担当することになりました。

　担当者は、魔法の種類ごとに enum `MagicType`を条件に switch 文で処理を切り替えている実装を見つけました。この実装をまねて、消費テクニカルポイントを返すメソッド`costTechnicalPoint`をリスト 6.17 のように実装しました。

 リスト 6.17　消費テクニカルポイントを switch 文で切り替え

```
int costTechnicalPoint(MagicType magicType, Member member) {
  int technicalPoint = 0;

  switch (magicType) {
    case fire:
      technicalPoint = 0;
      break;
    case shiden:
      technicalPoint = 5;
      break;
  }

  return technicalPoint;
}
```

　担当者は問題なさそうと判断し、リリースしました。ところが「一部の魔法の消費テクニカルポイントが表示と違う」とユーザーから苦情が上がってきました。調べてみると、魔法「地獄の業火」の消費テクニカルポイントが実装されていませんでした。担当者は、追加された魔法について知らなかったのです。

---

### 6.2.4
## 爆発的に増殖するswitch文の重複

　このゲーム開発の例では、魔法が3つだけでした。注意深く対応していれば case 文の実装漏れを防げるかもしれません。しかし、一般的な RPG では数十種類の魔法があります。この例と同じ方法で実装すると、魔法の種類だけ case 文を書く必要があります。それも `MagicType`で切り替えている switch 文すべてに対してです。

　また、処理の切り替え対象は、名前、消費魔法力、攻撃力、そして追加仕様の消費テクニカルポイントでした。説明をわかりやすくするために、例では切り替え対象の数をあえて抑えました。しかし、実際には、魔法の説明文、攻撃範囲、命中率、属性、アニメーション......など切り替え対象はもっと多いはずです。切

り替え対象の分だけメソッドが増えます。増えたメソッドそれぞれでswitch文を書かなければならなくなります。switch-case文が爆発的に増えてしまうのが容易に想像できるはずです。

もう一度ソースコードを見てください。switch文は何によって分岐しているでしょうか。そう、すべてMagicTypeで分岐しています。分岐後の処理は各メソッドそれぞれで違いますが、switchの条件式は皆同じMagicTypeです。すなわち、switch文の重複コード（switch文クローン問題）とみなすことができます。

何十個もswitch文の重複がある状態では、もはや注意深く対応すれば大丈夫とは言えなくなります。人間の注意力には限界があります。仕様追加のたびにcase文の追加漏れが発生しやすくなり、バグになります。

加えて仕様変更が発生した場合、莫大な数のswitch文の中から、仕様変更に関連する箇所を探し出さなければなりません。可読性の低下が懸念されます。

1.3.1では、重複コードが呼び寄せる悪魔として、修正漏れと開発生産性低下があることを説明しました。switch文の重複コードでも、同様の悪魔を呼び寄せる可能性があることがわかります。

この問題はゲームに限った話ではありません。種類に応じて処理を切り替えたいケースは世の中に数多く存在します。たとえば映画チケットは大人、子供、シルバーで料金が違います。携帯電話の料金プランは複数あります。デジタルカメラは撮影モードに応じてフォーカスのしかたなど動作が違います。

どのようなソフトウェアであっても、種類ごとの処理切り替えとswitch文の問題が付いて回ります。いったいどうすればいいのでしょうか。

---

6.2.5
## 条件分岐を一箇所にまとめる

switch文の重複コードを解消するには、**単一責任選択の原則**の考え方が重要です。この原則は、『オブジェクト指向入門 第2版 原則・コンセプト』で次のように説明されます[3]。

> ソフトウェアシステムが選択肢を提供しなければならないとき、そのシステムの中の1つのモジュールだけがその選択肢のすべてを把握すべきである。

---

[3] 『オブジェクト指向入門 第2版 原則・コンセプト』著：Bertrand Meyer、訳：酒匂寛、2007年刊行、翔泳社、P.79。

　端的に言うと、同じ条件式の条件分岐を複数書かず、一箇所にまとめよう、とする原則です。単一責任選択の原則にもとづき、MagicTypeのswitch文をひとつにまとめます。

**リスト6.18** switch文を重複させず、1箇所にまとめる

```java
class Magic {
  final String name;
  final int costMagicPoint;
  final int attackPower;
  final int costTechnicalPoint;

  Magic(final MagicType magicType, final Member member) {
    switch (magicType) {
      case fire :
        name = "ファイア";
        costMagicPoint = 2;
        attackPower = 20 + (int)(member.level * 0.5);
        costTechnicalPoint = 0;
        break;
      case shiden:
        name = "紫電";
        costMagicPoint = 5 + (int)(member.level * 0.2);
        attackPower = 50 + (int)(member.agility * 1.5);
        costTechnicalPoint = 5;
        break;
      case hellFire:
        name = "地獄の業火";
        costMagicPoint = 16;
        attackPower = 200 + (int)(member.magicAttack * 0.5 + member↵
.vitality * 2);
        costTechnicalPoint = 20 + (int)(member.level * 0.4);
        break;
      default:
        throw new IllegalArgumentException();
    }
  }
}
```

　たったひとつのswitch文で、名前、消費魔法力、攻撃力、消費テクニカルポイントをすべて切り替えています。switch文があちこち複数箇所に実装されず、一箇所にまとまっているので、仕様変更時の抜け漏れを抑止できます。

6.2.6
## よりスマートにswitch文重複を解消するinterface

　単一責任選択の原則にもとづきswitch文は一箇所にまとまりましたが、切り

替えたいものが増えた場合、リスト6.18のロジックはぶくぶく膨れ上がります。クラスが巨大になると、データやロジックの関係性がわかりにくくなってきます。保守や変更が難しいコードになっていきます。したがって、巨大化したクラスは関心事ごとの小さなクラスへ分割することが肝要です。

この課題解決に役立つのがinterfaceです。

interfaceはJavaなどのオブジェクト指向言語特有のしくみで、機能の切り替えや差し替えを容易にします[*4]。**interfaceを使うと、分岐ロジックを書かずに分岐と同じことが実現可能になります。**そのため条件分岐が大幅に減り、ロジックがシンプルになります。

図形には四角形や円などいろいろあります。図形を扱うソフトウェアでは、図形の面積を求めたい場合があります。リスト6.19では、四角形と円をそれぞれRectangle、Circleクラスを定義しています。各クラスには、面積を求めるareaメソッドがあります。

**リスト6.19** 四角形クラスと円クラス

```java
// 四角形
class Rectangle {
  private final double width;
  private final double height;
  // 中略
  double area() {
    return width * height;
  }
}

// 円
class Circle {
  private final double radius;
  // 中略
  double area() {
    return radius * radius * Math.PI;
  }
}
```

この実装方法では、面積を求めるにはRectangle、Circleそれぞれでareaメソッドを呼び分ける必要があります。

---

[*4]　interfaceはJava以外ではKotlinやC#にもあります。Scalaでは**trait**という形で用意されています。

リスト 6.20 同じように見えるareaメソッドだが……

```
rectangle.area();
circle.area();
```

　面積を求めるメソッドは同名のareaで、同じようにコールできそうな見た目
です。しかし、実際にはRectangleとCircleはクラスが違う、すなわち型が違
います。したがって、リスト6.21のようにRectangle型の変数にCircle型イ
ンスタンスを代入できません。ましてCircle.areaのコールもできません。

リスト 6.21 areaは同名であっても違うメソッド

```
// 異なる型のインスタンスは代入できない。コンパイルエラーになる。
// 同名のメソッドがあっても利用できない。
Rectangle rectangle = new Circle(8);
rectangle.area();
```

　面積を表示する共通メソッドをつくりたくても、リスト6.22のようにinstan
ceofを用いて無理矢理型判定し、キャストしなければなりません。

✕ リスト 6.22 instanceofで型判定しなければならない

```
void showArea(Object shape) {
  if (shape instanceof Rectangle) {
    System.out.println(((Rectangle) shape).area());
  }
  if (shape instanceof Circle) {
    System.out.println(((Circle) shape).area());
  }
}

...

Rectangle rectangle = new Rectangle(8, 12);
showArea(rectangle);  // 四角形の面積が表示される。
```

　これを解決するのがinterfaceです。interfaceは異なる型を同じ型として利用で
きるようにするものです。
　ここでは、四角形、円を、プログラム上で同じ図形として扱えるようにします。
図形型としてShapeと名付けたinterfaceを用意します。そして共通で呼び出し
たいメソッドを定義します。図形面積を求めるareaメソッドを定義します。

**リスト 6.23** 図形型を表現するinterface

```
interface Shape {
  double area();
}
```

そして、図形として扱いたいRectangleとCircleそれぞれにShape interface
を実装します。

**リスト 6.24** Shape interfaceの実装

```
// 四角形
class Rectangle implements Shape {
  private final double width;
  private final double height;
  // 中略
  public double area() {
    return width * height;
  }
}

// 円
class Circle implements Shape {
  private final double radius;
  // 中略
  public double area() {
    return radius * radius * Math.PI;
  }
}
```

これでRectangleとCircleをShape型として扱えるようになりました。ど
ういうことでしょうか。たとえばShape型の変数に、RectangleとCircle両
方の型のインスタンスを代入できるようになるのです。そして共通利用できるよ
うShape interfaceに定義した、areaメソッドを呼び出すことができます。

**リスト 6.25** 同じShape型として利用可能

```
// Shape interfaceを実装しているRectangle, Circle双方を代入可能。
Shape shape = new Circle(10);
System.out.println(shape.area());   // 円の面積が表示される。
shape = new Rectangle(20, 25);
System.out.println(shape.area());   // 四角形の面積が表示される。
```

同じ型として利用できるので、もはや型を判定する必要がなくなります。リス
ト6.22で型判定していたメソッドshowAreaを、リスト6.26に改善します。引
数の型をShapeとしてしまえば、Shape interfaceを実装しているクラスはすべ

て引数に渡せてしまいます。そして instanceof で型判定せずとも area メソッ
ドをコールできます。

**リスト 6.26** 型判定の if 文が不要になった

```
void showArea(Shape shape) {
  System.out.println(shape.area());
}

...

Rectangle rectangle = new Rectangle(8, 12);
showArea(rectangle);  // 四角形の面積が表示される。
```

　面積を求める機能は Rectangle、Circle クラスごとに異なります。しかし、
interface を使うことで、この機能切り替えに関して条件分岐を書かずに済み、シ
ンプルになるのです。この「機能切り替えが簡単になる」のが interface の大きな
利点のひとつです。

　interface のしくみにより、型判定用の分岐を書かずに済みます（図 6.2）。三角
形を表す Triangle クラスや、楕円を表す Ellipse クラスなど新たな図形の追
加も可能です。それぞれの面積を求めたいケースが生じても、Shape interface さ
え実装すれば実現できます。

**図6.2** interface による抽象化

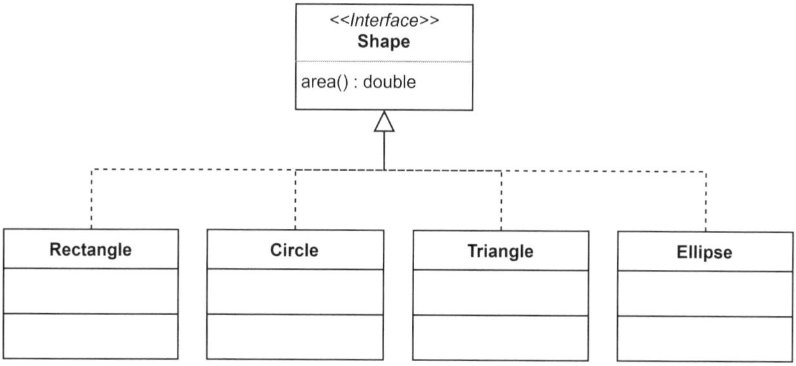

---

6.2.7
# interfaceをswitch文重複に応用（ストラテジパターン）

このinterfaceのしくみを、switch文重複問題の解決に応用させてみましょう。

**種類ごとに切り替えたい機能をinterfaceのメソッドとして定義する**

interfaceの大きな利点のひとつとして、機能切り替えが簡単になります。

先程の魔法の例を思い出してみましょう。何を切り替えていたのでしょうか。switch文を使って、魔法の名前、消費魔法力、攻撃力、消費テクニカルポイントを切り替えていましたね。

図6.2の図形クラスの例を見てみましょう。面積を求める計算式を切り替えられるよう、Shape interfaceにareaメソッドを定義していました。同じように、切り替えたい機能をinterfaceのメソッドとして定義します。魔法それぞれで切り替えたい機能をリスト6.27のメソッドとして定義します。

**リスト 6.27** interfaceに定義したいメソッド一覧

```
String name();              // 名前
int costMagicPoint();       // 消費魔法力
int attackPower();          // 攻撃力
int costTechnicalPoint();   // 消費テクニカルポイント
```

**「なんの仲間であるか」がinterface命名の決め手**

次にinterfaceの名前を決めます。interfaceの名前の決め方はいくつかありますが、考え方のひとつに「interfaceを実装したいクラスがなんの仲間であるか」があります。リスト6.23では、四角形や円は図形の仲間であることから、英語で図形を意味するShapeと命名しました。「ファイア」「紫電」「地獄の業火」はなんの仲間でしょう。魔法ですね。したがってinterface名をMagicと命名します。

**リスト 6.28** 魔法型を表現するinterface

```
// 魔法型
interface Magic {
  String name();
  int costMagicPoint();
  int attackPower();
  int costTechnicalPoint();
}
```

**種類をクラス化する**

リスト6.24では、四角形、円をそれぞれRectangle、Circleクラスとして

いました。そして、それぞれで計算式の異なる areaメソッドを実装していました。これと同様に、種類をそれぞれクラスにします。つまり、各魔法をそれぞれ個別のクラスとして定義します（表6.4）。

表6.4　魔法それぞれに対応するクラス

| 魔法 | クラス |
|---|---|
| ファイア | Fire |
| 紫電 | Shiden |
| 地獄の業火 | HellFire |

### 種類それぞれのクラスにinterfaceを実装する

そして、各魔法クラスに Magic interfaceを実装します。たとえばFireクラスには、魔法「ファイア」の名前、消費魔法力、攻撃力、消費テクニカルポイントを取得できるよう、それぞれのメソッドを実装します。

リスト6.29　魔法「ファイア」を表現するクラス

```java
// 魔法「ファイア」
class Fire implements Magic {
  private final Member member;

  Fire(final Member member) {
    this.member = member;
  }

  public String name() {
    return "ファイア";
  }

  public int costMagicPoint() {
    return 2;
  }

  public int attackPower() {
    return 20 + (int)(member.level * 0.5);
  }

  public int costTechnicalPoint() {
    return 0;
  }
}
```

ファイア以外の魔法も同様に実装します。

**リスト 6.30** 魔法「紫電」を表現するクラス

```java
// 魔法「紫電」
class Shiden implements Magic {
  private final Member member;

  Shiden(final Member member) {
    this.member = member;
  }

  public String name() {
    return "紫電";
  }

  public int costMagicPoint() {
    return 5 + (int)(member.level * 0.2);
  }

  public int attackPower() {
    return 50 + (int)(member.agility * 1.5);
  }

  public int costTechnicalPoint() {
    return 5;
  }
}
```

**リスト 6.31** 魔法「地獄の業火」を表現するクラス

```java
// 魔法「地獄の業火」
class HellFire implements Magic {
  private final Member member;

  HellFire(final Member member) {
    this.member = member;
  }

  public String name() {
    return "地獄の業火";
  }

  public int costMagicPoint() {
    return 16;
  }

  public int attackPower() {
    return 200 + (int)(member.magicAttack * 0.5 + member.vitality *←
2);
  }
```

```
  public int costTechnicalPoint() {
    return 20 + (int)(member.level * 0.4);
  }
}
```

**図6.3**　　　Magic interface で魔法関連の処理を抽象化

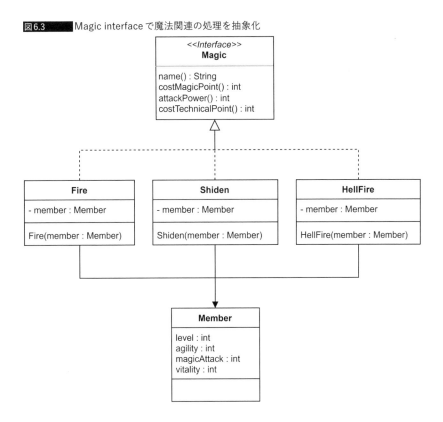

　このように実装することで、Fire、Shiden、HellFireはすべて同じMagic
型として利用できます（図 6.3）。

### switch の代わりに Map で切り替える

　すべてMagic型として扱えるようになりましたが、switch文に頼らずに切り替

えるには、まだあともうひと手間必要です。そのためにはMapを使います。enum
MagicTypeをキーに、対応するMagic interface実装クラスのインスタンスを取
得するロジックにします。

**リスト 6.32** 処理切り替えをMapで実現

```
final Map<MagicType, Magic> magics = new HashMap<>();
// 中略
final Fire fire = new Fire(member);
final Shiden shiden = new Shiden(member);
final HellFire hellFire = new HellFire(member);

magics.put(MagicType.fire, fire);
magics.put(MagicType.shiden, shiden);
magics.put(MagicType.hellFire, hellFire);
```

　たとえば、ダメージ計算用に魔法攻撃力を参照するケースを考えてみます。次
のようにMapからMagicTypeに対応するMagic interface実装クラスのインスタ
ンスを引きます。そのインスタンスのattackPowerを呼び出します。

**リスト 6.33** 魔法攻撃力の切り替え

```
void magicAttack(final MagicType magicType) {
  final Magic usingMagic = magics.get(magicType);
  usingMagic.attackPower();
```

　magicAttackメソッドの引数にMagicType.hellFireが渡された場合、usi
ngMagic.attackPower()ではHellFire.attackPower()がコールされるこ
とになります。Mapがswitch文による場合分け処理の代わりを果たします。
　名前、消費魔法力、攻撃力、消費テクニカルポイントの処理を、Mapを使って
すべて切り替えます。

**リスト 6.34** Magic interfaceによる魔法処理の全切り替え

```
final Map<MagicType, Magic> magics = new HashMap<>();
// 中略

// 魔法攻撃を実行する
void magicAttack(final MagicType magicType) {
  final Magic usingMagic = magics.get(magicType);

  showMagicName(usingMagic);
  consumeMagicPoint(usingMagic);
  consumeTechnicalPoint(usingMagic);
  magicDamage(usingMagic);
```

```
}

// 魔法の名前を画面表示する
void showMagicName(final Magic magic) {
  final String name = magic.name();
  // nameを使った表示処理
}

// 魔法力を消費する
void consumeMagicPoint(final Magic magic) {
  final int costMagicPoint = magic.costMagicPoint();
  // costMagicPointを使った魔法力消費処理
}

// テクニカルポイントを消費する
void consumeTechnicalPoint(final Magic magic) {
  final int costTechnicalPoint = magic.costTechnicalPoint();
  // costTechnicalPointを使ったテクニカルポイント消費処理
}

// ダメージ計算する
void magicDamage(final Magic magic) {
  final int attackPower = magic.attackPower();
  // attackPowerを使ったダメージ計算
}
```

switch文を一切使わずに魔法ごとの処理切り替えが実現できています。magics.get(magicType)で、すべて一斉に切り替えているのが特徴です。処理ごとにわざわざswitch文を書いて分岐していません。

このように、interfaceを用いて処理を一斉に切り替える設計を**ストラテジパターン**（Strategyパターン）[5]と呼びます。ストラテジパターンは、3.4で解説した設計パターンの一種です。

### 未実装のメソッドをコンパイラが叱ってくれる

interfaceを用いたストラテジパターンには、switch文を低減する以外にもうひとつ利点があります。利点がわかりやすいよう、魔法の種類ごとの処理切り替えが、はじめからストラテジパターンで設計されていたらどうなっていたかを考えてみます。

魔法「地獄の業火」が追加されたケースを考えてみます。switch文のときと同様に、担当者が攻撃力のメソッドattackPowerの実装を忘れたとします。

---

[5] ストラテジパターンのクラス構造と類似したデザインパターンには状態パターン（Stateパターン）があります。状態パターンは状態に応じた制御切り替えを簡単にする目的で用いられます。

**リスト 6.35** Magic interface にメソッド追加

```
interface Magic {
  String name();
  int costMagicPoint();
  int attackPower();  // 新規追加
}
```

**リスト 6.36** 一部のクラスで実装を忘れた場合

```
class HellFire implements Magic {
  public String name() {
    return "地獄の業火";
  }

  public int costMagicPoint() {
    return 16;
  }

// attackPower()の実装を忘れている
```

　このコードをコンパイルすると失敗します。interfaceのメソッドはすべて実装している場合のみ成功します。未実装のメソッドがある場合は失敗するしくみです。これによって、未実装のままリリースされることがなくなります。

### 丁寧に値オブジェクト化する

　ここまでがストラテジパターンを用いたswitch重複問題の解消方法です。最後にもうひと手間かけてさらに品質を向上します。

　Magic interfaceのメソッドの戻り値の型はStringとintです。特にint型のメソッドは3つもあります。3.2.6で説明したように、このままでは意図の異なる値を間違えて渡してしまう懸念があります。したがって魔法力、攻撃力、テクニカルポイントを、それぞれ値オブジェクト化します。それぞれMagicPoint、AttackPower、TechnicalPointクラスとして設計します。

**リスト 6.37** 魔法interfaceの値オブジェクト導入版

```
interface Magic {
  String name();
  MagicPoint costMagicPoint();
  AttackPower attackPower();
  TechnicalPoint costTechnicalPoint();
}
```

● **リスト 6.38** 魔法「ファイア」の値オブジェクト導入版

```java
class Fire implements Magic {
  private final Member member;

  Fire(final Member member) {
    this.member = member;
  }

  public String name() {
    return "ファイア";
  }

  public MagicPoint costMagicPoint() {
    return new MagicPoint(2);
  }

  public AttackPower attackPower() {
    final int value = 20 + (int)(member.level * 0.5);
    return new AttackPower(value);
  }

  public TechnicalPoint costTechnicalPoint() {
    return new TechnicalPoint(0);
  }
}
```

● **リスト 6.39** 魔法「紫電」の値オブジェクト導入版

```java
class Shiden implements Magic {
  private final Member member;

  Shiden(final Member member) {
    this.member = member;
  }

  public String name() {
    return "紫電";
  }

  public MagicPoint costMagicPoint() {
    final int value = 5 + (int)(member.level * 0.2);
    return new MagicPoint(value);
  }

  public AttackPower attackPower() {
    final int value = 50 + (int)(member.agility * 1.5);
    return new AttackPower(value);
  }

  public TechnicalPoint costTechnicalPoint() {
    return new TechnicalPoint(5);
```

```
  }
}
```

● リスト6.40 魔法「地獄の業火」の値オブジェクト導入版

```
class HellFire implements Magic {
  private final Member member;

  HellFire(final Member member) {
    this.member = member;
  }

  public String name() {
    return "地獄の業火";
  }

  public MagicPoint costMagicPoint() {
    return new MagicPoint(16);
  }

  public AttackPower attackPower() {
    final int value = 200 + (int)(member.magicAttack * 0.5 + member←
.vitality * 2);
    return new AttackPower(value);
  }

  public TechnicalPoint costTechnicalPoint() {
    final int value = 20 + (int)(member.level * 0.4);
    return new TechnicalPoint(value);
  }
}
```

図6.4 値オブジェクトでさらに変更に強いクラス構造へ

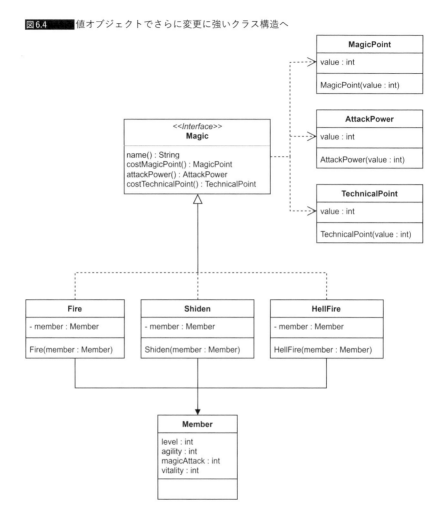

## クソコード動画「switch文」

図6.5 ありがちなswitch文と単純なcase文追加対応

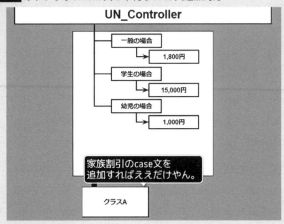

図6.6 同じ条件式のswitch文と修正漏れ

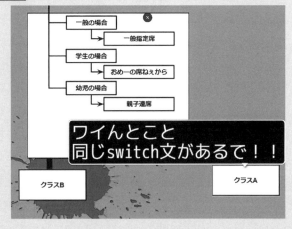

　クソコード動画は、悪しき構造が引き起こす凄惨な結末を、コミカルに風刺した動画作品シリーズです。筆者が不定期でTwitterに投稿しています[a]。
ここで紹介する「switch文」[b]は、switch文の使いすぎにより引き起こさ

れる弊害を描いたものです[*c]。

映画のチケットは、一般料金、学生料金、子供料金というように、料金に区分があります。劇中では、この違いをswitch文で実装しました。その後の仕様変更で家族割引料金が追加されました。単純に家族条件のcase文を追加したところ、ほかのロジックでバグが発生。なんと、同じ条件式のswitch文が多くの箇所で実装されていることが発覚。つまりswitch文の重複コードですね。ほかのswitch文では家族条件に対応する修正が漏れてしまっていたためにバグ化した、という内容です。

劇中では1600万個ものswitch重複コードが実装されていた、となっています。風刺作品なのでジョークでこんなオーバーな個数にしています。しかし、筆者の経験では、50個以上ものswitch重複コードを見たことがあります。case文の追加漏れによるバグも多く経験してきました。

なぜこのような事態に陥りがちなのでしょうか。理由は2つあります。

1つ目の理由は、種類に応じて処理を切り替える方法について、switch文しか知らない、という点。ここが一番大きいところだと筆者は考えます。

オブジェクト指向言語の多くにはinterfaceの仕様（またはinterfaceと同等の仕様）が備わっています。しかし、interfaceの目的や効果（条件分岐の削減）が理解され、実際に広く活用されているとは言えないのではないでしょうか。筆者は疑問を覚えます。

interfaceを利用すると、interfaceの実装クラスを追加する必要があります。クラスの追加に不安や抵抗を覚えるかもしれません。筆者は、そうした抵抗感がinterfaceが使われない遠因になっているのでは、とも考えます。クラスの追加に不安を覚える必要はありません。

たいていの場合、同じ条件式のswitch文は複数書かれがちです。単一であることはまれです。いきなりswitch文を書こうとせず、まずinterfaceとして設計できないか検討することが肝要です。

2つ目の理由は、コミュニケーション上の課題です。劇中では、登場人物たちがお互いに連絡や相談をろくにしないまま実装を進めてしまっています。

ろくにコミュニケーションが取られていないと、すぐ隣の席どうしであっても重複コードが書かれてしまうのは、実際によくある話です。重複コードのマズさは知っていても、それを抑止するようにコミュニケーションが働いていないのです。劇中の登場人物たちも、丁寧に相談していればコードの重複に気づき、助かっていたかもしれません（16.1も参照）。

switch文を含む条件分岐は、下手に扱うと複雑化したり重複コードが増えたり、制御困難に陥りがちです。複雑になりそうな箇所こそ、チームでしっかり議論しましょう。

*a 好評いただき、多いものでは70万回以上再生された作品もあります。実は本書は、技術評論社の編集者さんの「クソコード動画を書籍化してみませんか」というご提案により執筆したものなのです。

*b https://twitter.com/MinoDriven/status/1228896043435094016

*c 2020年2月に開催されたObject-Oriented Conference 2020で筆者が登壇発表に用いました。クソコード動画シリーズの4作品目にあたります。

# 6.3

# 条件分岐の重複とネスト

interfaceはswitch文の重複解消以外にも、多重にネストし複雑化した分岐の解消にも役立ちます。

リスト6.41は、ECサイトにおいて、優良顧客かどうかを判定するロジックです。顧客の購入履歴を調べ、次の条件をすべて満たす場合にゴールド会員と判定します。

- これまでの購入金額が10万円以上であること
- 1か月あたりの購入頻度が10回以上であること
- 返品率が0.1%以内であること

リスト6.41 ゴールド会員かどうかを判定するメソッド

```java
/**
 * @return ゴールド会員である場合true
 * @param history 購入履歴
 */
boolean isGoldCustomer(PurchaseHistory history) {
  if (100000 <= history.totalAmount) {
    if (10 <= history.purchaseFrequencyPerMonth) {
      if (history.returnRate <= 0.001) {
        return true;
      }
    }
  }
  return false;
}
```

if文がネストしています。この手のネストは早期returnで解消できますね。

リスト6.42は、次の条件をすべて満たす場合にシルバー会員と判定します。

- 1か月あたりの購入頻度が10回以上であること

• 返品率が0.1%以内であること

 リスト 6.42 シルバー会員かどうかを判定するメソッド

```
/**
* @return シルバー会員である場合true
* @param history 購入履歴
*/
boolean isSilverCustomer(PurchaseHistory history) {
  if (10 <= history.purchaseFrequencyPerMonth) {
    if (history.returnRate <= 0.001) {
      return true;
    }
  }
  return false;
}
```

　判定条件が一部ゴールド会員と同じです。もしゴールドやシルバー以外にブロンズなどの会員ランクが追加され、同様の判定条件があるとすると、まったく同じ判定ロジックがあちこちに書かれます。同じ判定ロジックをなんとか再利用できないものでしょうか。

6.3.1
## ポリシーパターンで条件を集約する

　このようなケースに役立つのが**ポリシーパターン**（Policyパターン）です。条件の部品化、部品化した条件を組み替えてのカスタマイズを可能にします。
　まず、リスト 6.43 に示すinterfaceを用意します。これは一つ一つのルール（判定条件）を表現するのに用います。

リスト 6.43 優良顧客のルールを表現する interface

```
interface ExcellentCustomerRule {
  /**
  * @return 条件を満たす場合true
  * @param history 購入履歴
  */
  boolean ok(final PurchaseHistory history);
}
```

　ゴールド会員になるには、3つの条件がありましたね。これら条件は、リスト 6.44、リスト 6.45、リスト 6.46 に示すように ExcellentCustomerRule interface をそれぞれ実装します。

**リスト 6.44** ゴールド会員の購入金額ルール

```
class GoldCustomerPurchaseAmountRule implements ←
ExcellentCustomerRule {
  public boolean ok(final PurchaseHistory history) {
    return 100000 <= history.totalAmount;
  }
}
```

**リスト 6.45** 購入頻度のルール

```
class PurchaseFrequencyRule implements ExcellentCustomerRule {
  public boolean ok(final PurchaseHistory history) {
    return 10 <= history.purchaseFrequencyPerMonth;
  }
}
```

**リスト 6.46** 返品率のルール

```
class ReturnRateRule implements ExcellentCustomerRule {
  public boolean ok(final PurchaseHistory history) {
    return history.returnRate <= 0.001;
  }
}
```

　次に、ポリシークラスを用意します。addメソッドでルールを集約します。complyWithAllメソッド内で、ルールをすべて満たすか判定します。

**リスト 6.47** 優良顧客の方針を表現するクラス

```
class ExcellentCustomerPolicy {
  private final Set<ExcellentCustomerRule> rules;

  ExcellentCustomerPolicy() {
    rules = new HashSet();
  }

  /**
   * ルールを追加する。
   *
   * @param rule ルール
   */
  void add(final ExcellentCustomerRule rule) {
    rules.add(rule);
  }

  /**
   * @param history 購入履歴
   * @return ルールをすべて満たす場合true
   */
```

```
  boolean complyWithAll(final PurchaseHistory history) {
    for (ExcellentCustomerRule each : rules) {
      if (!each.ok(history)) return false;
    }
    return true;
  }
}
```

　Rule と Policy を用いてゴールド会員の判定ロジックを改善します。goldCustomerPolicy にゴールド会員の3条件を追加し、complyWithAll でゴールド会員かどうかを判定します。

🔧 **リスト 6.48** Policy に Rule を追加して判定条件を構築

```
ExcellentCustomerPolicy goldCustomerPolicy = new ←
ExcellentCustomerPolicy();
goldCustomerPolicy.add(new GoldCustomerPurchaseAmountRule());
goldCustomerPolicy.add(new PurchaseFrequencyRule());
goldCustomerPolicy.add(new ReturnRateRule());

goldCustomerPolicy.complyWithAll(purchaseHistory);
```

　if文は ExcellentCustomerPolicy.complyWithAll メソッド内の、ただ一つだけになり、ロジックが劇的に単純化しました。

　この書き方でどこかのクラスにベタ書きしてしまうと、ゴールド会員以外の無関係なロジックを挿し込まれる可能性があります。不安定な構造です。

　ゴールド会員の方針として、リスト 6.49の形にしっかりクラス化します。

⦿ **リスト 6.49** ゴールド会員の方針

```
class GoldCustomerPolicy {
  private final ExcellentCustomerPolicy policy;

  GoldCustomerPolicy() {
    policy = new ExcellentCustomerPolicy();
    policy.add(new GoldCustomerPurchaseAmountRule());
    policy.add(new PurchaseFrequencyRule());
    policy.add(new ReturnRateRule());
  }

  /**
   * @param history 購入履歴
   * @return ルールをすべて満たす場合true
   */
  boolean complyWithAll(final PurchaseHistory history) {
    return policy.complyWithAll(history);
```

```
  }
}
```

　ゴールド会員の条件が集約されたクラス構造です。今後ゴールド会員の条件に
変更があれば、このGoldCustomerPolicyだけ変更すれば良くなります。

　シルバー会員についても同様のつくりにします。ルールが再利用されており、
見通しの良いクラス構造になりました。

**○リスト6.50** シルバー会員の方針

```
class SilverCustomerPolicy {
  private final ExcellentCustomerPolicy policy;

  SilverCustomerPolicy() {
    policy = new ExcellentCustomerPolicy();
    policy.add(new PurchaseFrequencyRule());
    policy.add(new ReturnRateRule());
  }

  /**
   * @param history 購入履歴
   * @return ルールをすべて満たす場合true
   */
  boolean complyWithAll(final PurchaseHistory history) {
    return policy.complyWithAll(history);
  }
}
```

図6.7 ポリシーパターンでルールを構造化

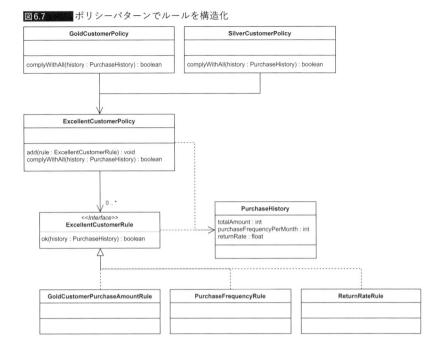

※図が煩雑になるため一部の関連は省略

# 6.4
# 型チェックで分岐しないこと

　interfaceは条件分岐の削減に役立つことを説明しました。一方で、せっかくinterfaceを使っても条件分岐が減らない、良くないやり方があります。

　ホテルの宿泊料金を例に説明します。宿泊料金には、通常の宿泊部屋用の料金（7,000円）と高級部屋用のプレミアム宿泊料金（12,000円）の2つがあるとします。これらの料金をストラテジパターンで切り替えられるよう、リスト6.51のinterfaceを用意しました。

リスト6.51 宿泊料金を表すinterface

```
interface HotelRates {
```

```
  Money fee();  // 金額
}
```

feeメソッドで宿泊料金を取得します。戻り値の型は金額を表現する値オブジェクト、Moneyクラスです。

通常宿泊料金とプレミアム宿泊料金は、リスト6.52、リスト6.53に示すようにHotelRates interfaceの実装により表現します。

**リスト6.52** 通常宿泊料金

```
class RegularRates implements HotelRates {
  public Money fee() {
    return new Money(7000);
  }
}
```

**リスト6.53** プレミアム宿泊料金

```
class PremiumRates implements HotelRates {
  public Money fee() {
    return new Money(12000);
  }
}
```

これにより、ストラテジパターンで宿泊料金の切り替えが可能になります。

ところで繁忙期など宿泊需要が高い時期は、宿泊料金が高く設定されているケースが多いです。通常宿泊とプレミアム宿泊とで、繁忙期の金額をそれぞれ上乗せするロジックを急遽実装したところ、リスト6.54のロジックになりました。

**✕ リスト6.54** 型判定による繁忙期料金の切り替え

```
Money busySeasonFee;
if (hotelRates instanceof RegularRates) {
  busySeasonFee = hotelRates.fee().add(new Money(3000));
}
else if (hotelRates instanceof PremiumRates) {
  busySeasonFee = hotelRates.fee().add(new Money(5000));
}
```

instanceofは型を判定する演算子です。hotelRatesがRegularRatesなら3,000円、PremiumRatesなら5,000円上乗せする分岐ロジックです。

interface実装クラスの型を調べて分岐しており、せっかくinterfaceを使っているのに、条件分岐削減の役に立っていません。繁忙期の料金を使いたいロジック

がほかにもある場合、instanceofを使った同じ条件分岐をまた書かなければならなくなります。条件分岐の重複コードが増えていきます。

このようなロジックは、**リスコフの置換原則**と呼ばれるソフトウェア原則に違反しています。この原則はクラスの基本型と継承型との間に成り立つ規律を示したものです。簡単に言うと「基本型を継承型に置き換えても問題なく動作しなければならない」とするものです。

ここでいう基本型はinterfaceであり、継承型はinterface実装クラスとなります。instanceofで分岐して各分岐先で3,000円、5,000円を上乗せするロジックにおいて、hotelRatesはほかの継承型へ置換できません[*6]。

このようにリスコフの置換原則に違反すると型判定の分岐コードが増大し、メンテナンスが難しいコードになってしまいます。**interfaceの意義を十分に理解していない場合に、この手のロジックによく陥ります。**

繁忙期料金もinterfaceで切り替えます。HotelRates interfaceに繁忙期料金を返すメソッドbusySeasonFeeを追加します。

**リスト 6.55** 繁忙期料金を切り替えられるようinterfaceに定義

```
interface HotelRates {
  Money fee();
  Money busySeasonFee();  // 繁忙期料金
}
```

そしてinterface実装クラス側でそれぞれ繁忙期料金の詳細を実装します。

**リスト 6.56** 通常宿泊料金に繁忙期料金を追加

```
class RegularRates implements HotelRates {
  public Money fee() {
    return new Money(7000);
  }

  public Money busySeasonFee() {
    return fee().add(new Money(3000));
  }
}
```

**リスト 6.57** プレミアム宿泊料金に繁忙期料金を追加

```
class PremiumRates implements HotelRates {
  public Money fee() {
```

---

*6 置換できないためにinstanceofで型判定しています。

```
    return new Money(12000);
  }

  public Money busySeasonFee() {
    return fee().add(new Money(5000));
  }
}
```

**図6.8** リスコフの置換原則を遵守した設計

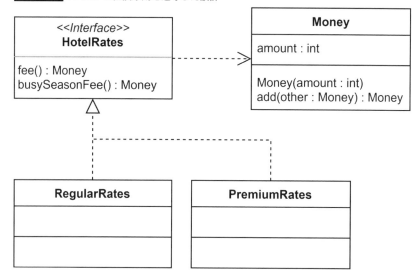

これで、呼び出し先で instanceof による型判定が不要になりました。

**リスト 6.58** 繁忙期料金の型判定ロジックが不要になった

```
Money busySeasonFee = hotelRates.busySeasonFee();
```

## 6.5
## interfaceの使いこなしが中級者への第一歩

このように、interfaceをうまく駆使すると条件分岐が大幅に減り、コードがシ

ンプルになります。**interfaceを使いこなせるかが、設計スキルの分水嶺といって
も過言ではありません。**

　筆者が見てきた中では、設計スキルにより、条件分岐の書き方に表6.5のよう
な違いが見られました。

表6.5 ■■■ 設計スキルごとの考え方の違い（筆者所見）

|  | 初級者 | 中級以上 |
|---|---|---|
| 分岐 | 迷わずif文やswitch文を使う | interface設計を試みる |
| 分岐ごとの処理 | ロジックをベタ書きする | クラス化を試みる |

　**「分岐を書きそうになったら、まずinterface設計！」** これを意識するだけでか
なり分岐処理への向き合い方が変わってくるはずです。

# 6.6

# フラグ引数

　リスト6.59を見てください。何が起こるかわかりますか？

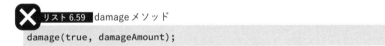
リスト6.59 damageメソッド

```
damage(true, damageAmount);
```

　メソッド内部のロジックを見てみましょう。

リスト6.60 damageメソッドの内部

```
void damage(boolean damageFlag, int damageAmount) {
  if (damageFlag == true) {
    // ヒットポイントダメージ
    member.hitPoint -= damageAmount;
    if (0 < member.hitPoint) return;

    member.hitPoint = 0;
    member.addState(StateType.dead);
  }
  else {
    // 魔法力ダメージ
    member.magicPoint -= damageAmount;
    if (0 < member.magicPoint) return;
```

```
    member.magicPoint = 0;
  }
}
```

　なんと第1引数damageFlagで、ヒットポイントダメージか魔法力ダメージ
であるかを切り替えていたのです。このようにメソッドの機能を切り替える
**boolean型引数**を**フラグ引数**と呼びます。フラグ引数付きのメソッドは、何が起
こるか読み手に想像を難しくさせます。何が起こるのか理解するには、メソッド
内部のロジックを見に行かなければなりません。可読性が低下し、開発生産性が
低下します。
　boolean型引数に限らず、int型引数で機能を切り替えるのも、同様の弊害が
生じます[*7]。

**リスト 6.61** int型引数で機能を切り替えている

```
void execute(int processNumber) {
  if (processNumber == 0) {
    // アカウント登録処理
  }
  else if (processNumber == 1) {
    // 配送完了メール送信処理
  }
  else if (processNumber == 2) {
    // 注文処理
  }
  else if (processNumber == 3) { ...
```

6.6.1

## メソッドを分離する

　フラグ引数付きメソッドは、内部に複数の機能を持ち、フラグで切り替えてい
る構造です。メソッドは単機能になるよう設計しましょう。フラグ引数付きメ
ソッドは、機能ごとに分離します。

**リスト 6.62** ヒットポイントダメージと魔法力ダメージとでメソッドを分離

```
void hitPointDamage(final int damageAmount) {
  member.hitPoint -= damageAmount;
  if (0 < member.hitPoint) return;
```

---

*7　機能切り替え用の引数は、セレクタ引数とも呼びます。セレクタ引数で機能を切り替えている関数（メ
　　ソッド）を多目的関数と呼びます。

```
  member.hitPoint = 0;
  member.addState(StateType.dead);
}

void magicPointDamage(final int damageAmount) {
  member.magicPoint -= damageAmount;
  if (0 < member.magicPoint) return;

  member.magicPoint = 0;
}
```

このように機能ごとに分けて、それぞれのメソッドにふさわしい命名をすることで、可読性がグッと上がります。

6.6.2

## 切り替え機構をストラテジパターンで実現する

機能別にメソッドを分割できましたが、なんらかの仕様によりヒットポイントダメージか魔法力ダメージかを切り替えたいケースがあるかもしれません。これに対応するためにbooleanで判定してしまえば、フラグ引数へと逆戻りです。

フラグ引数ではなく、ストラテジパターンで切り替えます。フラグ引数で機能を切り替えていたのは、ヒットポイントダメージ、魔法力ダメージそれぞれの振る舞いです。リスト6.63に示すinterfaceを定義します。

🔧 リスト6.63 ダメージを表すinterface

```
interface Damage {
  void execute(final int damageAmount);
}
```

各ダメージを表すクラス HitPointDamage、MagicPointDamageを用意して、Damage interfaceを実装します。リスト6.28のMagic interfaceと同様に、切り替えたいロジックを各クラスに実装します。

🔧 リスト6.64 Damage interfaceの実装

```
// ヒットポイントダメージ
class HitPointDamage implements Damage {
  // 中略
  public void execute(final int damageAmount) {
    member.hitPoint -= damageAmount;
    if (0 < member.hitPoint) return;
```

```
    member.hitPoint = 0;
    member.addState(StateType.dead);
  }
}

// 魔法力ダメージ
class MagicPointDamage implements Damage {
  // 中略
  public void execute(final int damageAmount) {
    member.magicPoint -= damageAmount;
    if (0 < member.magicPoint) return;

    member.magicPoint = 0;
  }
}
```

**図6.9** 処理の切り替え機構は丁寧にストラテジパターンで設計

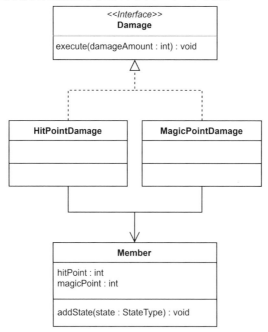

リスト 6.32 と同様に、enum と Mapで切り替えます。

リスト 6.65　Mapで処理切り替え

```
enum DamageType {
  hitPoint,
  magicPoint
}

private final Map<DamageType, Damage> damages;

void applyDamage(final DamageType damageType, final int ←
damageAmount) {
  final Damage damage = damages.get(damageType);
  damage.execute(damageAmount);
}
```

applyDamageの呼び出し方はリスト 6.66 です。

リスト 6.66　applyDamageメソッドの呼び出し

```
applyDamage(DamageType.magicPoint, damageAmount);
```

　リスト 6.59 と比べて何が起こるかわかりやすくなりました。条件分岐を書かずに済んでおり、かなり見通しが良くなりました。また、このようにストラテジパターンで設計しておけば、新しいダメージ仕様の追加にも容易に対応できます。たとえばテクニカルポイントダメージの仕様を追加したい場合は、Damage interfaceを実装したTechnicalPointDamageクラスを定義するのが良いでしょう。

# 第7章

コレクション
—ネストを解消する構造化技法—

　本章では、配列やListなどの、コレクションに付きまとう悪魔と、その悪魔の退治方法を紹介します。

## 7.1

# わざわざ自前でコレクション処理を実装してしまう

　リスト7.1は、ゲームで所持品の中に「牢屋の鍵」があるか調べるコードです。for文の中にif文がネストしていて、やや見通しの悪いコードです。

**✖ リスト7.1**　「牢屋の鍵」の所持を調べるコード

```java
boolean hasPrisonKey = false;
// itemsはList<Item>型
for (Item each : items) {
  if (each.name.equals("牢屋の鍵")) {
    hasPrisonKey = true;
    break;
  }
}
```

　これとまったく同じことをリスト7.2のコードで実行できます。

**● リスト7.2**　anyMatchメソッド

```java
boolean hasPrisonKey = items.stream().anyMatch(item -> item.name.←
equals("牢屋の鍵"));
```

　anyMatchメソッドはJavaの標準ライブラリに用意されているコレクション用メソッドです。条件を満たす要素がコレクションに1つでも含まれている場合trueを返します。anyMatchのおかげで、forもifも書かずに、スッキリ1行で書けてしまいました。

　このようにanyMatchを知っていれば、複雑なロジックを自前で実装する必要はありません。逆に知らなければ、わざわざ自前で実装しなければならず、無駄にロジックが複雑になってしまいます。また、うっかりバグを埋め込んでしまう可能性もあります。

　コレクション処理には、anyMatch以外にもさまざまな便利メソッドが標準ライブラリに収録されています。for文を使ってコレクション処理をする場合は、標準ライブラリに同じような機能のメソッドがないか、まず探してみましょう。

Column

## 車輪の再発明

すでに広く使われ確立している技術や解決法が存在しているにもかかわらず、知らないか、または意図的に無視して、新たに同じようなものをつくり出してしまうことを**車輪の再発明**と呼びます。

anyMatchを使わず自前で実装してしまう例は、まさに車輪の再発明に該当します。

すでに確立している技術を使わないと、新たにつくり出す労力や時間が無駄になってしまいます。さらに、すでにあるものよりも役に立たないものをつくり出すことを**四角い車輪の再発明**と呼びます。実績のあるライブラリがすでにあるのに、知らずに自前で実装し、そのつくりが未熟であるためにバグを発生させてしまうケースが実際にあります。

車輪の再発明による弊害を避けるため、サービス開発においては、フレームワークの機能やライブラリを丁寧に調査することが重要です。

一方で、どんな状況でも車輪の再発明がダメだとは言い切れません。ライブラリやフレームワークは誰がつくり出しているのでしょうか。高い技術力を持つエンジニアの方々です。ライブラリを組み合わせて実装するだけだと、ライブラリがどんなしくみで動作しているかうかがい知ることができません。つまり技術力がそこで止まってしまうのです。動作のしくみや根拠を理解するのは、より技術力を高め、開発を豊かにします。学習目的で、あえて車輪の再発明をやってみるのも一考です。

---

# 7.2

# ループ処理中の条件分岐ネスト

コレクション内で、所定の条件を満たす要素だけに何かの処理をしたい場合があります。

たとえばRPGには、毒ダメージを受ける仕様のものがあります。メンバー全員の状態を調べ、毒状態の場合にヒットポイントを減少させるロジックを考えてみます。何も考えずに実装すると、リスト7.3のようになりがちです。

**リスト7.3** ありがちなネスト構造

```
for (Member member : members) {
  if (0 < member.hitPoint) {
```

```
    if (member.containsState(StateType.poison)) {
      member.hitPoint -= 10;
      if (member.hitPoint <= 0) {
        member.hitPoint = 0;
        member.addState(StateType.dead);
        member.removeState(StateType.poison);
      }
    }
  }
}
```

　まず生存しているかを調べます。生存していれば次に毒状態であるかを調べています。毒状態であればヒットポイントを10減少させます。ヒットポイントが0以下になった場合は、ヒットポイントを0に補正したうえで、戦闘不能にします。これをパーティメンバー全員に対して処理しています。for文の中にif文が何重にもネストしていて、見通しが悪くなっています。

7.2.1

## 早期continueで条件分岐のネストを解消する

　ループ処理中の条件分岐ネストは、6.1の早期returnを応用した、**早期continue**で解決可能です。continueは実行中の残り処理をスキップし、次のループ処理へ移行する制御構文です。早期returnは「条件を満たさない場合にreturnで抜ける」という手法です。この手法を応用して、「条件を満たさない場合にcontinueで次のループ処理に移行する」書き方に変えます。

　まず、生存状況を調べるif文を、「生存していなければcontinueで次のループ処理に移行する」形に変更します。

**リスト7.4**　早期continueでネスト解消

```
for (Member member : members) {
  // 生存していない場合continueで次のループ処理に移行する。
  // 早期continueへの変更には、条件を反転させる。
  if (member.hitPoint == 0) continue;

  if (member.containsState(StateType.poison)) {
    member.hitPoint -= 10;
    if (member.hitPoint <= 0) {
      member.hitPoint = 0;
      member.addState(StateType.dead);
      member.removeState(StateType.poison);
    }
  }
}
```

生存していない場合はcontinueによりスキップされ、後続の処理は実行されません。次のメンバーについてのループ処理へ移行します。早期continueによりネストが1段浅くなりました。ほかのif文にも早期continueを適用します。

**◯ リスト 7.5** if文のネストがすべて解消された

```
for (Member member : members) {
  if (member.hitPoint == 0) continue;
  if (!member.containsState(StateType.poison)) continue;

  member.hitPoint -= 10;

  if (0 < member.hitPoint) continue;

  member.hitPoint = 0;
  member.addState(StateType.dead);
  member.removeState(StateType.poison);
}
```

if文の三重ネストを解消し、見通しが良くなりました。どこまで実行されるのかcontinueで区切られており、わかりやすくなっています。

---

7.2.2
## 早期breakもネスト解消に役立つ

ループ処理の制御構文には、continue以外にもbreakがあります。breakは処理中断し、ループから抜け出す制御構文です。早期continueと同じ発想で、早期breakによりロジックの単純化が可能なパターンがあります。

これもRPGを例に考えます。メンバーが連携して一度に攻撃をしかける「連携攻撃」と呼ばれるシステムを想定します。連携攻撃では攻撃力増幅などの効果がある一方、連携成功条件が厳しく、なかなか成功しないといった特徴があるものとします。この条件のもと、連携攻撃による総ダメージ値の計算を考えます。計算は以下の仕様とします。

- メンバーの先頭から順に連携攻撃の成否を評価する。
- 連携に成功した場合
  ・そのメンバーの攻撃力 ×1.1倍を加算ダメージ値とする。
- 連携に失敗した場合
  ・以降後続メンバーの連携も評価しない。
- 加算ダメージ値が30以上の場合

・加算ダメージ値を総ダメージ値に加算する。

● 加算ダメージ値が30未満の場合

・連携失敗とみなす。以降後続メンバーの連携も評価しない。

やや複雑な仕様です。よく考えないと、リスト7.6のようになりがちです。

**✗ リスト7.6** 複雑にネストした見通しの悪いロジック

```
int totalDamage = 0;
for (Member member : members) {
  if (member.hasTeamAttackSucceeded()) {
    int damage = (int)(member.attack() * 1.1);
    if (30 <= damage) {
      totalDamage += damage;
    }
    else {
      break;
    }
  }
  else {
    break;
  }
}
```

for文の中にif文がネストしている上にelse句でbreakしており、とても見通しの悪いロジックです。これも早期continueと同様に、今度は早期breakで解消可能です。早期returnや早期continueと同様に、条件を反転させてbreakします。

**○ リスト7.7** 早期breakで見通し改善

```
int totalDamage = 0;
for (Member member : members) {
  if (!member.hasTeamAttackSucceeded()) break;

  int damage = (int)(member.attack() * 1.1);

  if (damage < 30) break;

  totalDamage += damage;
}
```

かなり見通しが良くなりました。ループ処理の中でif文のネストを書いてしまいそうなときは、早期continueや早期breakで書けないか検討しましょう。

コレクション処理も低凝集に陥りやすいです。RPGのパーティを例に説明します。

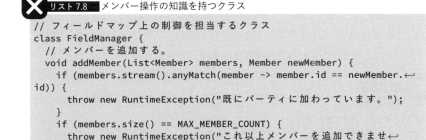

**リスト7.8** メンバー操作の知識を持つクラス

```java
// フィールドマップ上の制御を担当するクラス
class FieldManager {
  // メンバーを追加する。
  void addMember(List<Member> members, Member newMember) {
    if (members.stream().anyMatch(member -> member.id == newMember.
id)) {
      throw new RuntimeException("既にパーティに加わっています。");
    }
    if (members.size() == MAX_MEMBER_COUNT) {
      throw new RuntimeException("これ以上メンバーを追加できませ
ん。");
    }

    members.add(newMember);
  }

  // パーティメンバーが1人でも生存している場合trueを返す。
  boolean partyIsAlive(List<Member> members) {
    return members.stream().anyMatch(member -> member.isAlive());
  }
}
```

FieldManagerはフィールドマップ上の制御を担当するクラスです。パーティにメンバーを追加するaddMemberメソッドと、パーティメンバーが生存しているかどうかを返すpartyIsAliveメソッドが定義されています。

ゲーム中、メンバーが追加されるタイミングはフィールドマップ中だけではありません。重要イベント中に仲間が追加されるロジックが、リスト7.9のように実装されるかもしれません[*1]。

**リスト7.9** 別のクラスに実装される重複コード

```java
// ゲーム中の特別イベントを制御するクラス
class SpecialEventManager {
  // メンバーを追加する。
```

---

*1 実際のRPGでは、フィールドマップ外の重要イベント中に仲間が加わる、ということがよくあります。

```
void addMember(List<Member> members, Member member) {
  members.add(member);
}
```

SpecialEventManagerは、ゲーム中の特別イベントを制御するクラスです。FieldManagerと同様のメンバー追加メソッドaddMemberが、SpecialEventManagerにも実装されています。重複コードです[2]。

FieldManager.partyIsAliveの重複ロジックが別のクラスに実装されてしまう可能性もあります。BattleManager.membersAreAliveは、FieldManager.partyIsAliveとは名前も実装も違いますが、ロジックの振る舞いは同じです（リスト7.10）。見かけだけが異なる重複コードです。

❌ リスト7.10 また別の箇所にも重複コードが……

```
// 戦闘を制御するクラス
class BattleManager {
  // パーティメンバーが1人でも生存している場合trueを返す。
  boolean membersAreAlive(List<Member> members) {
    boolean result = false;
    for (Member each : members) {
      if (each.isAlive()) {
        result = true;
        break;
      }
    }
    return result;
  }
}
```

このようにコレクションに関する処理は、あちこちに実装されてしまいがちです。低凝集になります。どうすればいいのでしょうか。

### 7.3.1
### コレクション処理をカプセル化する

コレクションの低凝集を解決するのがファーストクラスコレクションです。**ファーストクラスコレクション**（First Class Collection）とは、コレクションに関連するロジックをカプセル化する設計パターンです。

クラスには以下の2つが備わっている必要があります（第3章参照）。

---

[2]　ただしFieldManager.addMemberとは異なり、不正を弾くロジックがない劣化コピーです。

- インスタンス変数
- インスタンス変数を不正状態から防御し、正常に操作するメソッド

ファーストクラスコレクションは、この考え方の応用で、次の要素を備えます。

- コレクション型インスタンス変数
- コレクション型インスタンス変数を不正状態から防御し、正常に操作するメソッド

メンバーのコレクション List<Member>をインスタンス変数に持つクラスとして設計します。そしてメンバーの集まりは「パーティ」と呼ばれるので、List<Member>を持つクラスをPartyと命名します。

 リスト 7.11 リスト型をインスタンス変数として持つ

```java
class Party {
  private final List<Member> members;

  Party() {
    members = new ArrayList<Member>();
  }
```

さらに、インスタンス変数を操作するロジックをこのPartyクラスに移動します。メンバー追加用の addMemberメソッドを、addメソッドと命名して Partyへ移動します。ただし、そのまま追加すると、membersの要素が変化する副作用が発生します。

リスト 7.12 membersの変化は副作用となる

```java
class Party {
  // 中略
  void add(final Member newMember) {
    members.add(newMember);
  }
```

副作用を防ぐためにひと手間加えます。新しいリストを生成し、そのリストへ追加するつくりにします。

リスト 7.13 副作用が生じないメソッド

```java
class Party {
  // 中略
  Party add(final Member newMember) {
```

```
  List<Member> adding = new ArrayList<>(members);
  adding.add(newMember);
  return new Party(adding);
}
```

これで元の members は変化せず、副作用を防げます。

そのほか、メンバーが1人でも生存しているか判定するメソッドを isAlive と命名して移動します。また、メンバーを追加可能か調べるロジックを exists、isFull としました。最終的に次のコードになります。

● **リスト7.14** リスト操作に必要なロジックを同じクラスに定義

```
class Party {
  static final int MAX_MEMBER_COUNT = 4;
  private final List<Member> members;

  Party() {
    members = new ArrayList<Member>();
  }

  private Party(List<Member> members) {
    this.members = members;
  }

  /**
   * メンバーを追加する
   * @param newMember 追加したいメンバー
   * @return メンバー追加後のパーティ
   */
  Party add(final Member newMember) {
    if (exists(newMember)) {
      throw new RuntimeException("既にパーティに加わっています。");
    }
    if (isFull()) {
      throw new RuntimeException("これ以上メンバーを追加できませ←
ん。");
    }

    final List<Member> adding = new ArrayList<>(members);
    adding.add(newMember);
    return new Party(adding);
  }

  /** @return パーティのメンバーが1人でも生存している場合true */
  boolean isAlive() {
    return members.stream().anyMatch(each -> each.isAlive());
  }

  /**
```

```
 * @param member パーティに所属してるかを調べたいメンバー
 * @return すでにパーティに所属している場合true
 */
boolean exists(final Member member) {
  return members.stream().anyMatch(each -> each.id == member.id);
}

/** @return パーティが満員の場合true */
boolean isFull() {
  return members.size() == MAX_MEMBER_COUNT;
}
}
```

**図7.1** ファーストクラスコレクションで設計したParty クラス

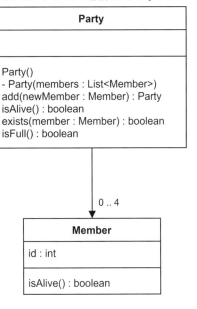

コレクションと、コレクションを操作するロジックが、1つのクラスにギュッ
と凝集する構造になりました。

### 7.3.2
## 外部へ渡す場合はコレクションを変更できなくする

パーティメンバー全員のステータスを画面表示する場合などは、List<Membe

r>にアクセスして全体のデータを参照する必要があります。ファーストクラス
コレクションとして設計したPartyクラスでメンバー全体を参照したい場合、リ
スト 7.15のようなメソッドを定義していいものでしょうか。

❌ **リスト7.15** リスト型をそのまま返すメソッド

```
class Party {
  // 中略
  List<Member> members() {
    return members;
  }
```

インスタンス変数をそのまま外部へ渡すと、Partyクラスの外部でメンバー追
加したり削除したり、勝手な操作を許してしまいます。せっかくPartyクラスで
高凝集に設計したのに、これでは低凝集に逆戻りです。

❌ **リスト7.16** リストを外部で勝手に操作されてしまう

```
members = party.members();
members.add(newMember);

...

members.clear();
```

外部へ渡す際は、コレクション要素を変更できなくします。それにはunmodi
fiableListメソッドを使用します。

⭕ **リスト7.17** 外部には不変にして渡す

```
class Party {
  // 中略

  /** @return メンバーリスト。ただし要素の変更はできません。 */
  List<Member> members() {
    return members.unmodifiableList();
  }
```

unmodifiableListで得たコレクションは、要素の追加や削除ができません。
Partyクラスの外部で勝手に変更されてしまう心配がなくなります。

第**8**章

密結合
―絡まって解きほぐせない構造―

この章では、結合度について集中的に取り扱います。

**結合度**とは、「モジュール間の、依存の度合いを表す指標」です（15.5.4 も参照）。凝集度と同様に、モジュールの粒度をクラスとします。「クラス間の、依存の度合いを表す指標」を結合度として話を進めます。

あるクラスが、ほかの多くのクラスに依存している構造を**密結合**と呼びます。密結合なコードは理解が難しく、変更が非常にやっかいです。

結合度の低い、疎結合な構造へ改善すると、コードの変更が楽になります。どう改善すればよいのか、考え方と方法をこの章で解説します。

図8.1 　　　 密結合は使いづらく、直しづらい

密結合の問題を解決する上で、責務の考えは欠かせません。責務が考慮されていないと、密結合が起きやすくなり、デバッグや変更が難しくなります。

辞書で責務の意味を引くと、「責任と義務。義務を果たすべき責任」と出てきます[*1]。ソフトウェア設計における責務とは、「ある関心事について、正常に動作するよう制御する責任」です。詳しく解説していきます。

## 8.1

# 密結合と責務

責務が考慮されていないと何が問題なのでしょうか。ECサイトに機能追加す

---

*1　三省堂『新明解国語辞典 第七版 小型版』より。

る架空のシチュエーションを例に説明します。

あるECサイトで割引サービスが追加されることになりました。ここでは通常割引と呼称します。通常割引は以下の仕様とします。

- 商品1点につき300円を割り引く。
- 上限20,000円まで商品追加可能。

担当者はリスト8.1のように実装しました。

リスト8.1 商品割引に関連するクラス

```java
class DiscountManager {
  List<Product> discountProducts;
  int totalPrice;

  /**
   * 商品を追加する
   *
   * @param product          商品
   * @param productDiscount 商品割引情報
   * @return 追加に成功した場合true
   */
  boolean add(Product product, ProductDiscount productDiscount) {
    if (product.id < 0) {
      throw new IllegalArgumentException();
    }
    if (product.name.isEmpty()) {
      throw new IllegalArgumentException();
    }
    if (product.price < 0) {
      throw new IllegalArgumentException();
    }
    if (product.id != productDiscount.id) {
      throw new IllegalArgumentException();
    }

    int discountPrice = getDiscountPrice(product.price);

    int tmp;
    if (productDiscount.canDiscount) {
      tmp = totalPrice + discountPrice;
    } else {
      tmp = totalPrice + product.price;
    }
    if (tmp <= 20000) {
      totalPrice = tmp;
      discountProducts.add(product);
      return true;
    } else {
```

```
      return false;
    }
  }

  /**
   * 割引価格を取得する
   *
   * @param price 商品価格
   * @return 割引価格
   */
  static int getDiscountPrice(int price) {
    int discountPrice = price - 300;
    if (discountPrice < 0) {
      discountPrice = 0;
    }
    return discountPrice;
  }
}
// 商品
class Product {
  int id;                  // 商品ID
  String name;             // 商品名
  int price;               // 価格
}

// 商品割引情報
class ProductDiscount {
  int id;                  // 商品ID
  boolean canDiscount;     // 割引可能な場合true
}
```

DiscountManager.addメソッドでは、以下のことを実行しています。

- productの不正をチェック。

- getDiscountPriceで割引価格の計算。

- productDiscount.canDiscountで割引可能であれば割引価格を総額に加算。
  そうでなければ通常価格を加算。

- 総額上限20,000円以内であれば商品リストに追加。

さて、通常割引以外に、以下に示す夏季限定割引の仕様が追加されたとします。

- 商品1点につき300円を割り引く。通常割引と同じ。

- 上限30,000円まで商品追加可能。

DiscountManagerクラスを実装した担当者とは別の担当者が、次に示す

SummerDiscountManagerクラスを実装したとします。

 リスト8.2　夏季限定割引を管理するクラス

```
class SummerDiscountManager {
  DiscountManager discountManager;

  /**
   * 商品を追加する
   *
   * @param product 商品
   * @return 追加に成功した場合true
   */
  boolean add(Product product) {
    if (product.id < 0) {
      throw new IllegalArgumentException();
    }
    if (product.name.isEmpty()) {
      throw new IllegalArgumentException();
    }

    int tmp;
    if (product.canDiscount) {
      tmp = discountManager.totalPrice + DiscountManager.←
getDiscountPrice(product.price);
    } else {
      tmp = discountManager.totalPrice + product.price;
    }
    if (tmp < 30000) {
      discountManager.totalPrice = tmp;
      discountManager.discountProducts.add(product);
      return true;
    } else {
      return false;
    }
  }
}

// 商品
class Product {
  int id;                // 商品ID
  String name;           // 商品名
  int price;             // 価格
  boolean canDiscount;   // ←新規追加。夏季割引可能な場合true
}
```

図8.2  安易に流用していいのだろうか？

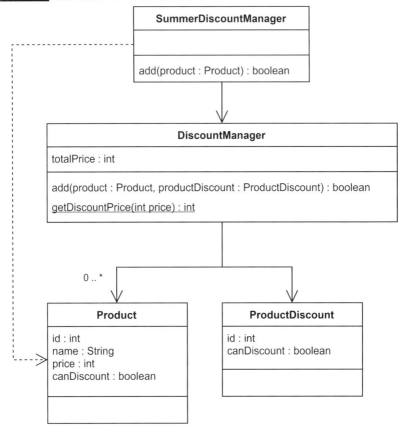

SummerDiscountManager.addメソッドは、以下を実行します。一部異なり
ますが、DiscountManager.addとだいたい同じ処理の流れです。

- productの不正をチェック。
- 割り引く仕様が通常割引と同じ300円であるため、DiscountManager.getDi
  scountPriceを**流用して**割引価格を計算。
- Product.canDiscountで割引可能であれば割引価格を総額に加算。そうでな
  ければ通常価格を加算。
- 総額上限30,000円以内であれば商品リストに追加。

## 発生するさまざまなバグ

　さて、しばらくしてこの割引サービスに、さまざまな問題が発生するようになりました。以下の仕様変更が発生しました。

- 通常割引の割引価格を、300円から400円に変更する。

　`DiscountManager`の実装担当者は、割引計算をする`DiscountManager.getDiscountPrice`を次のように書き換えました。

**✗ リスト8.3** 割引金額の仕様変更

```
static int getDiscountPrice(int price) {
  int discountPrice = price - 400;
  if (discountPrice < 0) {
    discountPrice = 0;
  }
  return discountPrice;
}
```

　すると、夏季割引サービスでも割り引かれる価格が400円になってしまいました。夏季割引サービスを担う`SummerDiscountManager`で、`DiscountManager.getDiscountPrice`が流用されていたからです。

　ほかにも、表8.1のバグが発生しました。

**表8.1** 割引サービスで発生したバグ

| バグ | 原因 |
|---|---|
| マイナス価格の商品を夏季割引に追加できてしまう。 | `SummerDiscountManager.add`で価格チェックロジックが未実装だった。 |
| 割引対象商品に設定したはずなのに、割引対象にならない。 | `ProductDiscout.canDiscount`と`Product.canDiscount`がお互い紛らわしく、誤って使われていた。 |

## ロジックの置き場所がちぐはぐ

　この割引サービスのロジックは、置き場所に問題があります。

- `DiscountManager`が、商品情報のチェックのほか、割引価格の計算、割引適用するかの判断、総額上限のチェックなど、多くの処理をやりすぎている。

SummerDiscountManagerも同様。

- Product自身に持たせるべきバリデーションロジックが、DiscountManagerやSummerDiscountManagerに実装されている。

- ProductDiscout.canDiscountと Product.canDiscountの名前が酷似。通常割引か夏季割引、どちらに関係するのかわかりにくい。

- 夏季割引価格の計算のために、SummerDiscountManagerがDiscountManagerの通常割引ロジックを流用している。

このように、各ロジックの置き場所がちぐはぐです。一部のクラスに処理が集中していたり、一方別のクラスでは何も処理を持っていなかったり、ほかのクラスの一部のメソッドを無理矢理都合よく流用したりしています。

そしてこのようなクラスが、いわゆる**責務が考慮されていないクラス**なのです。

8.1.3
## 単一責任の原則

ここから先はソフトウェア原則「単一責任の原則」を説明するために、責務に代わり責任という言葉を用います。責任は「自分の分担として、それだけはしなければならない任務（負担）」と辞書にあります[*2]。責務と微妙に意味が異なりますが、ここでは同類の考え方として明確に区別しないものとします。

責任については、私たちの日常生活に当てはめて考えてみます。お金を使いすぎて借金生活に陥った場合、使いすぎた人自身の責任です。ほかの誰の責任でもありません。家計の計画的管理は、本人自身の責任です。

責任は、誰がその責任を負うべきか適用範囲とセットになります。ソフトウェアも同様です。

ソフトウェアは、表示、金額計算、データベースなど、さまざまな関心事を扱います。ここで、表示にバグがあった場合、データベース処理を修正しようとするでしょうか。そうはしないはずです。正しく表示するよう制御するのは、表示を担うロジックの責任です。関心事が異なります。

つまりソフトウェアにおける責任とは、「ある関心事について、不正な動作にならないよう、正常に動作するよう制御する責任」と考えることができます。

ここで重要な役割を果たすのが、**単一責任の原則**です。「クラスが担う責任は、たったひとつに限定すべき」とする設計原則です。この原則の観点から先の割引

---

*2　三省堂『新明解国語辞典 第七版 小型版』より。

サービスのソースコードを見ると、今まで見えなかった悪魔が見えてきます。

---
8.1.4
## 単一責任の原則違反で生まれる悪魔

`DiscountManager.getDiscountPrice`は、通常割引価格の計算に責任を負うメソッドです。夏季割引価格の責任を負うように用意されたものではありません。しかし、二重に責任を負わされており、単一責任原則に違反しています。割り引かれる価格が同じだからといって安易に流用すると、片方の割引に仕様変更があったときにもう片方も変更されてしまい、バグになります。

商品名や価格が妥当か判断する責任は、それらのデータを所有する Product クラスが本来負うべきところです。しかし、Productは何もしていません。未熟なクラスです。

そして DiscountManager クラスなどが、Product クラスの代わりに値チェックしています。DiscountManagerは、負わすべき責任を負わせず何でもやってあげてしまっている、過保護な毒親です。過保護な毒親のように責任を多重に負うクラスをつくると、ほかのクラスは未熟になります。すると、値チェックを筆頭に重複コードが量産されることになります。

---
8.1.5
## 責務が単一になるようクラスを設計する

単一責任原則の違反で生まれた悪魔を退治するには、責務が単一になるようクラスを設計することが大事です。割引サービスのソースコードに関して一部ではありますが、単一責任になるようクラスを設計する例を次に示します。

商品の定価については RegularPrice クラスを用意します（リスト 8.4）。そして価格に不正が発生しないよう、バリデーションロジックを持たせます。定価に責任を持つクラス構造ですね。リスト 3.18 の Money クラスと同じ、値オブジェクトです。バリデーションロジックが RegularPrice クラス内に凝集しているため、バリデーションロジックの重複コードが生じにくくなります。

⬤ リスト 8.4 定価クラス

```
class RegularPrice {
  private static final int MIN_AMOUNT = 0;
  final int amount;

  RegularPrice(final int amount) {
```

```
      if (amount < MIN_AMOUNT) {
        throw new IllegalArgumentException("価格が0以上でありません。←
");
      }

      this.amount = amount;
    }
}
```

　通常割引価格、夏季割引価格については、それぞれ個別に責任を負うクラスをつくります。以下RegularDiscountedPrice、SummerDiscountedPriceも値オブジェクトとして設計します。

●リスト8.5　通常割引価格クラス

```
class RegularDiscountedPrice {
  private static final int MIN_AMOUNT = 0;
  private static final int DISCOUNT_AMOUNT = 400;
  final int amount;

  RegularDiscountedPrice(final RegularPrice price) {
    int discountedAmount = price.amount - DISCOUNT_AMOUNT;
    if (discountedAmount < MIN_AMOUNT) {
      discountedAmount = MIN_AMOUNT;
    }

    amount = discountedAmount;
  }
}
```

●リスト8.6　夏季割引価格クラス

```
class SummerDiscountedPrice {
  private static final int MIN_AMOUNT = 0;
  private static final int DISCOUNT_AMOUNT = 300;
  final int amount;

  SummerDiscountedPrice(final RegularPrice price) {
    int discountedAmount = price.amount - DISCOUNT_AMOUNT;
    if (discountedAmount < MIN_AMOUNT) {
      discountedAmount = MIN_AMOUNT;
    }

    amount = discountedAmount;
  }
}
```

図8.3 ■■■■ 概念の異なる金額ごとに丁寧にクラス化しよう

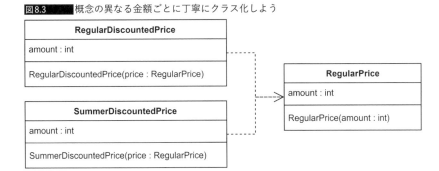

クラスが通常割引価格、夏季割引価格の責務ごとに個別に分かれています
（図 8.3）。そのため、割引価格の仕様がそれぞれ変更されても互いに影響はあり
ません。このように関心事それぞれが分離、独立している構造を**疎結合**と呼びま
す。密結合とは逆の構造です。疎結合な設計を目指しましょう。

---

8.1.6
## DRY原則の誤用

勘の良い読者はお気づきでしょう。RegularDiscountedPriceと SummerD
iscountedPriceのロジックはほぼ同じです。割り引かれる価格DISCOUNT_A
MOUNTの値以外に差異はありません。「重複コードではないか？」と思うかもし
れません。

しかし、たとえば「夏季割引価格は定価より5%オフにする」という仕様に
変わったとしたらどうでしょうか？ SummerDiscountedPriceのロジックは
RegularDiscountedPriceとは違うものになるでしょう。

このように、同じようなロジックが複数あるからといって、責務を考えず無理
にひとまとめにすると責務が多重になります。

DiscountManager.getDiscountPriceで発生したのと同様に、ある割引価
格の変更がほかの割引価格に影響してしまうことになります。

**DRY原則**（Don't Repeat Yourself）と呼ばれる原則があります。直訳すると「繰
り返しを避けよ」。一部では、DRY原則が「コードの重複を許すな」といった解
釈で広まっているようですが、原典『新装版 達人プログラマー 職人から名匠へ

の道』では以下のように説明されています[*3][*4]。

　　すべての知識はシステム内において、単一、かつ明確な、そして信頼できる
　　表現になっていなければならない。

　知識とはいったい何でしょうか。粒度、技術レイヤー、さまざまな観点で考え
ることができますが、その内のひとつに、ソフトウェアが対象とするビジネス知
識があります。
　ビジネス知識とは、ソフトウェアで扱うビジネス概念です。
　たとえばECサイトでは「割引」「気になる商品」「クリスマスキャンペーン」、
ゲームでは「ヒットポイント」「攻撃力」「耐性」、これらがビジネス概念です。
　通常割引と夏季限定割引はそれぞれ別の概念です。DRYにすべきは、それぞ
れの概念単位なのです。**同じようなロジック、似ているロジックであっても、概
念が違えばDRYにすべきではないのです。**概念的に異なるものどうしを無理に
DRYにすると密結合になります。単一責任原則を遵守できなくなります。

---

＊3　　『新装版 達人プログラマー 職人から名匠への道』著：Andrew Hunt、David Thomas、訳：村上雅章、2016
　　　　年刊行、オーム社、P.31 より引用。

＊4　　ちなみに、コードの重複を許さないのはOAOO原則（Once and Only Once）です。

Column

## クソコード動画「共通化の罠」

図8.4 これがすべての悪夢のはじまり

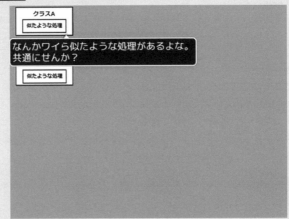

図8.5 納期を理由にいびつな実装が認められてしまう

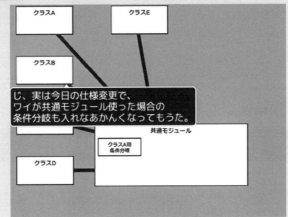

「共通化の罠」[a]は筆者が初めて世に出したクソコード動画です[b]。処理の安易な共通化の先に待っている弊害を描いた作品です。

動画は、複数のクラスで似たような処理があるからと、共通処理モジュー

ルをつくり上げるところからはじまります。そして共通処理モジュールが便利だからと、ほかのクラスも次々に依存しはじめます。しかし、その後の仕様変更により、共通処理モジュール内に依存クラスそれぞれ専用の条件分岐が実装。各クラスを別々のシステムで利用しようにも、共通処理モジュールに依存しすぎて分解できず、にっちもさっちもいかなくなる、というつらさが描かれています。

重複コードの解消には共通化が有効です。しかし、一方で、共通化してはいけないコードがあります。DRY原則の定義でも解説したように、似て非なるコードを共通化してはいけません。仕様変更の際、特定のユースケース専用の処理を、共通ロジックに挿入しなければならない場合が出てきます。そうしたロジックは、もはや共通と呼べません。共通でないとわかった段階で共通化を解消しないと、この動画のように特定ユースケースかどうかを判断する条件分岐が次々に実装されていくことになります。

処理を共通化して良いかどうかは、本章の割引の例のように、同じビジネス概念かどうかを見分ける必要があります。

また、ビジネス理解が進んでくると、あるビジネス概念が実は複数の異なる概念だった、という状況が頻繁に発生します。これはたびたびとかたまにといったレベルではありません。本当に頻繁に発生します。筆者の経験でもよくありましたし、この動画が70万回以上も再生され、非常に多くの反応があったことからも、同じ苦境に直面した方々の多さを物語っていると筆者は考えます。異なる概念であることがわかった段階で共通化を解くなど、すぐに構造を見直しましょう。

---

*a　https://twitter.com/MinoDriven/status/1127539251761909760

*b　1.6万リツイート、2.6万いいねが付き、70万回以上再生されました。

## 8.2
## 密結合の各種事例と対処方法

密結合はさまざまな要因によって発生します。これより先は、密結合のさまざまな事例と対処方法を紹介していきます。

### 8.2.1
### 継承に絡む密結合

継承はかなり注意して扱わないと、すぐに密結合に陥ります。まずお伝えした

いのは、**継承はよっぽど注意して扱わないと危険、継承は推奨しません**というのが本書のスタンスです。

　継承は、オブジェクト指向言語の入門書の多くで紹介されるしくみです。入門書に記載があるとカジュアルに使ってしまいがちです。

　しかし、熟練エンジニアのコミュニティなどでは、継承に対して疑問視や危険視する見方があります。どのような弊害があるのでしょうか。

### スーパークラス依存

　ゲームを例に説明します。単体攻撃と2回連続攻撃がある仕様とします。この仕様が実装されたクラスが、次のPhysicalAttackです。

リスト8.7　物理攻撃クラス

```
class PhysicalAttack {
  // 単体攻撃のダメージ値を返す
  int singleAttackDamage() { ... }

  // 2回攻撃のダメージ値を返す
  int doubleAttackDamage() { ... }
}
```

　さらに武闘家の物理攻撃だけは、単体攻撃、2回攻撃それぞれ特別にダメージが上乗せされる仕様です。PhysicalAttackを継承し、実装したとします。

リスト8.8　武闘家の物理攻撃クラス（継承版）

```
class FighterPhysicalAttack extends PhysicalAttack {
  @Override
  int singleAttackDamage() {
    return super.singleAttackDamage() + 20;
  }

  @Override
  int doubleAttackDamage() {
    return super.doubleAttackDamage() + 10;
  }
}
```

図8.6　一見妥当そうに見える継承だが……?

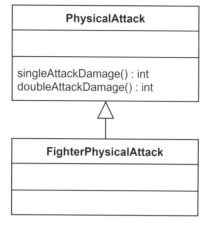

singleAttackDamage、doubleAttackDamageメソッドをそれぞれオーバー
ライドした形です。

はじめはこのロジックで問題なく動作していました。しかし、ある日を境に、
仕様通りのダメージ値にならない問題が発生しました。武闘家の2回攻撃のダ
メージ値が10増加してほしいところが、50増加していたのです。

原因を調査したところ、スーパークラスである PhysicalAttackにおいて、
doubleAttackDamageメソッドで singleAttackDamageメソッドを2回実行
するロジックへ変更されていました。

もともと doubleAttackDamageは、singleAttackDamageを実行せず独自
にダメージ値を計算するロジックでした。ところが、singleAttackDamage
を実行するロジックへ変更した結果、FighterPhysicalAttack側でオーバー
ライドした singleAttackDamageメソッドが2回呼ばれるようになりました。
FighterPhysicalAttack.singleAttackDamage内の20が2回加算されるこ
とにより、仕様と異なるダメージ値になってしまったのです。

このように、継承関係にあるクラスどうしでは、サブクラスはスーパークラス
の構造にひどく依存します（スーパークラス依存）。

サブクラスは、スーパークラスの構造をいちいち気にしなければなりません。
スーパークラスの動向によっぽど注意していないと、この物理攻撃の例のよう
に、スーパークラスの変更によりバグ化してしまうのです。また、スーパークラ

ス側は、サブクラスを気にせず変更されていきます。そうした観点からもサブクラスは壊れやすいと言えます。

### 継承より委譲

スーパークラス依存による密結合を避けるため、**継承より委譲（委譲）**が推奨されます。委譲とは**コンポジション構造**にすることです。利用したいクラスをスーパークラスとして継承するのではなく、リスト8.9に示すようにprivateなインスタンス変数として持ち、呼び出す、という使い方をします。

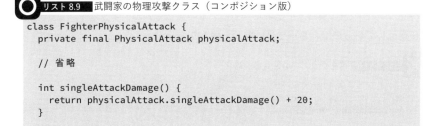

**リスト8.9** 武闘家の物理攻撃クラス（コンポジション版）

```
class FighterPhysicalAttack {
  private final PhysicalAttack physicalAttack;

  // 省略

  int singleAttackDamage() {
    return physicalAttack.singleAttackDamage() + 20;
  }

  int doubleAttackDamage() {
    return physicalAttack.doubleAttackDamage() + 10;
  }
}
```

**図8.7** 変更影響を受けにくいコンポジション構造

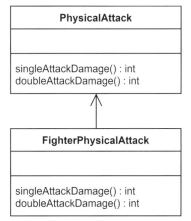

コンポジション構造にすることで、PhysicalAttackのロジックが変更され
てもFighterPhysicalAttackは影響を受けなくなります（図8.7）。

**継承による悪しき共通化**

継承を使うとサブクラスがスーパークラスのロジックを使えるようになるた
め、スーパークラスが共通ロジックの置き場所として利用されがちです。継承で
無理に共通化しようとした結果密結合になり、混乱する悪しき例を挙げます。

リスト8.5、リスト8.6の通常割引と夏季限定割引は、継承を使うとリスト8.10、
リスト8.11、リスト8.12のように実装可能です。ただし、getDiscountedPri
ceメソッドは通常割引と夏季限定割引の二重の責任を負っており、単一責任原則
に違反しているので、やって良い実装ではありません。

**✗ リスト8.10** 基底クラスでの悪しき共通化

```
// 割引の抽象基底
abstract class DiscountBase {
  protected int price;    // 元値

  // 割引価格を返す
  int getDiscountedPrice() {
    int discountedPrice = price - 300;
    if (discountedPrice < 0) {
      discountedPrice = 0;
    }
    return discountedPrice;
  }
}
```

**✗ リスト8.11** 通常割引（継承版）

```
class RegularDiscount extends DiscountBase {
  ...
}
```

**✗ リスト8.12** 夏季限定割引（継承版）

```
class SummerDiscount extends DiscountBase {
  ...
}
```

ここで通常割引の仕様が「1品につき400円割引」に変更されたら、どのように
ロジックは変更されるでしょうか。人によってはリスト8.13のように継承側の
RegularDiscountでgetDiscountedPriceをオーバーライドするでしょう。

リスト 8.13 オーバーライドでの仕様変更

```
class RegularDiscount extends DiscountBase {
  @Override
  int getDiscountedPrice() {
    int discountedPrice = price - 400;
    if (discountedPrice < 0) {
      discountedPrice = 0;
    }
    return discountedPrice;
  }
```

　この場合、`DiscountBase.getDiscountedPrice`と`RegularDiscount.g
etDiscountedPrice`のロジックは、割り引く料金（300円と400円）以外ロジッ
クが同じです。頑張って共通化を目指して、さらにリスト 8.14、リスト 8.15の
ように「改善」する人がいるかもしれません。

リスト 8.14 割引金額以外を基底クラスで共通化

```
abstract class DiscountBase {
  // 省略

  int getDiscountedPrice() {
    int discountedPrice = price - discountCharge();
    if (discountedPrice < 0) {
      discountedPrice = 0;
    }
    return discountedPrice;
  }

  // 割り引く料金
  protected int discountCharge() {
    return 300;
  }
```

リスト 8.15 差分となる金額のみを継承側でオーバーライド

```
class RegularDiscount extends DiscountBase {
  @Override
  protected int discountCharge() {
    return 400;
  }
}
```

　割り引く料金だけを`discountCharge`メソッドとして分離し、`RegularDisc
ount`側でオーバーライドするやり方です。`discountCharge`のオーバーライド
実装には、基底クラス側の`getDiscountedPrice`のロジックを知っていなけれ

ばなりません。関連知識が1つのクラスに凝集しておらず、基底と継承それぞれ
に分散しており良い設計とは言えません。

　ここからさらに夏季限定割引の仕様が「1品につき5%割引」に変更されたら
どうなるでしょうか。人によってはリスト8.16のようにSummerDiscount側で
オーバーライドするかもしれません。

**リスト8.16** 基底メソッドを完全に上書きしたオーバーライド

```
class SummerDiscount extends DiscountBase {
  @Override
  int getDiscountedPrice() {
    return (int)(price * (1.00 - 0.05));
  }
}
```

　一応これでも動作はしますが、SummerDiscountにとってDiscountBase.d
iscountChargeは無関係になります。ある継承クラスにとっては関係があって
も、別の継承クラスにとっては無関係なメソッドが登場しはじめると問題です。
どこからどこまで関連があるのか、ロジックの追跡が非常に困難になり、デバッ
グや仕様変更でつらい思いを味わうことになります。

　もっと良くないのはリスト8.17です。

**リスト8.17** 基底クラスに継承側のロジックを実装

```
abstract class DiscountBase {
  // 省略

  int getDiscountedPrice() {
    if (this instanceof RegularDiscount) {
      int discountedPrice = price - 400;
      if (discountedPrice < 0) {
        discountedPrice = 0;
      }
      return discountedPrice;
    } else if (this instanceof SummerDiscount) {
      return (int)(price * (1.00 - 0.05));
    }
```

　基底クラスで通常割引、夏季限定割引のどちらであるかをinstanceofで判定
し、さらに割引料金計算をしています。
　異なる振る舞いを実装、表現するために継承は利用するものです。振る舞い
の切り替えはストラテジパターンなどにより実現され、条件分岐の削減に貢献

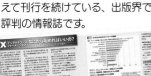

# ◆ 電子書籍・雑誌を読んでみよう！

| 技術評論社　GDP | 検索 |
| --- | --- |

と検索するか、以下のQRコード・URLへ、パソコン・スマホから検索してください。

**https://gihyo.jp/dp**

**1** アカウントを登録後、ログインします。
【外部サービス(Google、Facebook、Yahoo!JAPAN)でもログイン可能】

**2** ラインナップは入門書から専門書、趣味書まで3,500点以上！

**3** 購入したい書籍を 🛒 カート に入れます。

**4** お支払いは「**PayPal**」にて決済します。

**5** さあ、電子書籍の読書スタートです！

しますが、instanceofで継承クラスの型を調べて分岐しており、条件分岐の削減にまったく貢献していません。また、通常割引と夏季限定割引のロジックは、RegularDiscountとSummerDiscountにそれぞれカプセル化されるべきですが、基底クラスに実装されているために知識が分散しています。もし何も知らない別の担当者が割引料金をデバッグしようとすると「あれ？夏季限定割引料金はいったいどこで計算しているんだ……？」「なぜ基底クラスに夏季限定割引計算ロジックがあるんだ！？」と驚くことになるでしょう。

継承側で振る舞いの差分のみを実装するTemplate Methodと呼ばれる便利な設計パターンなど、うまく設計すれば継承はうまく働きます。しかし、ここで挙げたさまざまな悪しき例のように、継承は密結合やロジック混乱など、多くの悪魔を呼び寄せます。本当に慎重な設計が求められます。

下手に継承を使わず、単一責任原則を重視することが肝要です。値オブジェクトやコンポジション構造で設計できないか検討しましょう。

Column

## クソコード動画「継承」

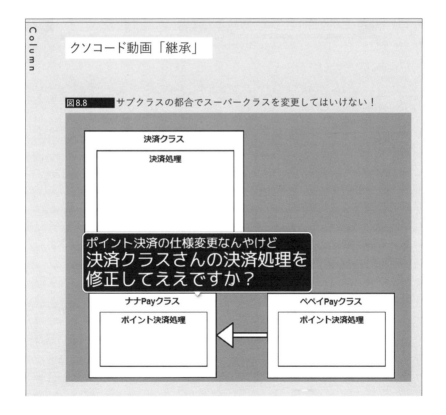

図8.8　　サブクラスの都合でスーパークラスを変更してはいけない！

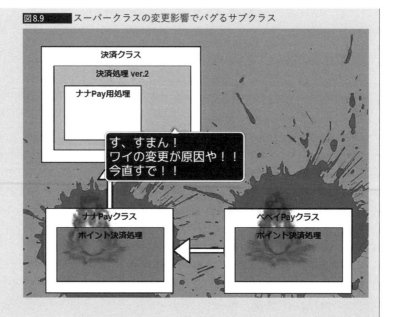

図8.9　　スーパークラスの変更影響でバグるサブクラス

　クソコード動画「継承」[a]は、継承の悪しき使われ方により引き起こされる弊害を描いた作品です。

　電子決済サービスには、決済時にポイントが貯まる仕様のものがあります。貯めたポイントで買い物や各種料金支払いができたりしますね。劇中では決済クラスを継承し、決済クラスの処理を利用してポイント決済処理を実装しています。また、継承クラスをさらに継承するといったこともしています。

　途中、スーパークラスのロジック変更が、意図せず継承側に影響し、バグが発生しています。また、スーパークラスにサブクラス専用の処理を追加して、それが仇になってバグになったり。いい加減な箇所に実装されたバグ回避処理が、逆にバグの原因になったり……。かなりカオスで混乱した状況になっているのが、劇中で描かれています。

　継承は密結合になりやすいしくみです。やり方にもよりますが、スーパークラスとサブクラスがお互いのメンバーにアクセスし合ったり、互いに干渉し合うロジックを書けたりします。メソッドオーバーライドにより、サブクラス側で処理を完全に上書きできたりもします。

　混乱した継承関係では、スーパークラスとサブクラスとで、どうロジックが関係し合っているのか両方に注意を払わねばなりません。うかつな変更が即バグになる危険性をはらんでいます。何個も継承しているような関係で

> は、スーパークラスのある処理が、どのサブクラスで実行されるのかわから
> なくなるケースもあります。
>
> 　お互いの中身を知れるクラス構造は避けるべきです。コンポジション構造
> にするなど、お互いのクラス構造を知らなくてもよい、変更影響が伝搬しに
> くいクラス構造を目指しましょう。
>
> ───────────────────
> *a　https://twitter.com/MinoDriven/status/1353251239237095430

## インスタンス変数ごとにクラス分割可能なロジック

リスト 8.18 は EC サイトで用いられることを想定した架空のコードです。

**✖ リスト 8.18** 責務の異なるメソッドが詰め込まれたクラス

```
class Util {
  private int reservationId;          // 商品の予約ID
  private ViewSettings viewSettings;  // 画面表示設定
  private MailMagazine mailMagazine;  // メールマガジン

  void cancelReservation() {
    // reservationIdを使った予約キャンセル処理
  }

  void darkMode() {
    // viewSettingsを使ったダークモード表示への変更処理
  }

  void beginSendMail() {
    // mailMagazineを使ったメール配信開始処理
  }
}
```

　cancelReservation（予約のキャンセル）、darkMode（ダークモードへの
表示切り替え）、beginSendMail（メール配信開始）。それぞれ責務のまったく
異なるメソッドがUtilクラスに定義されています。

　責務が異なるメソッドどうしは混乱の原因になるため、同じクラスに定義すべ
きではありません。

　よく見ると、各メソッドがどのインスタンス変数を使っているのか特徴がある
ようです。cancelReservationメソッドはインスタンス変数reservationId
を、darkModeメソッドはインスタンス変数viewSettingsを、beginSendMai
lはインスタンス変数mailMagazineを、それぞれ個別に使っています。メソッ

ドとインスタンス変数の依存関係が1:1であるため、各メソッドはお互いに依存
関係がありません。

　わかりやすいように、Utilクラスの構造を図示すると図8.10のようになりま
す。密結合解消のため分離しましょう（図8.11）。

図8.10　　　関係しないものどうしが同じクラス内に混在

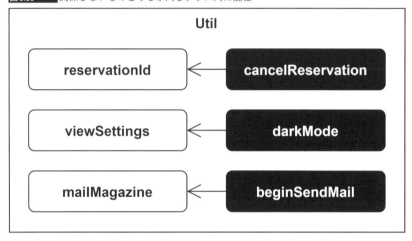

図8.11 関係するものごとにクラスを分離する

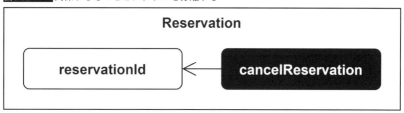

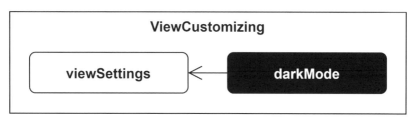

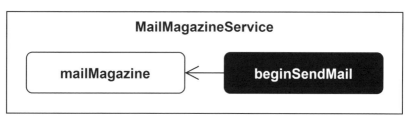

　よってUtilクラスは、以下3つのクラスに分離します。

リスト8.19 予約クラス

```
class Reservation {
  private final int reservationId;  // 商品の予約ID
  // 中略
  void cancel() {
    // reservationIdを使った予約キャンセル処理
  }
```

リスト8.20 表示カスタマイズクラス

```
class ViewCustomizing {
  private final ViewSettings viewSettings;  // 画面表示設定
  // 中略
  void darkMode() {
    // viewSettingsを使ったダークモード表示への変更処理
  }
```

リスト8.21 メールマガジンサービスクラス

```
class MailMagazineService {
  private final MailMagazine mailMagazine;  // メールマガジン
  // 中略
  void beginSend() {
    // mailMagazineを使ったメール配信開始処理
  }
```

　このUtilクラスの例では依存関係がシンプルだったので、分離も楽でした。実際の製品に用いられるコードはもっと泥臭く、混乱していて、依存関係が複雑です。うまく別クラスに分離するには、どのインスタンス変数やメソッドがそれぞれ何に関係付けられているか把握することが大事です。関係の把握には、図8.12のようにして表すとわかりやすくなります。

図8.12 影響スケッチ

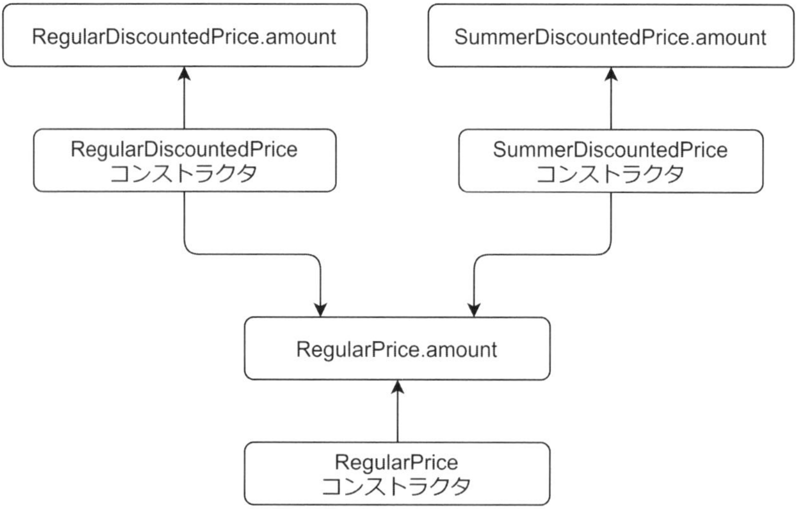

　この依存関係の図を**影響スケッチ**と呼びます（17.1.5の書籍『レガシーコード改善ガイド』参照）。影響スケッチは紙に描いたり図形描画ツールで描いたりもできますが、複雑なソースコードは図に起こすだけでも一苦労です。
　ソースコードを解析して影響スケッチを自動で描画してくれるツールには、

Jig*5などがあります*6。うまく活用しましょう。

# なんでもpublicで密結合

publicやprivateなどアクセス修飾子を付与することで、クラスやメソッドの可視性を制御できます。しかし、なんでもpublicにすると密結合になります。

パッケージ間で問題になる例を挙げます。ゲームでは、外部仕様にはあらわれない「隠し要素」と呼ばれるものがあります。隠し要素は、画面上に一切表示されないものの、ゲームの展開に内部的に影響を与えます。メンバーどうしの相性や好感度などが代表的です。

リスト8.22のHitPointRecoveryは、魔法によるヒットポイント回復をカプセル化したクラスです。

**リスト8.22** ヒットポイント回復クラス

```java
package rpg.objects;

/** ヒットポイント回復 */
public class HitPointRecovery {
  /**
   * @param chanter           回復魔法の詠唱者
   * @param targetMemberId    回復魔法を受けるメンバーのID
   * @param positiveFeelings  メンバーどうしの好感度
   */
  public HitPointRecovery(final Member chanter, final int ←
targetMemberId, final PositiveFeelings positiveFeelings) {
    final int basicRecoverAmount = (int)(chanter.magicPower * ←
MAGIC_POWER_COEFFICIENT) + (int)(chanter.affection * ←
AFFECTION_COEFFICIENT * positiveFeelings.value(chanter.id, ←
targetMemberId));
    // 省略
```

コンストラクタで回復量の複雑な計算をしています。計算には、リスト8.23に示すPositiveFeelingsが用いられています。これはメンバーどうしの好感度について制御知識を持つクラスで、隠し要素に該当します。内部的に好感度が回復量に影響する仕様です。

なお、HitPointRecoveryとPositiveFeelingsは同じrpg.objectsパッケージのクラスです。

---

*5　https://github.com/dddjava/jig
*6　市販の製品ではテクマトリックス社のUnderstandがあります。

**リスト 8.23** 好感度を制御するクラス

```
package rpg.objects;

/**
 * メンバーどうしの好感度。
 * subjectがtargetに対して抱く好感度を取得したり、増減したりします。
 * subjectIdやtargetIdは、subjectとtargetの関係にあるメンバーのIDを←
表します。
 */
public class PositiveFeelings {
  /**
   * @return 好感度
   * @param subjectId 好感度を調べたいメンバーID
   * @param targetId 好意の対象となるメンバーID
   */
  public int value(int subjectId, int targetId) { ... }

  /**
   * 好感度を増加させる。
   * @param subjectId 好感度を増加させたいメンバーID
   * @param targetId 好意の対象となるメンバーID
   */
  public void increase(int subjectId, int targetId) { ... }

  /**
   * 好感度を減少させる。
   * @param subjectId 好感度を減少させたいメンバーID
   * @param targetId 好意の対象となるメンバーID
   */
  public void decrease(int subjectId, int targetId) { ... }
```

ところが、戦闘画面を制御する`BattleView`クラスで`PositiveFeelings`が呼び出され、好感度が変更されています。

**✕ リスト 8.24** 内的に扱いたいクラスが他のパッケージから呼び出されている

```
package rpg.view;
import rpg.objects;

/** 戦闘画面 */
public class BattleView {
  // 中略

  /** 攻撃アニメーションを開始する */
  public void startAttackAnimation() {
    // 中略
    positiveFeelings.increase(member1.id, member2.id);
```

`PositiveFeelings`は隠し要素です。画面上への表示もしたくないですし、

ましてや外部からの制御を受けたくはありません。内部的な制御にとどめておきたいクラスです。

　BattleViewは rpg.viewパッケージで、PositiveFeelingsとはパッケージが異なります。しかしながら、PositiveFeelingsへアクセスできてしまっています。なぜなら、PositiveFeelingsがpublicで宣言されているからです。public宣言されると、ほかのパッケージからアクセス可能になってしまいます。

　このようにいたずらにpublicにすると、関係し合ってほしくないクラスどうしが結合し、影響範囲が拡大します。結果、メンテナンスが困難な密結合構造になってしまいます。

　密結合を避けるには、アクセス修飾子で可視性を適切に制御します（表8.2）。

**表8.2**　Javaのアクセス修飾子

| アクセス修飾子 | 説明 |
| --- | --- |
| public | すべてのクラスからアクセス可能。 |
| protected | 同じクラス、または継承クラスからアクセス可能。 |
| なし | 同じパッケージからのみアクセス可能。package private と呼ぶ。 |
| private | 同じクラスからのみアクセス可能。 |

　PositiveFeelingsクラスは、どのアクセス修飾子が適切でしょうか。同じrpg.objectsパッケージのHitPointRecoveryクラスからは呼び出しが必要です。一方で、ほかのパッケージからは利用されたくありません。すると、この中ではアクセス修飾子なし、つまりpackage privateが適切ですね。

　デフォルトのものは表記を省略する仕様が、さまざまなプログラミング言語やフレームワークに備わっています。デフォルトと異なっている場合のみ、違いを明記する考え方です[7]。なぜアクセス修飾子を省略したデフォルトの状態だとpackage privateなのでしょうか。

　それは、パッケージどうしの不要な依存を避けるにはpackage privateが適切だからです。パッケージは、強く関連付くクラスどうしを凝集するよう設計します。一方でパッケージ外とは疎結合にします。そのため、外部からはアクセスできないようにします。するとpackage privateがふさわしくなります。そして、外

---

[7]　「設定より規約」と呼ばれる考え方です。

部に本当に公開したいクラスのみ、限定的に public 宣言します。疎結合にしよう
とすると、public はデフォルトとはならないことが理解できるはずです。

　しかしながら、実際には不適切と思われる場面でも public が広く用いられ
ています[8]。なぜこうも public がわが物顔で当然かのように用いられているの
か……。筆者の推測ですが、多くのプログラミング入門書や入門サイトで、public
が標準的な扱いで書かれていることが原因の一端にあるのではないでしょうか。
入門書は初学者に言語仕様を学んでもらうことを主眼とし、設計的に望ましいか
といったところとは別の観点で解説しています。こういった背景を知らない初学
者が public だらけのソースコードを読み、「public を書くのが当然なんだ、標準的
なんだ」と学習してしまう……。結果として public 宣言が量産されているのは想
像に難くありません[9]。

　クラスは、標準的には package private としましょう。パッケージ外に公開が必
要なクラスのみ、限定的に public 宣言しましょう。

**リスト8.25** package private で宣言した PositiveFeelings クラス

```
package rpg.objects;

// アクセス修飾子を省略すると
// 可視性がpackage privateになる。
// パッケージ内でのみアクセス可能。
class PositiveFeelings {
  int value(final int subjectId, final int targetId) { ... }

  void increase(final int subjectId, final int targetId) { ... }

  void decrease(final int subjectId, final int targetId) { ... }
```

---

[8] なお、C#における package private 相当のアクセス修飾子は internal です。C#でもアクセス修飾子を省略
すると internal になります。筆者は C#の経験が長いです。筆者の観測範囲では、internal を適切に利用し
ているケースをあまり見たことありません。private か public となっているケースがほとんどでした。同
僚がどうやって実装しているのか後ろから見ていると、クラスをつくる際、いきなり public を書きはじめ
ていることが多かったです。

[9] 入門コンテンツが悪いというわけではありません。パッケージ設計は難度が高く、文法事項を中心に据え
る中で適切に解説するのは厳しいのでしょう。可視性の制御まで詳細に取り扱えないジレンマがあると考
えます。

図8.13　基本は package private、みだりに public にしないこと

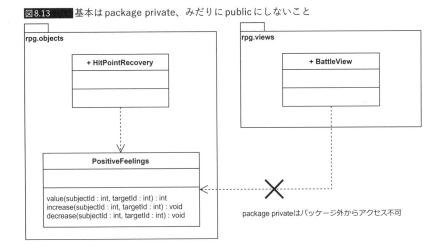

## privateメソッドだらけ

　ソフトウェアの機能が拡充されていくと、クラスはどんどん大きくなっていきます。大きくなってきたクラスには、メソッドが何個も定義されていきます。

リスト 8.26　注文サービスクラス

```
class OrderService {
  // 中略
  private int calcDiscountPrice(int price) {
    // 割引価格を計算するロジック
  }

  private List<Product> getProductBrowsingHistory(int userId) {
    // 商品の閲覧履歴を取得するロジック
  }
}
```

　OrderServiceは、ECサイトにおける注文をつかさどるクラスとします。
　注文時には割引を適用したいケースや商品の閲覧履歴から注文したいケースがあるでしょう。こうしたケースに対応するためのメソッドがcalcDiscountPriceやgetProductBrowsingHistoryのように、既存のクラスにベタ書きされることが頻繁にあります。
　しかし、責務の観点で考えてみてください。割引価格や閲覧履歴は、注文とは

責務が異なります。

こうした構造は、割引計算をするために予約をつかさどる ReservationServ
ice クラスから OrderService.calcDiscountPrice を呼び出すといった、非
常にいびつな構造になってしまう場合があります。いびつな依存を排除するた
め、ほかのクラスから呼び出されないよう private メソッドとして実装されること
が多いです。

しかし、筆者の経験上、private メソッドが多いクラスは、単一責任ではなく、
多くの責務を持ってしまっています。異なる責務のロジックが private メソッド
として実装されているのです。

責務の異なるメソッドは、別々のクラスに分離しましょう*10。たとえば割引価
格は DiscountPrice クラス、商品閲覧履歴は ProductBrowsingHistory クラ
スに分離します。

8.2.5

## 高凝集の誤解から来る密結合

機能拡張とクラス大型化に伴う密結合の例をもうひとつ挙げます。強く関係し
合うデータとロジックが一箇所にまとめられた構造を高凝集と呼びますが、高凝
集の誤解により密結合になってしまうケースです。

リスト 8.27 に示す販売価格クラス、SellingPrice があったとします。

**リスト 8.27** 販売価格クラス

```java
class SellingPrice {
  final int amount;

  SellingPrice(final int amount) {
    if (amount < 0) {
      throw new IllegalArgumentException("価格が0以上でありません。←
");
    }
    this.amount = amount;
  }
}
```

開発が進んでくるとリスト 8.28 に示すように、さまざまな計算メソッドが次々
に追加されがちです。

---

*10　private に限らず、public であっても責務外のものがあるので注意が必要です。

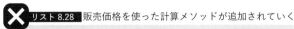
リスト 8.28　販売価格を使った計算メソッドが追加されていく

```
class SellingPrice {
  // 省略

  // 販売手数料を計算する
  int calcSellingCommission() {
    return (int)(amount * SELLING_COMMISSION_RATE);
  }

  // 配送料を計算する
  int calcDeliveryCharge() {
    return DELIVERY_FREE_MIN <= amount ? 0 : 500;
  }

  // 獲得するショッピングポイントを計算する
  int calcShoppingPoint() {
    return (int)(amount * SHOPPING_POINT_RATE);
  }
}
```

　これらのメソッドは、販売価格を使って販売手数料や配送料を計算しています。凝集性についていくらか知識のある一部のエンジニアは「販売手数料や配送料は販売価格に強く関係し合っているから」と考えてSellingPriceクラスにメソッドを追加するかもしれません。しかし、販売価格とは別の概念が紛れ込んでおり、密結合です。

　calcShoppingPointメソッドはショッピングポイントを扱っており、明らかに販売価格とは別概念です。同様に、calcDeliveryChargeメソッドの配送料も、calcSellingCommissionメソッドの販売手数料も、販売価格とは違います。販売価格のクラスにショッピングポイントや配送料といった別の概念のロジックが紛れ込むと、どこになんのロジックが書かれているのか読み解くのが困難になります。

　**高凝集を意図して強く関係していそうなロジックを一箇所にまとめ上げようとしたものの、結果として密結合に陥っているケースは非常に多く見られます。誰もが極めて陥りやすい罠です。**それぞれの概念は分離し、疎結合にしなければなりません。そのため、設計においては**疎結合高凝集**と呼称し、セットで語られることが多いです。

　リスト 8.29、リスト 8.30、リスト 8.31に示すように、それぞれの概念を丁寧に値オブジェクトとして設計します。ある概念の値を使って別の概念の値を算出したい場合は、SellingCommissionクラスのコンストラクタのように、計算に

使う値（販売価格sellingPrice）をコンストラクタの引数として渡します。

● リスト 8.29 販売手数料クラス

```java
class SellingCommission {
  private static final float SELLING_COMMISSION_RATE = 0.05f;
  final int amount;

  SellingCommission(final SellingPrice sellingPrice) {
    amount = (int)(sellingPrice.amount * SELLING_COMMISSION_RATE);
  }
}
```

● リスト 8.30 配送料クラス

```java
class DeliveryCharge {
  private static final int DELIVERY_FREE_MIN = 2000;
  final int amount;

  DeliveryCharge(final SellingPrice sellingPrice) {
    amount = DELIVERY_FREE_MIN <= sellingPrice.amount ? 0 : 500;
  }
}
```

● リスト 8.31 ショッピングポイントクラス

```java
class ShoppingPoint {
  private static final float SHOPPING_POINT_RATE = 0.01f;
  final int value;

  ShoppingPoint(final SellingPrice sellingPrice) {
    value = (int)(sellingPrice.amount * SHOPPING_POINT_RATE);
  }
}
```

　高凝集設計の際は、別の概念が混入して密結合に陥っていないか注意しましょう。

**図8.14** 丁寧にクラス化して互いを疎結合にすること

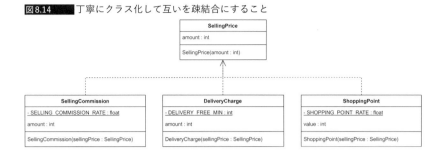

## スマートUI

表示関連のクラスの中に、表示以外の責務のロジックが実装されている構造を**スマートUI(利口なUI)** と呼びます。

たとえば開発初期、サービスをとにかく急いでローンチさせるため、複雑な金額計算ロジックや分岐ロジックがフロント側に実装されてしまいがちです。問題になるのは、その後画面デザインを一新したいケースです。機能は同じでデザインをまったく新しいものに差し替えようとすると、何が起こるでしょうか。複雑な金額計算ロジックなどがフロントのコードに紛れ込んでいるせいで、下手に新デザインへ差し替えると、これまで機能していたものが機能しなくなったり、バグになったりします。新デザインへ差し替えるには、機能が壊れないよう慎重に変更しなければならなくなります。スマートUIは、表示責務と表示以外の責務が密結合になっているせいで、変更を難しくしてしまうのです。

表示責務と表示以外の責務それぞれのクラスに分離しましょう[11]。

## 巨大データクラス

1.3にて取り上げたデータクラスがさらに巨大化したのが**巨大データクラス**です。大量のインスタンス変数を持ちます。

---

[11] 表示とそれ以外を分離する便利なアーキテクチャに、MVVMパターンがあります。

❌ リスト 8.32 巨大データクラス

```java
public class Order {
  public int orderId;                      // 注文ID
  public int customerId;                   // 発注者ID
  public List<Product> products;           // 注文品一覧
  public ZonedDateTime orderTime;          // 注文日時
  public OrderState orderState;            // 注文状態
  public int reservationId;                // 予約ID
  public ZonedDateTime reservationDateTime; // 予約日時
  public String deliveryDestination;       // 配送先
  // ... そのほかもっと多くのインスタンス変数
```

たとえばECサイトの注文クラス**Order**は、発注から配送まで参照されること
が多いです。そのため何も考えずに実装すると、さまざまなデータの置き場所に
なりがちです。また、「便利なデータ運搬役」としてさらに多くのデータを追加
されがちで、どんどん巨大化していきます。

単なるデータクラスとは異なり、巨大データクラスはさらに多くの悪魔たちを
呼び寄せ、大変邪悪です。

ECサイトでは、発注、予約、配送など、さまざまなユースケースがあります。
各ユースケースでは、必要なデータだけ変更できれば良いはずです。しかし、予
約ユースケースでも予約以外のデータを変更可能な構造になっています。無関係
な**deliveryDestination**などを変更できてしまいます。不注意で変更してし
まい、バグになる可能性があります。

巨大データクラスはさまざまなデータを持つために、あらゆるユースケースで
使われます。するとグローバル変数の性質を帯びてきます。排他制御のためにパ
フォーマンスが低下するなど、グローバル変数と同様の弊害を招きます（グロー
バル変数の弊害は9.5参照）。

---

8.2.8
## トランザクションスクリプトパターン

リスト8.1の**DiscountManager.add**メソッドのように、メソッド内に一連
の処理手順がダラダラと長く書き連ねられている構造を**トランザクションスクリ
プトパターン**と呼びます[12]。

これはデータを所持するクラス（データクラス）とデータを処理するクラスと
で分けている場合に頻繁に実装されます。長いものでは数百行の長大なメソッド

---

[12] 手続き型プログラミングとも呼びます。

になります。

　低凝集密結合で、変更が困難です。

## 神クラス

　トランザクションスクリプトパターンがより重症化すると、神クラスになります。

　**神クラス**とは、1クラス内に何千何万行ものロジックを持ち、あらゆる責務のロジックが、乱雑に絡み合うように書き殴られているようなクラスです[*13]。

　神と名付けられてはいますが、その正体はあらゆる悪魔の巣窟、密結合の権化です。神クラスには、**開発者の時間を奪い、多大な労苦を与えて疲弊させてしまう**、恐ろしい力が宿っています。

　どのロジックが何に関係するのか、責務の見分けが非常に困難です。仕様変更の際、影響箇所を何千何万行ものロジックの中から探し出すのに多大な労力を要します[*14]。

　影響調査の漏れも生じやすく、当然バグ化します。バグを修正して、また漏れのあった箇所を修正して……の繰り返し作業へと変質していきます。まるでモグラたたきです。運良く（？）発見されず、生き残ったバグがあると、リリース後に損失が生じます。

　リスト3.18のMoneyクラスはコンストラクタで不正値を検出し例外をスローする構造なので、不正の発生元をすぐに調べられます。

　しかし、神クラスは不正検知ロジックが乱雑に書き殴られている、あるいは書かれていないケースがあります。そのため、どこで不正が発生したのか追跡が非常に困難です。調査に莫大な時間がかかります。

## 密結合クラスの対処法

　巨大データクラスもトランザクションスクリプトパターンも神クラスも、密結合なクラスの対処方法はどれも同じです。これまで解説してきたオブジェクト指向設計と単一責任の原則にもとづき、丁寧に設計することです。

---

[*13]　ゴッドクラスや、大きな泥団子（Big ball of mud）とも呼びます。

[*14]　筆者は何度も神クラスに遭遇しています。仕様変更に関係するロジックをすべて探し当てるために、3〜4日かかるのはざら……もっとひどいケースでは、1〜2週間もかかりました。

　巨大な密結合クラスは責務ごとにクラスを分割しましょう。プログラミング言語により多少違いはありますが、単一責任の原則を遵守するよう設計されたクラスは、どんなに多くても200行程度、だいたいは100行程度になります。そのぐらいクラス一つ一つは小さなものになります。

　そのほか、早期return、ストラテジパターン（6.2.7）やファーストクラスコレクションパターン（7.3.1）など、本書記載のさまざまな手法が有効です。目的駆動名前設計（第10章）にもとづく命名も、大いに役立ちます[15]。

---

[15]　書籍『レガシーコード改善ガイド』（17.1.5）では、神クラスの対処法を豊富に取り扱っています。

# 第 9 章

## 設計の健全性をそこなう
## さまざまな悪魔たち

ここまで紹介したもの以外の悪しきコードと対処法を紹介します。

## 9.1
# デッドコード

リスト9.1の`addSpecialAbility`は、実行されることはありません。

**✕** リスト9.1 デッドコード

```
if (level > 99) {
  level = 99;
}

// 中略

if (level == 1) {
  // メンバーのヒットポイントや装備などを初期化する
  initHitPoint();
  initMagicPoint();
  initEquipments();
}
else if (level == 100) {
  // レベル100のボーナスとして、
  // 固有の特別能力を付与する。
  addSpecialAbility();
}
```

このように、どんな条件であっても決して実行されないコードを**デッドコード**、または**到達不能コード**と呼びます。この悪魔はおとなしいように見えてさまざまな弊害をもたらします。

まず、コードの可読性が低下します。コードの読み手がデッドコードの周辺を読むたびに、どういう条件で実行されるかを読み手に考えさせてしまいます。実際には実行されないにもかかわらず。また、なぜ実行されないようなコードが残っているのか、何か意図があるのではと、読み手を混乱させる場合があります。

また、将来バグになる可能性があります。これまで到達不能だったのが、なんらかの仕様変更によりデッドコード周辺のロジックが変わり、到達可能になる場合があります。ゾンビのように蘇ってしまうのです。蘇ったコードが仕様と異なっていればバグになります。

図9.1
実行されないはずのデッドコードがあなたに牙をむく

デッドコードは、発見次第すぐに削除しましょう。GitHub[*1]などのサービスで変更履歴を管理していれば、コードが消えることに不安を覚える心配はありません[*2]。IDEの静的解析機能にはデッドコードを検出する機能があり、便利です。サービスやツールを適宜活用しましょう。

## 9.2
## YAGNI原則

フィクションでは、「こんなこともあろうかと」のセリフとともに、科学者や技術者がリスクを予見して下準備しておいた予備機能を発動させ、危機を乗り越える、というシーンがあります。

実際の開発においても将来の仕様を予見し、ついつい先回りしてつくり込んでしまうことがあるでしょう。しかし、先回りで実装されたロジックは、現実にはほとんど使われないばかりか、バグの原因になるなど悪魔化することが多いです。

**YAGNI** と呼ばれるソフトウェア原則があります。これは「You aren't going to need it.」の略で、訳すと「必要ないでしょう」になります。実際に必要になったときにのみ実装せよ、という方針です。ではYAGNI原則を守らず先回りしてつくると何が起こるのでしょうか?

ソフトウェアに対する要求は日々変化していきます。仕様として確定しておら

---

*1    https://github.com/
*2    GitHub（Git）でソースコードを管理していても、破壊的な操作を行うと履歴は消失します。ここでは、そういった操作については考慮しません。

ず、明確に言語化もされていない要求に対して実装しても、ほとんどの場合予測
は外れます。

予測が外れ使われなくなったロジックは、デッドコードになります。また、先
回りでつくられたロジックは、往々にして複雑です。可読性が低下し、読み手を
混乱させます。何かの変更をキッカケに実行されるとバグになる可能性が非常に
高いです。なぜなら先回りでつくられたロジックは仕様にないからです。

先回りでつくり込んだ分だけ時間が無駄になります。今必要な機能だけをつく
り、構造をシンプルにしましょう。可読性が高くなり、保守や変更が容易になり
ます。無駄な工数がかからなくなり、もっと重要な仕事に取り組めます。

## 9.3
# マジックナンバー

説明なき数値は、開発者を混乱させます。リスト9.2はWebコミックサービス
における架空のコードです。

**✗ リスト9.2** マジックナンバー

```java
class ComicManager {
  // 中略
  boolean isOk() {
    return 60 <= value;
  }

  void tryConsume() {
    int tmp = value - 60;
    if (tmp < 0) {
      throw new RuntimeException();
    }
    value = tmp;
  }
}
```

複数の箇所で60が登場しています。いったいなんの数値なのでしょうか。実
はこの60は、無料でWebコミックをお試し購読するときに消費するポイントで
す。そしてisOkメソッドはお試し購読可能かどうかを返すメソッドで、tryCo
nsumeメソッドはお試し購読により購読ポイントを消費するメソッドです。ここ
まで説明しないと、60の意図がほとんどまったくわかりませんね。

このようにロジック内に直接書き込まれている意図不明な数値を**マジックナン**

バーと呼びます。マジックナンバーは実装者本人にしかほとんど意図を理解できません。また、同一のマジックナンバーは複数の箇所で実装されがちで、重複コードを生みます。たとえば、仕様変更でお試し購読の消費ポイントが60から50に変更されたら、マジックナンバーの実装箇所すべてを修正しなければなりません。修正漏れがあるとバグになります。

マジックナンバーを書かないようにするには、定数として定義しましょう。リスト9.3は、コミックの購読ポイントを値オブジェクトとして設計したものです。そしてこの`ReadingPoint`クラス内で、お試し購読の消費ポイントを定数`TRIAL_READING_POINT`として定義しています。

**●リスト9.3** static finalな定数として数値の意味を表現する

```java
/** コミックの購読ポイント */
class ReadingPoint {
  /** ポイントの最小値 */
  private static final int MIN = 0;

  /** お試し購読の消費ポイント */
  private static final int TRIAL_READING_POINT = 60;

  /** 購読ポイント値 */
  final int value;

  /*
   * コミックの購読ポイントReadingPointのコンストラクタ。
   * @param value 購読ポイント
   */
  ReadingPoint(final int value) {
    if (value < MIN) {
      throw new IllegalArgumentException();
    }

    this.value = value;
  }

  /*
   * お試し購読可能かどうかを返す。
   * @return お試し購読可能の場合true
   */
  boolean canTryRead() {
    return TRIAL_READING_POINT <= value;
  }

  /*
   * お試し購読する。
   * @return お試し購読後のポイント
   */
```

```
ReadingPoint consumeTrial() {
  return new ReadingPoint(value - TRIAL_READING_POINT);
}

/*
 * 購読ポイントを追加する。
 * @param point 追加ポイント
 * @return 追加後のポイント
 */
ReadingPoint add(final ReadingPoint point) {
  return new ReadingPoint(value + point.value);
}
```

　定数 TRIAL_READING_POINT とすることで、お試し購読ポイントがどのように利用されるのか理解しやすくなりました。また、お試し購読の消費ポイントが仕様変更されても、TRIAL_READING_POINT の値のみ変更すれば良く、修正漏れが発生しません。

　サービスをすぐ動かしてみたいときや忙しいときは、マジックナンバーをついつい書きがちです。リポジトリにそのままコミットせず、必ず定数に置き換えましょう。

## 9.4
## 文字列型執着

　次のコードでは、単一の String 変数に複数の値をカンマ区切りで格納しています。こうした変数を、split メソッド[*3]を使って、頑張って分割して値を取り出すといったことをしているものがあります。

**✗ リスト 9.4** 単一の String 変数に複数の値を格納

```
// ラベル文字列、表示色（RGB）、上限文字数
String title = "タイトル,255,250,240,64";
```

　読み込んだ CSV からデータを取り出すために split メソッドを使うケースはあります。しかし、そういった用途もないのに、意味の異なる複数の値を String 変数に無理に詰め込むと、意味がわかりにくくなり、split メソッドなどでロ

---

[*3]　正規表現でマッチした位置で文字列を分割するメソッド。

ジックが無駄に複雑化します。可読性が著しく低下します。

これは5.5.1で解説したプリミティブ型執着が先鋭化し、クラスの追加どころか変数の追加まで嫌がる場合に陥りがちです。

意味の異なる値は、それぞれ別の変数に格納しましょう。

## 9.5

### グローバル変数

どこからでもアクセス可能な変数を**グローバル変数**と呼びます。

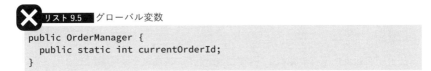

リスト9.5 グローバル変数

```
public OrderManager {
  public static int currentOrderId;
}
```

Javaの言語仕様にはグローバル変数はありませんが、リスト9.5のように変数を`public static`宣言することでグローバルアクセス可能となります。どこからでも参照、操作可能な変数であるため、一見扱いやすいと思うかもしれません。しかし、実態はその逆です。

多くのロジックでグローバル変数を参照し、値を変更していると、どこで、どのタイミングで値が書き換わったのか把握が非常に困難になります。グローバル変数を参照しているロジックに変更が入りそうなら、ほかにグローバル変数を参照しているロジックにバグが生じないか、慎重に検討しなければいけません。

検討の結果、排他制御が必要な場合も生じます。排他制御は慎重に設計しないと、ロック時間が長くなってパフォーマンスが低下します。排他設計の誤りにより、デッドロックに陥る可能性があります。

グローバル宣言された変数だけがグローバル変数の「性質」を持つとは限りません。8.2.7で挙げた巨大データクラスもグローバル変数としての「性質」を非常に帯びやすいです。さまざまなデータを保有しているために、多くの箇所から参照されやすいからです。さらに排他制御に関しては、巨大データクラスはグローバル変数より悪質です。排他制御したいインスタンス変数が1個であっても、ほかのインスタンス変数までロックされてしまうので、パフォーマンス上大きな問題になります。

　設計が不十分なシステムでは、巨大データクラスが非常に生み出されやすいです。**グローバル変数を使っていなくとも、グローバル変数と同質のものを知らず知らずの内に使っているのです。**大変陥りがちなポイントなので、注意しましょう。

9.5.1

## 影響範囲を最小化するよう設計すること

　グローバル変数（および巨大データクラス）は、影響範囲が広すぎます。多くの箇所から呼び出し可能な構造／呼び出されやすい構造です。

　影響範囲が最小化するように設計しましょう。無関係なロジックからはアクセスできないように設計しましょう。呼び出し箇所が少なく、局所化されているほど、ロジックの理解が容易になります。正しく動作するロジックを実装しやすくなります。

　どうしてもグローバル変数を使いたい場合は、必要性をよく検討しましょう。グローバル変数を参照したい箇所はそれほど多くないのではないでしょうか。可能な限りグローバル変数にはせず、限られたクラスだけがアクセス可能なように設計しましょう。

# 9.6

## null問題

　リスト9.6は、装備防具の防御力をすべて加算した、総合防御力を返すメソッドです。防具はhead、body、armの3箇所があり、それぞれは防具を表すEquipmentクラスです。

**✗ リスト9.6**　装備防具と防御力を表現するロジックの一部

```
class Member {
  private Equipment head;
  private Equipment body;
  private Equipment arm;
  private int defence;

  // 中略

  // 防具の防御力を加味した総合防御力を返す
  int totalDefence() {
```

```
  int total = defence;
  total += head.defence;
  total += body.defence;
  total += arm.defence;
  return total;
}
```

しかし、このコードを実行すると、`NullPointerException`がスローされ、落ちてしまう場合があります。リスト 9.7 に示すように、防具を装備していない状態を null で表現していたからです。

**✖ リスト 9.7** 装備していない状態を null で表現している

```
class Member {
  // 中略

  // すべての防具を外す
  void takeOffAllEquipments() {
    head = null;
    body = null;
    arm = null;
  }
}
```

この前提で例外がスローされないためには、null であるか判定が必須です。

**✖ リスト 9.8** null 前提だと null チェックしなければならない

```
class Member {
  // 中略
  int totalDefence() {
    int total = defence;

    if (head != null) {
      total += head.defence;
    }
    if (body != null) {
      total += body.defence;
    }
    if (arm != null) {
      total += arm.defence;
    }

    return total;
  }
}
```

これで`totalDefence`メソッドは例外がスローされなくなりました。しかし、ほかのメソッドでもスローされることがわかりました。インスタンス変数body

が null だと、リスト 9.9 のコードで例外がスローされてしまいます。

 **リスト 9.9** 別の箇所でも null 例外がスローされてしまう

```
// 体防具を表示する
void showBodyEquipment() {
  showParam(body.name);
  showParam(body.defence);
  showParam(body.magicDefence);
}
```

例外を避けるために、ここでも null チェックしなければなりません。

 **リスト 9.10** いたるところで null チェックしなければならなくなる

```
// 体防具を表示する
void showBodyEquipment() {
  if (body != null) {
    showParam(body.name);
    showParam(body.defence);
    showParam(body.magicDefence);
  }
}
```

しかし、これでいいのでしょうか。null が入り込む前提でロジックを組むと、いたるところで null チェックしなければなりません。null チェックだらけでコードの見通しが悪くなりますし、null チェックが漏れるとバグになります。

そもそも null とは何でしょうか。未初期化状態のメモリ領域へのアクセスは、制御上トラブルの原因になります。こうした事態を避けるために null が発明されました。null は最低限メモリアクセストラブルを防止するためのしくみであって、null 自体は無効な扱いです。

しかし、防具を装備していない状態を null で表現している例と同様に、商品名が未設定の状態、商品の配送先が未設定の状態など、主に未設定状態を null として実装しているコードが世の中に多くあります。何かを持っていない状態や未設定状態も、立派な状態なのです。いわば、その状態すら存在していないのが null なのです。null は多大な損失を生みかねません[*4]。

---

*4　こうした null に伴う脆弱性やシステムクラッシュにより、10億ドルにのぼる損害を引き起こしたとして、null を発明したアントニー・ホーア氏が謝罪しています。

# nullを返さない、渡さない

null例外によるトラブルやnullチェックを避けるために、そもそもnullを取り扱わない設計にすることが大事です。具体的には次を満たす設計にします。

- nullを返さない
- nullを渡さない

nullを返さない設計とは、メソッドの戻り値としてnullをreturnしないことです。nullを渡さない設計とは、nullを変数に代入しないことです。

防具の例では、装備していない状態をnullとして表現していました。nullではなく、Equipment型のstatic finalなインスタンス変数EMPTYにします。

**リスト9.11** 「装備なし」をnullでない方法で表現

```
class Equipment {
  static final Equipment EMPTY = new Equipment("装備なし", 0, 0, 0←
);

  final String name;
  final int price;
  final int defence;
  final int magicDefence;

  Equipment(final String name, final int price, final int defence ,←
final int magicDefence) {
    if(name.isEmpty()) {
      throw new IllegalArgumentException("無効な名前");
    }

    this.name = name;
    this.price = price;
    this.defence = defence;
    this.magicDefence = magicDefence;
  }
}
```

防具を外す場合、EMPTYを代入します。

**リスト9.12** EMPTY、つまり「装備なし」も立派な状態

```
// すべての防具を外す
void takeOffAllEquipments() {
  head = Equipment.EMPTY;
  body = Equipment.EMPTY;
  arm = Equipment.EMPTY;
```

```
}
```

図9.2 nullを使わない状態設計

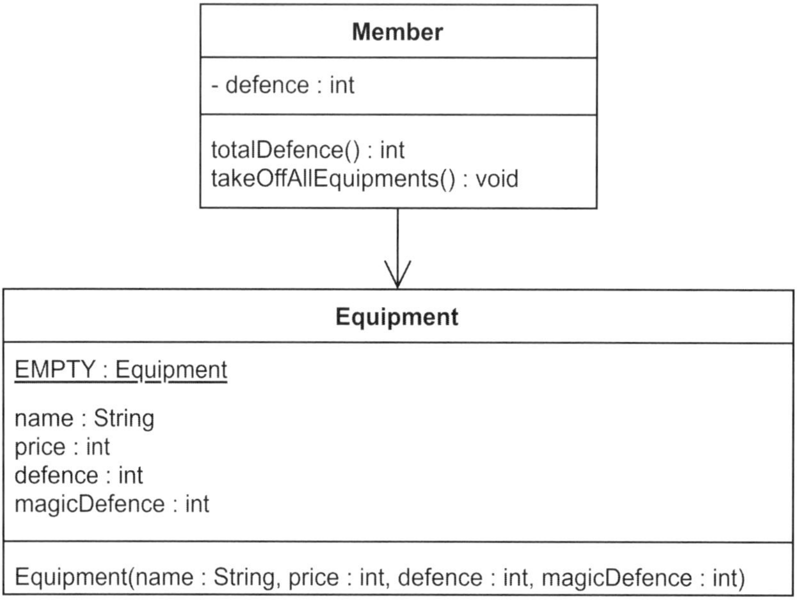

| **Member** |
|---|
| - defence : int |
| totalDefence() : int<br>takeOffAllEquipments() : void |

| **Equipment** |
|---|
| EMPTY : Equipment |
| name : String<br>price : int<br>defence : int<br>magicDefence : int |
| Equipment(name : String, price : int, defence : int, magicDefence : int) |

このように、装備なし状態も含めてhead、body、armに常にインスタンスが存在するようにしておけば、null例外で落ちる心配がなくなります。nullチェックも不要です。

9.6.2
## null安全

**null安全**とは、nullが原因のエラーを発生させないしくみです。一部のプログラミング言語には、null安全の仕様を持つものがあります。

null安全を実現する機能のひとつに、**null非許容型**があります。null非許容型とは、nullを保持できない型です。Kotlinは、デフォルトではnull非許容です。nullを代入するコードはコンパイルエラーになります（リスト9.13）。

リスト 9.13 Kotlin では null 非許容がデフォルト
```
val name: String = null  // コンパイルエラーになる
```

null安全の機能があるなら、積極的に利用していきましょう。

# 9.7
# 例外の握り潰し

リスト 9.14 に示すのは、EC サイトにおいて商品を予約するコードです。

 リスト 9.14 例外を catch して何もしていない
```
try {
  reservations.add(product);
}
catch (Exception e) {
}
```

addメソッドは予約リストへの商品追加において、なんらかの原因で予約が失敗したときに例外をスローする仕様です。しかし、このコードではtry-catchで例外をキャッチしても、なんの処理もしていません。これは**例外の握り潰し**と呼ばれる、極めて邪悪なロジックです。

---
9.7.1
## 原因分析困難に陥り開発者を疲弊させる

例外を握り潰すことの問題は、エラーが起こっても、外から検知するすべがなくなってしまうことです。

内部的にはデータが壊れるなど、不正状態に陥っているものの、外からはなんの問題もなく動いているように見えてしまいます。壊れたデータにもとづき、さらに別の壊れたデータが連鎖的につくられてしまう可能性すらあります。

そうした不正は発生してすぐにではなく、しばらくしたのち、サービスの利用者によって発見・報告されることが多いです。この予約の例なら「予約リストが変だ」「予約取り扱いできない商品の予約依頼が来ている」といった報告かもしれません。

インシデント報告があってから開発側で原因調査することになります。例外を握り潰しているせいで、いつ、どのタイミングで、なんのコードが原因で不正状

態になったのかわかりません。データベースのレコードや各種ログ、関連しそうなコードを、目を皿のようにして追っていかなければならなくなります。開発者の時間と体力を著しく浪費させることになりかねません。

---

### 9.7.2
## 問題検出時にけたたましく叫ばせる

こうした恐ろしい事態を避けるためにも、不正状態に対して寛容になるべきではありません。状態が不正なまま通常処理を続行するのは、爆弾の導火線に火がついているのも知らずに、爆弾を持ってウロウロ歩き回るのと同じことです。導火線の火に即座に気がつき、消しとめなければならないのです。

異常にはすぐに気づけるしくみにしましょう。例外をキャッチしたときには、通知や記録、場合によってはリカバリ処理を実行します。

エラーをどう設計するかについてはユースケースや発生リスクに応じて多岐にわたるため、本書では詳しく扱いません。

商品予約の例では、catch句のスコープに、少なくともログへの記録や、上位レイヤーのクラスに対してエラー通知を要求するロジックを実装します。

**◉ リスト9.15** 確実にエラー検知できるようにする

```
try {
  reservations.add(product);
}
catch (IllegalArgumentException e) {
  // エラー報告し、ログへ記録する
  reportError(e);
  // 上位レイヤーに対しエラー通知を要求する
  requestNotifyError("予約できない商品です");
}
```

3.2.1で説明したガード節付きコンストラクタも不正を許さない設計です。コンストラクタに不正なデータが渡された段階で例外がスローされ、不正データを持ったインスタンスが存在できないしくみです。問題検出時にけたたましく叫ぶ上、不正に対し頑強な構造です。

# 9.8

## 設計秩序を破壊するメタプログラミング

　プログラム実行時に、そのプログラム構造自体を制御するプログラミングをメタプログラミングと呼びます。メタプログラミング技術のひとつとして、Javaではクラス構造を読み書きできる機構、リフレクションが用意されています。

　メタプログラミングは、通常のプログラミングではできないアクセスを可能にするなど裏技的なことができ、一部では黒魔術などと呼ばれています。しかし、用法や意図を理解せず使うと、設計が台なしになってしまう危険性があります。

### 9.8.1
### リフレクションによるクラス構造および値の変更

　リスト 9.16 に示すのは、ゲームにおいてメンバーのレベルを表現する値オブジェクト、Levelクラスです。

**リスト 9.16** メンバーのレベルを表現するクラス

```java
class Level {
  private static final int MIN = 1;
  private static final int MAX = 99;
  final int value;

  private Level(final int value) {
    if (value < MIN || MAX < value) {
      throw new IllegalArgumentException();
    }
    this.value = value;
  }

  // 初期レベルを返す
  static Level initialize() {
    return new Level(MIN);
  }

  // レベルアップする
  Level increase() {
    if (value < MAX) return new Level(value + 1);
    return this;
  }
  // 省略
```

　このクラスのインスタンス変数valueはfinal修飾子が付与され、後から変更

できないロジックです。また、レベルは1〜99の範囲で有効であることが、定数
MIN、MAXで定められ、ガード節で無効値を弾くロジックです。increaseメソッ
ドにより、レベルは1ずつ上昇するしくみです。不正なレベル値が入り込むスキ
がありません。

ところが、リスト9.17のコードを実行すると、期待した動作を満たしません。

**✗ リスト9.17** リフレクションを用いた値の書き換え

```
Level level = Level.initialize();
System.out.println("Level : " + level.value);

Field field = Level.class.getDeclaredField("value");
field.setAccessible(true);
field.setInt(level, 999);

System.out.println("Level : " + level.value);
```

**リスト9.18** 不正な値に書き換わってしまう

```
Level : 1
Level : 999
```

なんと不変なはずのインスタンス変数valueの値が書き換わっています。し
かも不正な999になっています。

リフレクションを使うと、finalで不変にした変数を可変にしたり、privateイン
スタンス変数を外部から変更したりできてしまいます。やり方によっては定数で
あるMINやMAXも書き換え可能です。

リフレクションを濫用すると、本書で紹介している不正状態から防護する設計
や、影響範囲を閉じ込める設計がまったく意味をなさなくなってしまいます。家
の防犯をしっかり施したのに、勝手に裏口を開けられてしまうようなものです。

---

9.8.2
## 型の強みを活かせなくなるハードコード

Javaに代表される静的型付け言語は、静的解析により正確にコード分析可能な
のが強みです。しかし、メタプログラミングはそうした型の強みを打ち消してし
まいます。

たとえばリスト9.19のようなUserクラスがあるとします。

リスト 9.19 User クラス

```
package customer;

class User {
  // 省略
}
```

　クラスのインスタンス生成には、普通はnewキーワードを用いますが、リフレクションを使うとメタ情報からインスタンスを生成できます。

　リスト 9.20に示すgenerateInstanceメソッドは、パッケージ名とクラス名を文字列で与えると、そのクラスのインスタンスを生成して返します。

リスト 9.20 メタ情報からインスタンスを生成

```
/**
 * クラス名を指定してインスタンス生成する
 * @param packageName パッケージ名
 * @param className インスタンス生成したいクラス名
 * @return 指定したクラスのインスタンス
 */
static Object generateInstance(String packageName, String className←
) throws Exception {
  String fillName = packageName + "." + className;
  Class klass = Class.forName(fillName);
  Constructor constructor = klass.getDeclaredConstructor();
  return constructor.newInstance();
}
```

　リスト 9.21のようにパッケージ名とクラス名を文字列として渡すことでUserクラスのインスタンスを生成します。

リスト 9.21 メタ情報からUserクラスのインスタンスを生成

```
User user = (User)generateInstance("customer", "User");
```

　ところでIntelliJ IDEAなどのIDEには、クラスやメソッドなどの名前を一括で変更してくれる機能があります（14.4.1）。ここでUserクラスの名前をEmployerに変更するとします。IDEの名前変更機能を使うと、Userを参照している箇所を、すべて漏れなく正確に変更してくれます。

　しかし、リスト 9.21に名前変更機能を用いても、思ったように名前変更できません。名前変更機能でUser型はEmployer型に変更されますが、generateInstanceメソッドに渡される文字列"User"は書き換わりません。

**リスト 9.22** 文字列としての「User」まで書き換わらない

```
Employer user = (Employer)generateInstance("customer", "User");
```

このコードはコンパイルエラーにはなりませんが、実行時には該当するクラスが存在しないためエラーになります。

IDEの静的解析により、どのクラスがどこから参照されているのか正確に分析できます。このため、名前変更機能は参照しているすべての箇所を一括で変更できるのです。ところが単に文字列としてハードコードされた"User"は、User型に関係するものだとは認識されません。そのため名前変更の対象になりません[5]。

IDEの静的解析は、名前変更機能のほか、定義元へのジャンプや参照箇所の全検索など、開発の効率化や正確性向上に役立っています。メタプログラミングの濫用は、こういった開発上の利点を殺してしまうのです。

### 9.8.3
## デメリットを理解し用途を限定すること

メタプログラミングが使えると何か特別な能力を身につけたかのような気分になってしまうかもしれません。しかし、デメリットを理解しないとメンテナンスや変更が本当に困難になります。「黒魔術」とはよく言ったもので、失敗すると凶悪な悪魔を呼び寄せ、破滅してしまうのです。

システム解析用途に限定する、メタプログラミングの利用箇所を極めてスコープの狭い特定箇所に閉じるなど、リスクが生じない工夫が必要です。

## 9.9
# 技術駆動パッケージング

パッケージの区切り方、フォルダの分け方に注意しないと悪魔を呼び寄せる原因になりかねません。

図9.3は、ECサイトのフォルダ構成を表したものです。ここではわかりやす

---

[5]　ちなみに筆者はとあるプロダクトにおいて、クラス名の改善を試みようとIDEの名前変更機能を使いましたが、うまくいきませんでした。そのプロダクトでは、何十、何百にのぼる箇所でリフレクションによるインスタンス生成をしていたのです。正確に名前変更ができず、エラーが頻発したために断念せざるをえませんでした。

いように、ファイル名は日本語にしています。各ファイルはクラスと1:1であり、ファイル名とクラス名は同じものとします。

**図9.3** 設計パターンごとにフォルダ分け

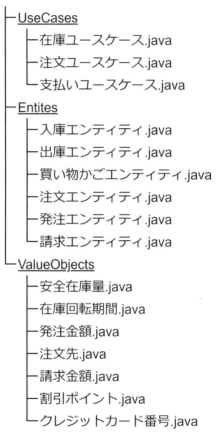

```
─UseCases
    ─在庫ユースケース.java
    ─注文ユースケース.java
    └支払いユースケース.java
─Entites
    ─入庫エンティティ.java
    ─出庫エンティティ.java
    ─買い物かごエンティティ.java
    ─注文エンティティ.java
    ─発注エンティティ.java
    └請求エンティティ.java
└ValueObjects
    ─安全在庫量.java
    ─在庫回転期間.java
    ─発注金額.java
    ─注文先.java
    ─請求金額.java
    ─割引ポイント.java
    └クレジットカード番号.java
```

　設計パターンには本書で取り上げた値オブジェクトのほか、ユースケースを表現したユースケースパターン（Use Case）や、一意性を責務とするエンティティパターン（Entity）があります。このフォルダ構成は、設計パターンごとにファイル分類したものです。

　さてこれらのファイルは、どれがどれに強く関係し合うでしょうか？

　たとえば注文先は、注文ユースケースなど注文関連であることがわかります

ね。では発注金額はどうでしょうか。一見注文に関係がありそうですが、そうではなく実は在庫ユースケースで用いられるものです。名前的にわかりにくく、何かの拍子にうっかり注文関係で発注金額が使われてしまう可能性があります。当然バグ化する可能性が高まります。

また、安全在庫量や在庫回転期間は在庫関連でしか用いられません。しかし、何かの仕様を満たすために、在庫以外の用途で無理に安全在庫量が使われたりすると、本来の用途以外のものと結び付いてロジックが非常に混乱してしまいます。

このフォルダ構成では、さまざまな混乱が生じてしまいます。どういう観点で分けるべきでしょうか。

実はこれらのファイルは、大きく種類分けすると在庫、注文、支払いに大別されます。しかし、設計パターンでフォルダ分けしているために、どれがどの種類に関連があるのか見分けが難しくなっています。このように設計パターンなど、構造的に似ているものどうしでフォルダ分け、パッケージ分けするのを**技術駆動パッケージング**と呼びます。

Railsなど、多くのWebフレームワークはMVCアーキテクチャを採用しています。MVCとは、Model、View、Controllerの3層に分けたアーキテクチャ構造です[6]。デフォルトのフォルダ構成が、models、views、controllersとなっているフレームワークが多いです。こうしたフレームワークは技術駆動パッケージングと言えます。フレームワークの標準構造が技術駆動パッケージングであるためか、それをお手本に内部のさまざまなフォルダ構造も技術駆動パッケージングになりがちです。

この例で示した買い物かごエンティティや安全在庫量など、ビジネス概念を表すクラスを、ビジネスクラスと呼びます。ビジネスクラスを技術駆動パッケージングでフォルダ分けすると、本来強く関係し合うファイルどうしがバラバラになり混乱します。ファイル単位で低凝集になってしまうのです。

ビジネスクラスは図9.4のように、ビジネス概念として強く関係し合うものどうしが一緒になるようフォルダ分けしましょう。

---

[6] MVCのように、役割ごとの層（レイヤー）で分割するアーキテクチャをレイヤードアーキテクチャと呼びます。レイヤードアーキテクチャには、MVCのほかにはMVVMなどがあります。

**図9.4** ビジネス概念の種類ごとにフォルダ分け

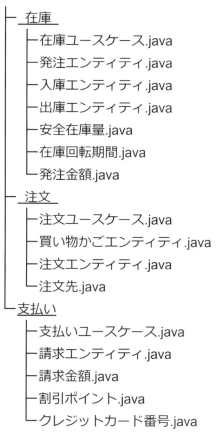

```
├ 在庫
│  ├ 在庫ユースケース.java
│  ├ 発注エンティティ.java
│  ├ 入庫エンティティ.java
│  ├ 出庫エンティティ.java
│  ├ 安全在庫量.java
│  ├ 在庫回転期間.java
│  └ 発注金額.java
├ 注文
│  ├ 注文ユースケース.java
│  ├ 買い物かごエンティティ.java
│  ├ 注文エンティティ.java
│  └ 注文先.java
└ 支払い
   ├ 支払いユースケース.java
   ├ 請求エンティティ.java
   ├ 請求金額.java
   ├ 割引ポイント.java
   └ クレジットカード番号.java
```

　こうすることで、在庫ユースケースでしか使われない安全在庫量クラスを package private にでき、注文や支払いなど無関係なユースケースから参照される危険性（8.2.3参照）がなくなります。

　同じ分類どうしでまとまっているので、たとえば支払い関係に仕様変更が生じた場合、支払いフォルダ内のファイルを読みに行けば良くなります。関連ファイルをあちこち探し回る手間が低減します。

## 9.10
## サンプルコードのコピペ

ネット上にはさまざまなプログラミング言語やフレームワークの公式サイトがあります。各サイトには言語仕様やライブラリのドキュメントがあり、多くがサンプルコード付きで説明されています。また、技術コミュニティサイトやQ&Aサイト、エンジニア個人のブログ等でも、サンプルコード付きで数多く技術解説がなされています。

注意してほしいのは、サンプルコードをそのままなぞって実装（サンプルコードをコピペ）すると、設計上良くない構造になりがちだという点です。

サンプルコードはあくまで言語仕様やライブラリの機能性を説明するために書かれたものです。保守性や変更容易性（15.1参照）まで考えて書かれたものではありません。「サンプルコードがこうだったから」と鵜呑みにして実装すると、あっという間に粗悪なロジックができあがり、悪魔を呼び寄せてしまいます[*7]。

サンプルコードとは離れて、あるべきクラス構造を設計しましょう。

## 9.11
## 銀の弾丸

新しい技術や手法を知ると、つい使ってみたくなるものです。すばらしい手法は、開発現場のあらゆる問題を解決してくれそうなほど魅力的に見えることがあります。

しかし、現実の仕事で発生する問題は、特定の手法だけで解決可能なほど単純なものはありません。ほとんどは複雑性の高い問題ばかりです。そうした状況でやみくもに、なんでもかんでも「自分が知っている便利な手法」を使うとどうなるでしょうか。課題解決に対して貢献しないどころか、逆に問題を深刻化してしまうケースすらあります。

ソフトウェア設計には、「GoFのデザインパターン」と呼ばれる、有名な設計

---

[*7]　筆者の知人の話では、ネット上に落ちているサンプルコードのコピペだけで製品を動かしてしまう「コピペ職人」なるプログラマがいるそうです。当然設計品質は期待できないでしょう。「コピペ職人」とはいかないまでも、筆者の観測範囲でもサンプルコードをコピペしているプログラマが一部にいました。意外に根深い問題なのかもしれません。

パターン集があります。筆者は、GoFデザインパターンの一部が無理矢理適用された、機能拡張困難なソースコードに遭遇したことがあります。覚えたてのデザインパターンをつい使いたくなったのか、前任者の思惑はわかりませんが、改修担当となった筆者は機能拡張のために苦労して再設計することになりました。

西洋では、狼男や悪魔は銀の弾丸で撃退できるとされています。やっかいな問題を撃退可能な、特効薬的な表現ですが、ソフトウェア開発には銀の弾丸はありません[*8]。

本書記載の手法は、仕様変更に伴う労苦の低減を目的としたものです。このため、実験的に開発したプロトタイプや寿命間近で仕様変更が伴わないソフトウェアに対しては効果を発揮しません。逆に設計コストが高くついてしまいます。

大事なのは、どんな課題があるか、ある手法がその課題解決に効果的か、コスト的に問題にならないかを評価して判断する姿勢です。課題と目的を意識して技術選択できるようになりましょう。

設計にbestはありません。常にbetterを目指しましょう。

---

[*8] 類似した考え方に、「マズローのハンマー」と呼ばれる心理バイアスがあります。「金槌を持っていると、何でも釘であるかのように取り扱ってしまう」というバイアスです。

# 第 10 章

# 名前設計
## ―あるべき構造を見破る名前―

　適切な責務を考え、密結合を防止するには、クラスやメソッドへの名付け、すなわち命名も重要なポイントです。名前をないがしろにすると、責務が入り乱れて密結合になったり、巨大化して神クラスになったりします。

　本章では、名前をないがしろにしたときどんな悪魔が生まれてしまうか、悪魔退治のためにはどんな命名をすればいいのか、悪魔に打ち克つための名前設計の方法を解説します。

**図10.1** 名前をどう付けるか、本来は一大事だ

　本章全体に共通する考え方の基本は、**目的駆動名前設計**です[*1]。ソフトウェアで達成したい目的をベースに名前を設計（命名）します。

**表10.1** ソフトウェアで達成したい目的の例

| ソフトウェア | 目的の例 |
| --- | --- |
| ECサイト | キャンペーンセールで顧客の購買意欲を喚起したい、まとめ買いを励行させて配送料低減を実現したい |
| ゲーム | 武器の強化やカスタマイズを楽しんでほしい、罠による対戦駆け引きを楽しんでほしい |
| 社内向けライブラリ | 自部門の開発生産性を高めたい、複数の製品ラインナップを同じ方法で制御できるようにして開発を楽に進めたい |

---

[*1]　目的駆動名前設計は筆者が考えた造語です。

目的駆動名前設計は、名前から目的や意図が読み取れることを特徴とします。そして名前「設計」と冠しているとおり、これまで紹介したオブジェクト指向設計や単一責任原則を守る設計のように、問題解決を意図したつくりにします。

なお、顧客向けのプロダクト開発においては、「会社の事業的にどういう目的を達成したいのか」というビジネス目的を考えることになるので、本書ではビジネス目的を中心に話を進めます。

# 10.1
## 悪魔を呼び寄せる名前

まずは、名前設計が不十分なために悪魔を呼び寄せてしまうケースを取り上げます。たとえばECサイトでの商品です。ありがちなのは、商品をそのまま「商品クラス」と設計してしまうこと。

**図10.2** 巨大な商品クラス

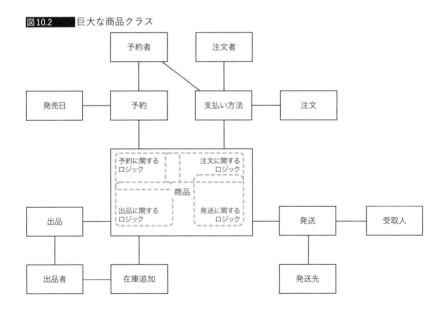

ECサイトは商品を中心に成り立っています。出品、予約、注文、発送など、商品を取り扱うユースケースがたくさんあります。したがって、単純な商品クラス

は、往々にしてさまざまなユースケースのクラスと関係してしまいがちです。商品クラス自体も、結び付いたクラスに関係するロジックを持ちはじめ、どんどん巨大化複雑化していきます。密結合状態です。

こうして巨大化した商品クラスに対し仕様変更が発生した場合どうなるでしょうか？変更影響により動作にバグが生じないか、商品クラスに関連のあるクラスすべてをチェックしなければならなくなることがよくあります。影響範囲が広すぎるために、開発生産性が低下します。

**図10.3** 広すぎる影響範囲

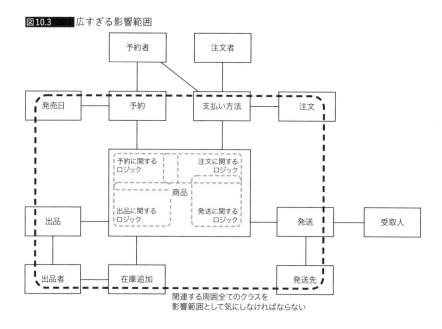

関連する周囲全てのクラスを
影響範囲として気にしなければならない

10.1.1
## 関心の分離

商品クラスはなぜこんな状態になっているのでしょうか？

よく見てみましょう。商品の周囲には、予約、注文、発送などさまざまな関心事が取り巻いています。そして商品クラスはさまざまな関心事と結び付き、結び付いた関心事のロジックを持ってしまっています。すなわち密結合になっているのです。

**図10.4** 関心事ごとに分離し、隔離する

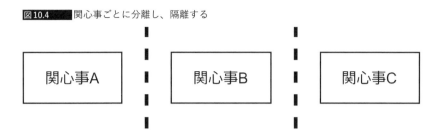

密結合を解消し、疎結合高凝集にするためには**関心の分離**が重要です。関心の分離とは「関心事、つまりユースケースや目的、役割ごとに分離する」というソフトウェア工学における考え方です。

つまり商品クラスは**関心事それぞれのクラスへの分割が必要**、と考えられます。以下のように関心事それぞれに商品クラスを分割してみます（図10.5）。

**図10.5** 関心事ごとに分割してみる

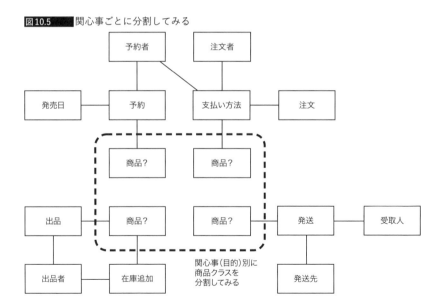

## 10.1.2
# 関心事にふさわしい命名

分割はしてみましたが、すべてのクラスに「商品」と命名はできません。名前が重複します。いったいどうすればいいのでしょうか。違う名前で呼べないか検討してみます。

たとえば注文目的の商品を何と呼べるでしょうか？「注文品」と呼ぶのはどうでしょう。同じ要領で、予約では予約品、発送では発送品と呼び替えてみました。

図10.6　　　よりふさわしい名前に変えてみる

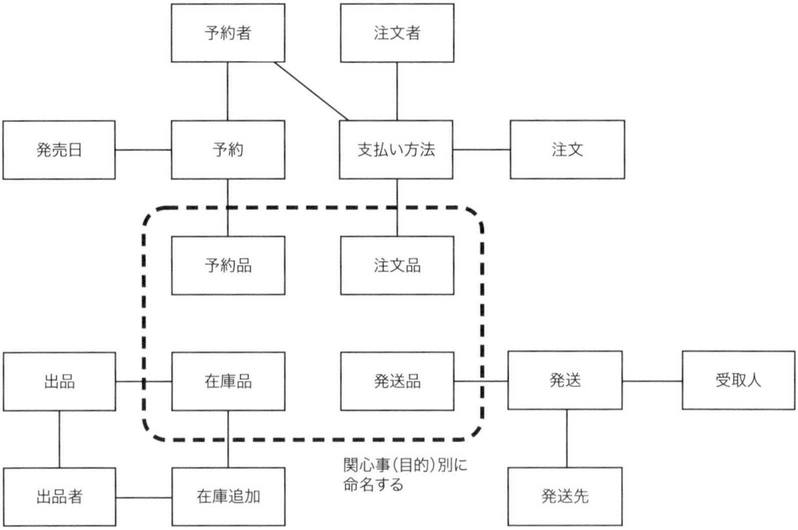

**関心事にふさわしい命名**ができました。

あとは分離したクラスそれぞれに、各関心事にふさわしいロジックをカプセル化すれば良いでしょう。たとえば注文品クラスならば、商品注文に関するロジックだけを内部にカプセル化すれば良いです[*2]。

こうすることで、関心の分離により疎結合高凝集が果たされます。

関心事それぞれでクラスを疎結合高凝集にしておけば、たとえば注文に関して

---

[*2]　在庫品、予約品、注文品、発送品が同じ商品か（一意性の担保）については、同じユニークIDを使うことで解決します。

仕様変更が生じた場合、注文関連のクラスだけに注意を払えばよくなります。**影響範囲が低減**し、開発生産性が向上します。

**図10.7** 仕様変更時の影響範囲が小さくなる

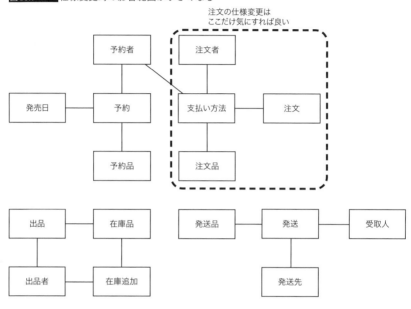

### 10.1.3
# 大雑把で意味が不明瞭な名前

開発初期に決めた名前は、大雑把であることが多いです。大雑把だと何がマズいのでしょう？開発現場では下記のようなことが非常に多く見受けられます。

社員A「今度の仕様変更で、開発中のECサイトに予約機能が追加される。予約のロジック追加が商品周りでも必要だと思うけど、どこに実装しよう？」

社員B「商品クラスがすでにあるじゃないか。商品クラスに実装しちまえよ」

「商品」という名が大雑把すぎて、商品に関するあらゆるロジックが実装できそうに見えてしまいます。大雑把で意味がガバガバな名前は、あらゆるロジックを引きつけてしまう、強力な心理的引力が働きます。

図10.8 「商品」は意味がとても広い！

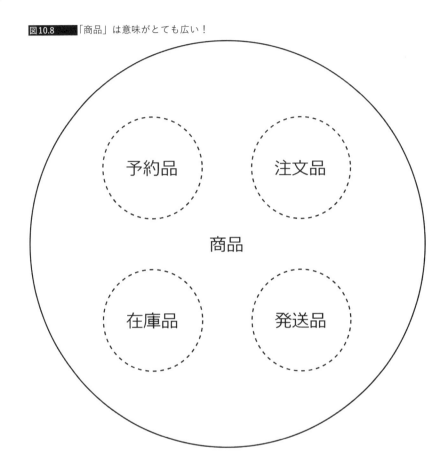

「商品」の意味範囲

　「商品」は販売目的を体現していそうな名前に見えますが、予約、注文、発送といったさまざまな目的に使われやすい、いい加減な名前であることがわかります。陥りがちな罠です。

　こうした目的不明なクラスを**目的不明オブジェクト**と筆者は呼称します。目的不明オブジェクトは、あっという間に巨大化してしまいます。

　こうした事態に陥らないよう、関心の分離を意識した名前を設計します。関心

の分離には、ビジネス目的を名前として表現することがポイントになります。

# 10.2
## 名前を設計する―目的駆動名前設計

筆者はクラスやメソッドに名付けることを、「命名」ではなく、「**名前設計**」と好んで呼称します。ここでの設計は「ある課題を解決するためのしくみや構造を、考えたり、つくり上げたりすること」と定義します。

**プログラミングにおける名前の役割は、可読性を高めることだけではない**と考えます[*3]。

関心の分離を意識し、ビジネス目的に沿った名前を付与することは、疎結合高凝集を実現する上で重要です。設計上大きな意味があるため、「**名前を設計する**」といいます。

目的駆動名前設計は、目的をベースに名前を設計します。ソフトウェアで達成したい目的や意図を、名前から読み取れるようにします。

重要なポイントをまとめます。

- 可能な限り具体的で、意味範囲が狭い、特化した名前を選ぶ
- 存在ベースではなく、目的ベースで名前を考える
- どんな関心事があるか分析する
- 声に出して話してみる
- 利用規約を読んでみる
- 違う名前に置き換えられないか検討する
- 疎結合高凝集になっているか点検する

順番に説明していきます。

### 10.2.1
## 可能な限り具体的で、意味範囲が狭い、目的に特化した名前を選ぶ

目的駆動名前設計で最も重要なポイントです。

---

[*3]　書籍『リーダブルコード』(17.1.2) などは可読性に強く注目しています。

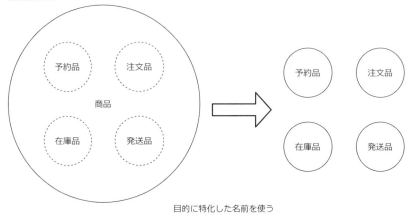

図10.9 目的特化の、より意味の狭い名前を選択

目的に特化した名前を使う

　特定の目的[*4]の達成に特化した、極めて意味範囲の狭い名前をクラスに付与します。

　そして顧客向けプロダクト開発における目的は、「会社の事業的にどういう目的を達成したいのか」というビジネス目的となります。

　ビジネス目的に特化することで、以下の効果が生まれます。

- 名前とは無関係なロジックを排除しやすくなる。
- クラスが小さくなる。
- 関係するクラスの個数が少なくなる。結合度（15.5.4参照）が低減する。
- 関係クラス個数が少ないので、仕様変更時に考慮を要する影響範囲が小さく済む。
- 目的に特化した名前なので、どこを変更すれば良いかすぐ探し出せる。
- 開発生産性が向上する。

10.2.2
## 存在ベースではなく、目的ベースで名前を考える

ビジネス目的に特化した名前とはどんなものなのか、具体的に解説します。

---

[*4]　ここでの目的とは、ソフトウェアで達成したい目的を指します（表10.1）。

　まずは、目的に特化してないケースを考えてみます。たとえば「人」や「ユーザー」といった、人物がただ存在しているだけのような、存在ベースの名前を考えてみます。こうした名前をECサイトのロジックに利用したらどうなるでしょうか。ECサイトの利用者は、個人以外に法人である可能性もあります。「ユーザー」が個人と法人両方の意味を持ち、ロジックが混乱する可能性があります（弊害については第13章のモデリングを参照）。

　単純に存在を示すだけの名前は、意味が多重になりがちで、目的不明オブジェクトになります。ロジックレベルで混乱をきたします。

　したがって、具体的な目的が明確にわかるような、目的ベースの名前にします。たとえば表10.2になります。

**表10.2**　目的ベースで考えた命名の例

| 存在ベース | 目的ベース |
| --- | --- |
| 住所 | 配送元、配送先、勤務先、本籍地 |
| 金額 | 請求金額、消費税額、延滞保証料、キャンペーン割引料金 |
| ユーザー | アカウント、個人プロフィール、職務経歴 |
| ユーザー名 | アカウント名、表示名、本名、法人名 |
| 商品 | 入庫品、予約品、注文品、配送品 |

　ECサイトでの住所を利用する目的は、商品の配送です。したがって、単に「住所」といった無味乾燥な存在ベースの名前ではなく、「配送元」「配送先」と目的特化の名前にすると混乱を防げます。

　「金額」は単に存在ベースであり、どうとでも解釈可能です。目的特化にすると、「請求金額」「消費税額」「延滞保証料」「キャンペーン割引料金」などが考えられます。

　「ユーザー名」にしても、「アカウント名」「表示名」「本名」などのように、目的に応じた命名が考えられます。

---
10.2.3
## どんなビジネス目的があるか分析する

　ビジネス目的に特化した命名をするには、どんなビジネス目的があるか網羅する必要があります。そのために、ソフトウェアが対象とする目的や事柄を分析す

る必要があります。

たとえばECサイトでは出品、注文、発送、キャンペーン。ゲームでは武器、モンスター、アイテム、タイアップイベント。SNSではメッセージ、フォロー、タイムラインなどがあります。ソフトウェアによって取り扱う目的や事柄が違います。

登場人物や事柄を列挙したり、関係性を整理したり、分析してみましょう。

チームで集まって、ホワイトボードや模造紙に書いてみるのが良いでしょう。ふせんを使えば、関係し合うものをグルーピングするなど、考えの整理がよりはかどるでしょう。

10.2.4

## 声に出して話してみる

人が脳内で考えていることは意外なほどぼんやりしていてハッキリしないものです。

先述の分析活動には、陥りがちな罠があります。名前がたくさん書き出されても、慣れていないと名前の背後にあるビジネス目的まで書き出されることがなかなかありません。

名前も大事ですが、どんな目的を達成したいのか、どう使われるか、何と関係するか、その理由など、背景と意図の認識が整理され、チームと一致していることが重要です。

目的や意図の認識がお互いに違っていると、名前が十分にブラッシュアップされません。この課題の解決には、やはり声に出して話してみることが重要です。

ビジネス面のことをよく知っている人と話し合ってみましょう。目的や意図の認識に違和感がある場合は会話中すぐフィードバックをもらえます。より正確で具体的なビジネス目的や、目的に沿った名前を引き出せることがあります。つまり、会話それ自体がリアルタイム分析行為になるのです。

**ラバーダッキング**と呼ばれるデバッグ手法があります。これはプログラミングで何か問題が発生したときに、それを誰かに説明すると自ら原因に気づき、自己解決する手法です。ラバーダッキングの観点からも、声に出して話すのは分析行為として理に適っているのです。

積極的に話し合い、会話の中に特化した名前がないか注意深く耳をそばだてましょう。そして名前や関心事を集めていきましょう。

この声に出して話す分析活動は、書籍『ドメイン駆動設計』(17.1.11) の**ユビキ**

**タス言語**を由来としています。ユビキタス言語とは、チーム全体で意図を共有するための言葉です。同じ意図の名前を、会話、ドキュメント、クラス名やメソッド名で共通して使うことで、意図の減衰を防止し、設計のいびつさを解消するのに役立ちます。チームでユビキタス言語をつくるとき、会話し続け、継続的にブラッシュアップすることの重要さをドメイン駆動設計では説いています。

10.2.5
### 利用規約を読んでみる

　利用規約には、サービスの取り扱いやルールが極めて厳密な言い回しで書かれており、特化した名前の参考になります。以下は、架空のフリーマーケットサービスにおける利用規約の一部です。

> **購入者**が商品購入手続きを完了した時点をもって、**売買契約**が**締結**されたものとします。
> 売買契約が締結した場合、**出品者**は当社に**サービス利用料**を支払うものとします。
> サービス利用料は、売買契約が締結した時点の商品の**販売価格**に、**販売手数料率**を乗じた金額となります。

「購入者」「出品者」「売買契約」など、厳密な名前がいろいろありますね。

　これらを参考にすると、利用者を表すクラスは単に「ユーザー」クラスではなく「購入者」クラスや「出品者」クラスに分けることができます。

　商品購入は「売買契約」クラス、および「締結」メソッドとして表現できそうです。

　金額関係では、単に「料金」と命名された変数として実装されがちですが、利用規約を参考に「サービス利用料」クラスや「販売手数料率」クラスとして表現できるでしょう。たとえば「サービス利用料」クラスは、リスト 10.1 に示す値オブジェクトとして設計できます。

 リスト 10.1　サービス利用料クラス

```
/** サービス利用料 */
class ServiceUsageFee {
  final int amount;

  /**
```

```
 * @param amount 料金金額
 */
private ServiceUsageFee(final int amount) {
  if (amount < 0) {
    throw new IllegalArgumentException("金額には0以上を指定してく←
ださい。");
  }
  this.amount = amount;
}


/**
 * サービス利用料を確定する。
 *
 * @param salesPrice          販売価格
 * @param salesCommissionRate 販売手数料率
 * @return サービス利用料
 */
static ServiceUsageFee determine(final SalesPrice salesPrice, ←
final SalesCommissionRate salesCommissionRate) {
  int amount = (int)(salesPrice.amount * salesCommissionRate.←
value);
  return new ServiceUsageFee(amount);
}
}
```

determineメソッドは、利用規約上のサービス利用料の定義と合致しますね。このServiceUsageFee.determineメソッドを、売買契約クラスの締結メソッドから呼び出す実装にすれば、「売買契約締結時にサービス利用料が決まる」規約と合致します。利用規約と実際のロジックに一貫性が生まれます。

そのほか、販売手数料率が変動する仕様である場合は、販売手数料率を表現するSalesCommissionRateクラスに変動ロジックを実装すると良いでしょう。

サービス利用料が改定される場合はServiceUsageFeeクラスを変更すればよいですし、販売手数料率が改定される場合はSalesCommissionRateクラスを変更すればよくなります。ビジネスルールとクラスが一致しているおかげで、正確にすばやく変更できます。

---
### 10.2.6
## 違う名前に置き換えられないか検討する

せっかく選んだ名前の意味範囲が十分に小さくなかったり、複数の意味を持ったりしてしまっている可能性が多々あります。違う名前に置き換えてみて、意味をもっと狭くできないか、違和感がないかなど検討してみましょう。

たとえばホテルの宿泊予約システムを考えてみます。

　システム利用者には保守点検者もいるため、「ユーザー」と呼ぶのは意味が広すぎます。まず「顧客」と命名してみます。しかし、これで良いのでしょうか。

　宿泊する人と、宿泊料金を支払う人が同じとは限らないケースがあります。出張で宿泊料金を会社に請求するケースや、両親に旅行をプレゼントしたいケースが該当します。

　「顧客」では、宿泊客と支払う人が異なるケースの対応が難しくなるのは容易に想像がつきます。「顧客」に「宿泊する人」と「支払う人」の両方の意味が重なっているからです。

　この例では、「宿泊客」と「支払い者」に名前を置き換えるのが得策でしょう。また、違う名前を探すのには類語辞典が役立ちます。

---

10.2.7
## 疎結合高凝集になっているか点検する

　目的に特化した名前を選ぶと、目的以外のロジックを寄せ付けにくくします。目的だけのロジックが集まりやすくなり、高凝集になります。目的以外のロジックが混入しそうならば、名前を見直しましょう。

　また、ほかのクラスといくつ関連付けられているか個数を確認しましょう。先に挙げた商品クラスのように、何個も関連付けられているのは良くない兆候です。密結合の危険性があります。もっと狭い意味の、特化した名前を探してみましょう。複数の意味を持っているなら分解しましょう*5。関連個数が少なければ少ないほど影響範囲が低減します。

---

# 10.3
## 設計時の注意すべきリスク

　名前設計において注意すべき点がいくつかあります。

---

10.3.1
## 名前無頓着になるな

　目的駆動名前設計の考えは、「名前に注意を払い、名前とロジックを対応付け

---

*5　特化した名前を洗い出していくと、現実世界の物理的存在と名前は必ずしも 1:1 の関係にはならず、1:N の
　　関係になっていきます（第 13 章のモデリングを参照）。

ること」を前提としています。したがって、名前に無頓着だとすべてが瓦解します……。

　**チーム開発においては、命名が重要であり、名前とロジックが対応する前提であること、名前がプログラム構造を大きく左右すること**を、チーム内で約束しましょう。

10.3.2

## 仕様変更時の「意味範囲の変化」に警戒

　開発中の度重なる仕様変更に伴い、開発の文脈で言葉が意味するところはどんどん変化していくことがあります。そのため、名前設計には見直しが必要です。
　たとえば開発初期に顧客クラスがあり、そのクラスは「個人顧客」を表現したものだったとします。ところがその後の仕様変更により「法人顧客」も扱うようになり、法人に付いて回る登記番号や組織名が顧客クラスに紛れ込んでしまうような状況です。個人顧客なのか法人顧客なのか、顧客クラスの中でロジックが混乱してしまう、ということもありえるわけです。
　異なる意味が混入しそうな場合は名前が意味するところを見直したり、名前を変えたり、クラスを別々に分けるなどするのが肝要です。たとえば個人顧客クラスと法人顧客クラスを用意する、といった設計です。

10.3.3

## 会話には登場するのにコード上に登場しない名前に注意

　会話には登場するのにコード上には登場しない名前、というものには注意が必要です。図書館の貸出サービス開発を例に見ていきましょう。次のような会話が、サービス開発では頻繁に発生します。

社員A「さっきの議題に上がっていた『要注意会員』は、もう実装されてるんですか？」

社員B「うん、されてるよ」

社員A「え、どのクラスなんですか？」

社員B「Userクラスだよ」

社員A「Userクラスが『要注意会員』なんですか？」

社員B「いやいや、条件があって、インスタンス変数『貸出延滞回数』か『図書汚損回数』が一定値を超えているUserクラスが『要注意会員』なんだよ」

社員A「えー、でもソースコードのどこにも『要注意会員』なんて書いてないじゃないですか」

社員B「……、まあ……確かにそうではあるんだけど……」

　**会話に登場する重要な概念が、ソースコード上で名前も付けられず、雑多なロジックの中に埋没していることが本当に頻繁に見受けられます。**

　この例のように、詳しい人に聞かないと理解が難しくなります。詳しい人がチームから抜けてしまったら、困難さは一層増すことになります。

　また、こうした「名なしのロジック」はソースコードのあちこちに、無秩序に書き殴られる傾向にあります。なぜなら名前が付いていないと、メソッドとしても、クラスとしても設計されないからです。そして既存のソースコード内に、単に仕様通りに動作するようロジックがベタ書きされることになるのです。

　こうなってしまうと、たとえば要注意会員に関して仕様変更が発生したとき、どこからどこまでが要注意会員に関係するロジックなのか、多大な労力をかけて探し回らなければならなくなります。ソースコード上で名前が付いてないわけですから、その労苦は一層厳しいものになります。

　こうした地獄の苦しみから逃れるためには、会話に登場する名前にもっと神経質になる必要があります。そしてその名前を用いたメソッドやクラスを設計することが大事です。

10.3.4

## 形容詞で区別が必要なときはクラス化のチャンス

　違いの見分けが難しいコードを、**口頭でひたすら形容詞を付けて同僚に説明する状況**が、システム開発では頻繁に生じます。

　ゲーム開発を例に説明します。多くのRPGでは、最大ヒットポイントが設けられています。中には最大ヒットポイントの増加効果を持つ装備品もあります。この例では、アクセサリに最大ヒットポイントの増加効果が備わっている仕様で、リスト10.2のように実装されていたとします。

**リスト10.2** アクセサリの最大ヒットポイント増加効果を適用

```
int maxHitPoint = member.maxHitPoint + accessory.←
maxHitPointIncrements();
```

　その後仕様変更により、体防具にも最大ヒットポイントの増加効果を追加する

ことになりました。新入社員が実装担当になりました。新入社員は前述の実装を知らず、別の箇所にリスト10.3のように実装しました。

**リスト10.3** 体防具の最大ヒットポイント増加効果を適用

```
maxHitPoint = member.maxHitPoint + armor.maxHitPointIncrements();
```

ところが仕様通りに動作しません。新入社員は先輩社員に相談します。

新入社員「すみません、Memberクラスのメ maxHitPointが最大ヒットポイントなんですよね？」

先輩社員「そうだよ」

新入社員「Member.maxHitPointに体防具の最大ヒットポイント増加値を加算すると、上手く動かなくなるんです。アクセサリの最大ヒットポイント増加効果がなくなるようで……」

先輩社員「ああー……。Member.maxHitPointはね、アイテムによる増加効果が全く反映されてない、『もともとの』最大ヒットポイントなんだよ。アクセサリによる補正効果は、別の箇所で計算してるんだ。ほら、ここのロジックを見てごらん。ここで『補正された』最大ヒットポイントを計算してるんだよ」

新入社員「じゃあ僕の実装では、この処理の後に、『もともとの』最大ヒットポイントに体防具の効果を加算して、『補正された』最大ヒットポイントを計算し直してしまっていたんですね」

原因に気づいた新入社員は修正し、仕様通りの動作を確認します（リスト10.4）。

**リスト10.4** 最大ヒットポイントの加算処理を修正

```
int maxHitPoint = member.maxHitPoint + accessory.←
maxHitPointIncrements() + armor.maxHitPointIncrements();
```

新入社員はなぜこのような事態に陥ったのでしょうか。

Member.maxHitPointが最大ヒットポイントを示すことは把握していたようですが、それがどんな最大ヒットポイントなのか理解していませんでした。それに対して、先輩社員は「もともとの最大ヒットポイント」や「補正された最大ヒットポイント」といった形容詞を用いて、最大ヒットポイントの違いを口頭で説明していました。

ところが、最大ヒットポイントはmaxHitPointと表現されているだけで、「もともとの最大ヒットポイント」や「補正された最大ヒットポイント」がわかるような名前にはなっていません。

このように、意味の異なるものや、条件によって振る舞いが異なるものを、同じ名前・似たような名前で表現しているために違いの見分けが難しくなることがあります。

チームメンバーがしきりに「もともとの～」「補正された～」などと形容詞を使って違いを説明する、という状況が実際に頻繁にあります。

この例では詳しい人（先輩社員）がいたために違いがすぐにわかりましたが、詳しい人がチームから抜けてしまうと、周囲のロジックから違いを類推しなければならなくなります。条件が複雑だと一層困難になります。

こうした事態を防止するためには、あいまいな命名をせず、意味の違いがわかる命名が大事です。このゲームの例では少なくとも次のように命名すべきです。

- もともとの最大ヒットポイント：originalMaxHitPoint
- 補正された最大ヒットポイント：correctedMaxHitPoint

改善はそれだけにとどまりません。もともとの最大ヒットポイントや補正された最大ヒットポイントは、さまざまなユースケースでの利用が容易に想像できます。これらの最大ヒットポイントを単純なint型変数で実装していると、意味の違いが名前で正しく表現されているかいちいち注意しなければならないですし、関係性を表現する実装が五月雨式になる、いわゆる低凝集に陥ります。

形容詞を付けてまで違いを表したいものは、それぞれクラスとして設計しましょう。補正された最大ヒットポイントは、もともとの最大ヒットポイントや装備品により決定する関係性があります。この関係をクラスで構造化するのです（図 10.10）。

もともとの最大ヒットポイントを値オブジェクトとして設計します。

**リスト 10.5** もともとの最大ヒットポイントを表現するクラス

```
class OriginalMaxHitPoint {
  private static final int MIN = 10;
  private static final int MAX = 999;
  final int value;

  OriginalMaxHitPoint(final int value) {
    if (value < MIN || MAX < value) {
      throw new IllegalArgumentException();
    }
    this.value = value;
  }
}
```

　補正された最大ヒットポイントも値オブジェクトで設計します。コンストラクタの引数からわかるように、もともとの最大ヒットポイントや、各種防具により値が決まる構造になっています。

● リスト10.6　防具などにより補正された最大ヒットポイントを表現するクラス

```
class CorrectedMaxHitPoint {
  final int value;

  CorrectedMaxHitPoint(final OriginalMaxHitPoint ←
originalMaxHitPoint, final Accessory accessory, final Armor armor) ←
{
    value = originalMaxHitPoint.value + accessory.←
maxHitPointIncrements() + armor.maxHitPointIncrements();
  }
}
```

図10.10　形容詞で見分けが必要なものは別々のクラスとして設計

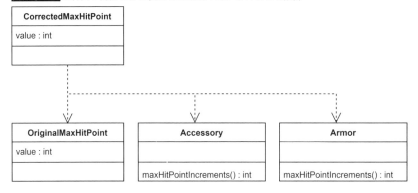

　このように意味の違うものそれぞれをクラスとして設計し構造化することで、各概念の関係性が理解しやすくなります。最大ヒットポイントの補正仕様が変更される場合、CorrectedMaxHitPointクラスを中心に見れば良くなります。
　違いのよくわからないロジックを同僚に尋ねる場合、形容詞に注意を傾けましょう。いくつか例を挙げます。

- 「このフラグが立っているときのUserは要注意会員」
- 「この行のpriceは新品価格で、次の行のpriceは中古価格」

- 「Ticketクラスは、年齢が60歳以上なら**シニア料金用**になって、さらに平日なら**平日のシニア料金用**に変わるんだ」

このように違いを形容詞で表現している場合、それぞれクラスとして設計できないか検討してみましょう。

# 10.4
# 意図がわからない名前

ここから先は、命名で頻繁に陥りがちなさまざまな悪しきケースと、その対策方法を紹介していきます。

まずは意図や目的がわからない名前です。たとえば次のようなコードです。

**✗ リスト10.7** tmpだらけで意味不明

```
int tmp3 = tmp1 - tmp2;
if (tmp3 < tmp4) {
  tmp3 = tmp4;
}
int tmp5 = tmp3 * tmp6;
return tmp5;
```

計算結果を一時的に格納するためのローカル変数に**tmp**などと名付けられる場合があります。

こうした名前では、何を目的としているのか意味が非常にわかりにくくなります。目的駆動名前設計の観点で考えると、関心の分離に貢献しません。責務が混乱し、密結合になります。

理解の難しさから、都度翻訳作業が必要になります。たとえば仕様変更の依頼があったとき、対応するメソッドや変数が何であるのか頭の中で翻訳作業が必要になります。また、チームに新しく参加したメンバーに対しての説明コストが増大します。翻訳の課題を解決するため、スプレッドシートで用語集や対応表を作成するケースがあります。しかし、この手の資料はメンテナンスがおろそかになりがちです。仕様変更に伴い意味が変わってきたり、説明が抜けたりします。翻訳の時間がかかるということは、当然開発速度の低下を意味します。

人間の注意力には限界があります。仕様とロジックを相互にいつでも正確に翻訳できるわけではありません。不注意により誤って解釈する可能性があります。

意図不明な名前は、解釈の誤りをさらに増大させます。誤った解釈にもとづいて実装されたロジックは、当然ですがバグとなります。

以下に、意図不明な名前に陥るケースを紹介していきます。

10.4.1

### 技術駆動命名

プログラマーは職業柄、プログラミング関連のことで頭がいっぱいです。すると、命名のしかたがプログラミング用語やコンピューター用語由来のものになってしまうことがあります。技術ベースでの命名を**技術駆動命名**と呼びます。

本書冒頭のリスト 1.1 では、型名を表す Int、メモリ制御を表す Memory や Flag など、プログラミング用語やコンピューター用語にもとづいた名前が用いられていました。MemoryStateManager や changeIntValue01 といった命名です。これらは典型的な技術駆動命名です。技術駆動命名では意図がわかりにくくなります。

表 10.3 は代表的なコンピューター技術用語、プログラミング技術用語の例です。これらはソフトウェアの実現手段であり、ビジネス目的を指し示す命名にはふさわしくないので注意が必要です。

**表10.3** 技術駆動命名の例

| 種類 | 例 |
| --- | --- |
| コンピューター技術由来 | memory, cache, thread, register など |
| プログラミング技術由来 | function, method, class, module など |
| 型名由来 | int, str(string), flag(boolean) など |

---

Column

### 技術駆動命名を用いる分野もある

組込み系など、ハードウェアに近いレイヤーのミドルウェアでは、メモリやプロセッサなど直接ハードウェアにアクセスするロジックが多々あります。そのため、技術駆動命名になるのはしかたがない側面があります。

それでも可能な限り目的や意図を伝えられるよう命名を心がけることが肝要です。

---

10.4.2

# ロジック構造をなぞった名前

リスト 10.8 はどんなメソッドでしょうか。

❌ **リスト 10.8** ロジック構造をなぞった名前

```
class Magic {
  boolean isMemberHpMoreThanZeroAndIsMemberCanActAndIsMemberMpMoreT←
hanMagicCostMp(Member member) {
    if (0 < member.hitPoint) {
      if (member.canAct()) {
        if (costMagicPoint <= member.magicPoint) {
          return true;
        }
      }
    }

    return false;
  }
```

実はこれは、ゲームにおいてメンバーが魔法を唱えられるかどうかを判定するロジックです。

- ヒットポイントが0より大きく生存していること
- 行動可能であること（canAct）
- 魔法力が残存していること

この3つの条件をすべて満たしている場合に魔法を唱えられると判定し、trueを返します。

ところがこのメソッドは isMemberHpMoreThanZeroAndIsMemberCanAct...と、ロジック構造をそのままなぞったような命名になっています。何を意図しているのかがメソッド名から伝わってきません。実現したい目的の理解が不十分だと、この手の名前になりがちです。

意図、目的がわかるよう命名しましょう。

⭕ **リスト 10.9** 意図や目的がわかる名前に改善

```
class Magic {
  boolean canChant(final Member member) {
    if (member.hitPoint <= 0) return false;
    if (!member.canAct()) return false;
    if (member.magicPoint < costMagicPoint) return false;
```

```
    return true;
  }
```

### 10.4.3
## 驚き最小の原則

次のコードを実行すると何が起こるでしょうか。

`リスト 10.10` 一見、商品数を返すだけのように見えるが……
```
int count = order.itemCount();
```

注文商品数を返してくれそうに見えますね。では itemCount メソッドの中身を見てみましょう。

❌ `リスト 10.11` メソッド名から類推できないことをやっている
```
class Order {
  private final OrderId id;
  private final Items items;
  private GiftPoint giftPoint;

  int itemCount() {
    int count = items.count();

    // 注文商品数が10個以上ならお買い物ギフトポイントを100追加す←
る。
    if (10 <= count) {
      giftPoint = giftPoint.add(new GiftPoint(100));
    }

    return count;
  }
```

なんと注文商品数を返す以外に、お買い物ギフトポイントの追加までやっています。itemCount メソッドを使う側は驚いてしまうでしょう。

**驚き最小の原則**と呼ばれる設計原則があります。使う側が想像したとおりに、予想外な驚きが最小になるように設計する考え方です。予想通りにストレスなく利用できるよう、ロジックと名前を対応付ける設計が大事です。

驚き最小の原則に従えば、itemCount メソッドは注文商品数の返却のみに徹するべきです。ギフトポイントを追加すべきかの判定ロジックは shouldAddGift Point メソッド、ギフトポイントの追加を試みるロジックは tryAddGiftPoint メソッドというように、ロジックの意図と一致するよう名前を設計します。

リスト 10.12 ロジックの意図と名前を一致させる

```
class Order {
  private final OrderId id;
  private final Items items;
  private GiftPoint giftPoint;

  int itemCount() {
    return items.count();
  }

  boolean shouldAddGiftPoint() {
    return 10 <= itemCount();
  }

  void tryAddGiftPoint() {
    if (shouldAddGiftPoint()) {
      giftPoint = giftPoint.add(new GiftPoint(100));
    }
  }
}
```

　はじめはきちんとロジックの意図と名前が一致するよう実装したとしても、仕様変更時に、既存のメソッドについついロジックをベタ書きで追加しがちです。すると名前とロジックが次第に乖離し、驚き最小の原則に反するようになっていきます。メソッドだけでなく、クラス単位でもズレが生じます。これは本当に頻繁に発生するので、注意してください。

　ロジック変更の際は、驚き最小の原則を意識しましょう。ロジックと名前にズレがあるとき、名前を見直し、メソッドやクラスを意図ごとに分けましょう。

# 10.5
# 構造を大きく歪ませてしまう名前

　名前がクラス構造に大きな悪影響を及ぼすものがあります。

## 10.5.1
## データクラスに陥る名前

　`ProductInfo`は商品情報を格納するクラスです。構造からわかるように、データクラスです。

❌ リスト 10.13 商品情報クラス

```
class ProductInfo {
  int id;
  String name;
  int price;
  String productCode;
}
```

〜Infoや〜Dataと命名されたクラスは、「データだけ持たせるクラスなんだ、ロジックを実装しちゃダメなんだ」と読み手に印象付けてしまいます。1.3で解説したように、低凝集に陥ります。

〜Data、〜Infoなどといったデータのみを想起させる名前は避けましょう。ProductInfoはProductへ改善すべきです。そしてオブジェクト指向設計にもとづき、インスタンス変数に強く関係するロジックをProductクラスにカプセル化します。

## DTO（Data Transfer Object）

一部例外的にデータクラスを用いる場合があります。

更新責務と参照責務とでモジュールを分離したコマンド・クエリ責務分離（CQRS）と呼ばれるアーキテクチャパターンがあります。CQRSにおいて、参照系とはデータベースから値を取得するだけの処理系で、もっぱら画面表示に用いられます。単に取得して表示するだけなので、計算やデータの変更は伴いません。この場合、データベースの値を格納して表示側に転送するだけのクラスとして設計します。

リスト 10.14 DTO（Data Transfer Object）の例

```
class ProductDto {
  final String name;
  final int price;
  final String productCode;

  ProductDto(final String name, final int price, final String ↩
productCode) {
    this.name = name;
    this.price = price;
    this.productCode = productCode;
  }
}
```

これはDTO（Data Transfer Object）といって、データ転送用途に使われる設計

パターンです。値変更の必要がないので、インスタンス変数はfinalで宣言し、コンストラクタで値が確定するようにします。参照系のみの用途であるため、更新系で使ってはいけません。更新系で用いると低凝集に陥ります。

このように、データクラスをまったく使ってはいけない、というわけではなく、意図を理解したうえで使い分けられることが肝要です。

10.5.2
## クラスが巨大化する名前

クラスの巨大化複雑化を誘発する名前が存在します。

この事態を招く代表的な名前に、Managerがあります。ゲームを開発する架空の状況を例に説明します。

開発初期に、ゲーム内のメンバーを一元管理するMemberManagerクラスがつくられました（リスト10.15）。MemberManagerの各メソッドを使えば、メンバーのパラメータを取得したり変更したりできるものです。管理する主旨から、メンバーに関するあらゆるデータはすべてMemberManagerが保有するつくりとします。

**✗ リスト 10.15** メンバーを管理するクラス

```
class MemberManager {
  // メンバーのヒットポイントを取得する。
  int getHitPoint(int memberId) { ... }

  // メンバーの魔法力を取得する。
  int getMagicPoint(int memberId) { ... }
```

開発が進み、歩行アニメーションを実装する段階にきました。MemberManagerはメンバーに関するあらゆるデータを保有するつくりです。アニメーションに必要な画像のファイル名やパターンデータも所持しています。そのため、歩行アニメーションのメソッドはMemberManagerに実装されました。

**✗ リスト 10.16** 歩行アニメーション処理追加

```
class MemberManager {
  // 中略

  // メンバーの歩行アニメーションを開始する。
  void startWalkAnimation(int memberId) { ... }
```

スプレッドシート上でメンバーのパラメータ調整ができるよう、パラメータを

CSV出力するメソッドも追加されました。

**✗ リスト 10.17** CSV出力処理追加

```
class MemberManager {
  // 中略

  // メンバーの能力値をCSV出力する。
  void exportParamsToCsv() { ... }
```

さらに以下の仕様への対応が必要になってきました。

- 特定の敵が生存しているかによってメンバーの強さが変化する。
- メンバーの特定の攻撃によりBGMが変化する。

急遽対応するため、`MemberManager`には敵の生存を確かめる`enemyIsAlive`メソッドと、BGM再生用に`playBgm`メソッドが追加されました。

以上、さまざまな仕様や要望により`MemberManager`クラスはリスト 10.18 のようになりました。

**✗ リスト 10.18** 巨大化した MemberManager クラス

```
// メンバーを管理するクラス
class MemberManager {
  // メンバーのヒットポイントを取得する。
  int getHitPoint(int memberId) { ... }

  // メンバーの魔法力を取得する。
  int getMagicPoint(int memberId) { ... }

  // メンバーの歩行アニメーションを開始する。
  void startWalkAnimation(int memberId) { ... }

  // メンバーの能力値をCSV出力する。
  void exportParamsToCsv() { ... }

  // 敵が生存してるかどうかを返す。
  boolean enemyIsAlive(int enemyId) { ... }

  // BGMを再生する。
  void playBgm(String bgmName) { ... }
```

このクラスの責務は何でしょうか。単一責任の原則にもとづき考えてみます。

`getHitPoint`はヒットポイントに関する責務、`startWalkAnimation`はアニメーション表示に関する責務です。`exportMemberParamsToCsv`はメンバー

に関係します。しかし、関心事はファイル出力であり、これもほかとは違う責務です。enemyIsAliveやplayBgmにいたっては、もはやメンバーにすら関係しない責務です。多くの責務を抱え、単一責任の原則に違反しています。

実際の開発でもManagerと名付けられたクラスはさまざまな責務のロジックが追加されがちです。そしてあっという間に数千行規模になります。神クラスになってしまいます。

原因はManagerが意味する「管理」の意味が広すぎてあいまいだからです。管理とは具体的に何をするものでしょうか？ヒットポイントの制御？それともアニメーション制御？管理と名付けると何でもできそうに感じてしまいます。

メンバーの仕様が変更されたとき、「とりあえずMemberManagerあたりにロジックを追加しておけばいいや」と、心理的に誘導されやすくなります。単に関係してそう、というだけで、異なる責務のロジックがどんどん集まり出してくるのです。あらゆるロジックがごった煮の、秩序なき状態に陥ります[6]。

Managerでは意味が広すぎます。意味の狭い概念を見つけていきましょう。Managerの中にどんな概念が含まれているのか丁寧に列挙していきましょう。

MemberManagerを例にすると、ヒットポイント、魔法力、アニメーション、CSV、敵（および生存状態）、BGMといった概念が取り扱われています。概念一つ一つを分析して、単一責任になるようクラス設計していきます。たとえばヒットポイントに責任を持つHitPointクラスや、歩行アニメーションの動作に責任を持つWalkAnimationクラスとして設計します。

Managerに近い名前としてProcessorやControllerなども注意が必要です。これらも意味が広く解釈されがちで、巨大化しやすいです。ControllerはWebフレームワークのMVC構造に登場するパターンでもあります。MVCにおけるControllerは、受け取ったリクエストパラメータをほかのクラスへ渡す責務にとどめるべきです。金額計算をしたり、予約可否を判断したりなどの分岐ロジックが実装されていれば、単一責任原則違反です。責務の異なるロジックはほかのクラスとして定義しましょう。

---

[6] 本書のソースコードには、DiscountManagerやOrderManagerなどの、多くのManagerクラスが登場します。しかし、あれらは実は良くない名前なのです。

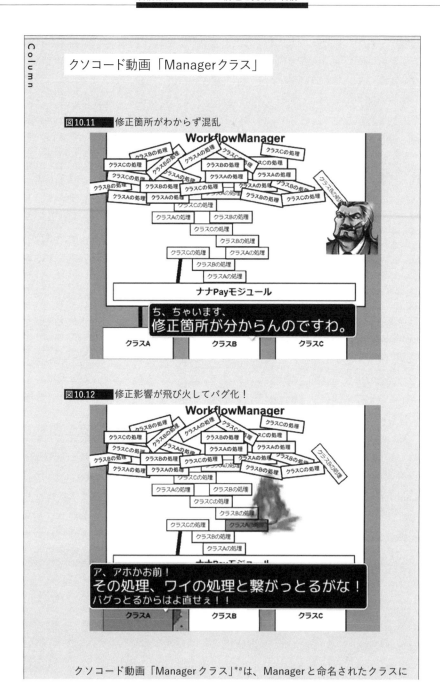

クソコード動画「Managerクラス」

図10.11　修正箇所がわからず混乱

図10.12　修正影響が飛び火してバグ化！

クソコード動画「Managerクラス」*aは、Managerと命名されたクラスに

より引き起こされる弊害を描いた作品です。

劇中では、`WorkflowManager`と命名されたクラスにありとあらゆる処理が実装されています。しかし、その後仕様変更の依頼がきますが、`Workflo wManager`内があまりにもごちゃついていて、どこを修正して良いのかわかりません。当てずっぽうで修正を試みたところ、影響が飛び火しほかの箇所でバグが発生。どこを修正して回ってもバグが起こってしまう……という悲劇が描かれています。

`WorkflowManager`……、直訳すると「処理フロー管理者」。プログラム自体が処理フローの塊なのに、さらに「管理」が付くと、もはや分けるとか区別するといった概念が何もないのかと驚きに近い気持ちを覚えてしまいます[*b]。

弊害の根本原因は、やはり Manager という意味の広すぎる名前です。あらゆる処理を実装して良いような錯覚を覚えてしまいます。

クラス内のメンバーは、インスタンス変数でもメソッドでも、お互いにどのメンバーにもアクセスできます。ひとつのクラスにありとあらゆる処理が実装されると、どのメンバーがどのメンバーに関係し合っているのか、読み解くのが非常に困難になってしまいます。クラス内のスコープがすべてグローバル変数のような性質を帯びてくるのです。劇中の登場人物は「どこを修正していいのかわからない」と困惑していますが、修正の影響範囲分析が困難で、いたずらに時間が過ぎていく経験をされた方は少なくないはずです。

大事なのはやはり目的単位でクラスを分けること、具体的で意味範囲が小さく、目的がわかる命名をすることです。15.5.5 のマジカルナンバー 4 を参考に、関係し合う概念の個数を確認すれば、影響範囲が十分に小さいかを検証できるでしょう。

こうした設計を序盤に丁寧にしていれば、劇中の彼らは助かっていたのかもしれません。

---

[*a]　https://twitter.com/MinoDriven/status/1157554468201746432

[*b]　ちなみに `WorkflowManager` は、筆者が過去に遭遇した数千行規模のクラスの名前がモデルになっています。実在するのです。怖いですね。

---

### 10.5.3
# 状況によって意味や扱いが異なる名前

状況によって言葉は意味合いが変わります。

たとえば「アカウント」という言葉は、金融業界では「銀行口座」を意味する一方で、コンピューターセキュリティでは「ログイン権限」を意味します。状況により意味合いが異なるのです。

アカウントの例はまだわかりやすい方です。目的や状況によって付いて回る概念がまったく異なることがあります。たとえば自動車を取り扱うサービスについて考えてみます。状況（コンテキスト）が違うと、自動車と関係し合う概念には大きな違いが生まれます。

- 配送コンテキスト：自動車が貨物として配送されるコンテキスト。配送元、配送先、配送経路などが自動車に付いて回る。
- 販売コンテキスト：ディーラーにより顧客に自動車が販売されるコンテキスト。販売価格、販売オプションなどが自動車に付いて回る。

コンテキストの違いを考慮せずにクラス設計すると、図10.13のようになってしまいます。

**図10.13** コンテキストの違いが考慮されてないCarクラス

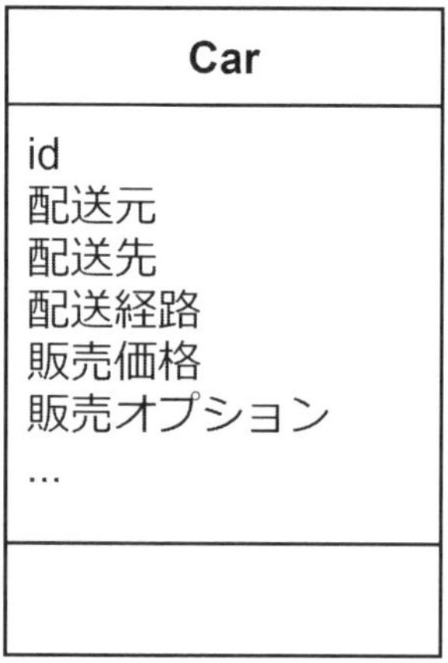

```
            Car

id
配送元
配送先
配送経路
販売価格
販売オプション
...
```

コンテキストが異なるものをたったひとつのCarクラスに実装すると、Carクラスに複数のコンテキストのロジックを抱えることになります。巨大化複雑化し、開発者は混乱します。たとえば配送関連の仕様変更があった場合、配送とは無関係の販売関連のロジックを意図せず変更していないか、販売関連のロジックに変更影響が生じないかをいちいち気にしなければならなくなります。異なるコンテキストどうしが密結合になっているのです。

コンテキストが違うものは疎結合になるよう設計しましょう。

図10.14 コンテキストごとに設計したCarクラス

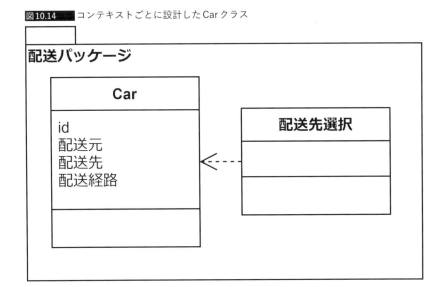

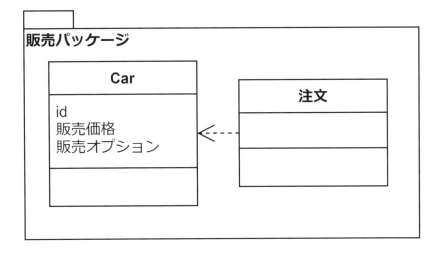

　各コンテキストは、それぞれ異なるパッケージとして宣言します。そして、各パッケージにCarクラスを用意します。配送、販売それぞれに登場する概念をクラス化し、Carクラスに紐付けます。

　このように疎結合にすることで、配送、販売はお互いのことを気にしなくて済

みます。変更影響が、別のパッケージへと伝搬せずに済みます。

どんなコンテキストが取り巻くのか業務分析しましょう。コンテキストごとに境界付けましょう。コンテキストに応じたクラスを設計しましょう[*7]。

---

10.5.4
### 連番命名

リスト 1.2 で取り上げたように、クラスに `Class001`。メソッドに `method001`、`method002`、`method003`……といった形で、クラスやメソッドに対して番号付けで命名するのを**連番命名**と呼びます。

目的や意図が読み取れない点において技術駆動命名と似ていますが、構造改善が困難な点において連番命名は悪質です。

たとえば、技術駆動で命名されたとしても、目的駆動名前設計で名前を見直せます。名前を細分化して、目的に応じたクラスへの分割もできます。

しかし、連番命名ではそうはいきません。クラスやメソッドが番号付けで管理されているために、連番命名以外で命名すると、番号付けの秩序が失われます。番号で管理したい側から反発を招きかねません。そのため、名前が見直し困難です。

こうした管理上の強制力から、仕様追加のたびに既存メソッドにロジックが追加されるだけになります。つまり、連番命名はトランザクションスクリプトパターンに容易に陥らせてしまうのです。

連番命名は大規模開発で用いられるケースが多いです。その場合、改善には組織的な取り組みが必要となります。

---

## 10.6
## 名前的に居場所が不自然なメソッド

メソッドには、居場所がふさわしくない、別のクラスに移動させるべきものがあります。居場所が不相応か、名前でわかるものがあります。

---

[*7]　コンテキストの考え方は、書籍『ドメイン駆動設計』(17.1.11) が詳しいので、興味のある方は学んでみましょう。

## 10.6.1
# 「動詞 + 目的語」のメソッド名に注意

リスト 10.19 は、ゲーム内の敵を表現する Enemy クラスです。3 つのメソッド
の名前に着目してください。

 リスト 10.19 敵を表現するクラス

```java
class Enemy {
  boolean isAppeared;
  int magicPoint;
  Item dropItem;

  // 逃げる。
  void escape() {
    isAppeared = false;
  }

  // 魔法力を消費する。
  void consumeMagicPoint(int costMagicPoint) {
    magicPoint -= costMagicPoint;
    if (magicPoint < 0) {
      magicPoint = 0;
    }
  }

  // 主人公らのパーティにアイテムを追加する。
  // 追加できた場合はtrueを返す。
  boolean addItemToParty(List<Item> items) {
    if (items.size() < 99) {
      items.add(dropItem);
      return true;
    }
    return false;
  }
}
```

何か変ですね。関心事の観点で考えてみましょう。

Enemy クラスの関心事は敵です。魔法力を扱う consumeMagicPoint は敵の
関心事と考えられます。しかし、addItemToParty メソッドは主人公の所持品
を取り扱っています。敵の関心事とは明確に異なっています。

アイテムを取得するのは敵を倒したときだけでしょうか？ダンジョンの宝箱
や、重要イベントで入手する場合がありますね。ダンジョンの宝箱からアイテム
入手するときに Enemy.addItemToParty メソッドをコールするのは不自然で
す。Enemy.addItemToParty と同じロジックを、ダンジョンを取り扱うクラス
に実装すると、重複コードが生じます。

　このゲームの例に限らず、さまざまなアプリケーションで、関心事に無関係な
メソッドが追加されることがよくあります。実装を急いでいるときや、既存のク
ラスだけでなんとか動くよう無理に実装しようとしたとき、こうなりがちです。

　そして関心事が異なるメソッドは、addItemToPartyのように「動詞＋目的
語」形式の名前になる傾向があります。

　「動詞＋目的語」の命名は、無関係な責務のメソッドを追加しやすくなります。
この形式の命名が常態化すると、たとえば主人公にお金を追加するaddMoneyTo
Partyメソッドや、バトルを終了するendBattleSceneメソッドがEnemyクラ
スに追加されかねません。クラスを作成する習慣がないと、この傾向は輪をかけ
て顕著になります。メソッドの命名に規律がないと、責務が異なるメソッドが際
限なく追加されやすくなります。

---

10.6.2

## 可能な限り動詞1語で済む名前にする

　関心事の異なるメソッドの混在を防ぐには、可能な限り動詞1語で済むよう名
前設計するのがコツです。同時に、動詞1語で済むようにクラス設計します。具
体的には、以下の法則に従います。

> 「動詞 ＋ 目的語」のメソッド
> 　　　↓
> 目的語の概念を表現するクラスを作る。
> そのクラスに、動詞1語のメソッドを追加する。

　addItemToPartyをどうすべきか考えてみます。このメソッドはパーティの
所持品にアイテムを追加します。この「パーティの所持品」なる概念を、その
ままクラス化します。そして所持品にアイテム追加するaddメソッドを定義しま
す。すると、リスト 10.20 のファーストクラスコレクションパターンになります。

🔘 **リスト 10.20** パーティの所持品を表現するクラス

```java
class PartyItems {
  static final int MAX_ITEM_COUNT = 99;
  final List<Item> items;

  PartyItems() {
    items = new ArrayList<>();
  }

  private PartyItems(List<Item> items) {
```

```
  this.items = items;
}

PartyItems add(final Item newItem) {
  if (items.size() == MAX_ITEM_COUNT) {
    throw new RuntimeException("これ以上アイテムを持てません。");
  }

  final List<Item> adding = new ArrayList<>(items);
  adding.add(newItem);
  return new PartyItems(adding);
}
}
```

**図10.15** メソッド名が動詞1語になるようクラスを設計

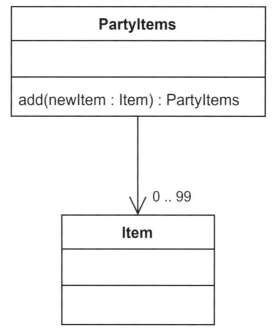

動詞1語で表現されたaddメソッドを持つ、PartyItemsクラスになりました（図10.15）。これにより、敵のドロップアイテムを入手する場合でも、宝箱からアイテムを入手する場合でもPartyItemsクラスを利用すれば良くなります。

PartyItemsクラスには、アイテムを削除するremoveメソッドを追加しても良いでしょう。

## 不適切な居場所のbooleanメソッド

「動詞＋目的語」メソッドと同様に、boolean型を返すメソッドも、適切ではないクラスに定義されることがよくあります。

**リスト 10.21** 混乱状態を調べるメソッド

```
class Common {
  // メンバーが混乱状態であればtrueを返す。
  static boolean isMemberInConfusion(Member member) {
    return member.states.contains(StateType.confused);
  }
}
```

リスト10.21では、メンバーが混乱状態かどうかを調べるisMemberInConfusionメソッドがCommonクラスに定義されています。このメソッドの定義箇所が適切か、関心事単位で考えてみましょう。メンバーの状態はメンバーの関心事なので、メンバーを表現するMemberクラスに定義されているのが自然です。Commonに定義されているのは不自然です。関心事に注意を払わずにいると、boolean型を返すタイプの判定メソッドは責務外のクラスに実装されがちです。

実は、メソッドを定義するクラスが適切かどうかを簡単に見分ける方法があります。boolean型のメソッドはis〜、has〜、can〜と命名されることが多いです。さて、簡単な英語で考えてみます。たとえば、「このメンバーは空腹だ」を英語で表現すると、次のようになりますね。

```
This member is hungry.
```

つまり、以下の形に読み替えて、違和感がなければ良いのです。

```
クラス名 is 状態 .
```

Commonクラスをこの形式で読み替えます。

```
Common is member in confusion.
```

「共通は〜」となりますが、なんだか英文として成立していません。一方 Memberクラスが主語となるように組み替えてみましょう。

```
Member is in confusion.
```

「メンバーは混乱している」と読めます。これなら違和感がありません。メンバーが混乱状態か判定するメソッドをMemberクラスに定義します。

 リスト 10.22 英文にして違和感のないクラスへメソッドを移動

```
class Member {
  private final States states;

  boolean isInConfusion() {
    return states.contains(StateType.confused);
  }
}
```

このように、boolean型メソッド追加の際は、「クラス名 is 状態」の形に読み替えて、自然な英語として読めるかどうかを確かめてみましょう。

# 10.7
## 名前の省略

名前の省略には注意が必要です。

### 10.7.1
## 意図がわからなくなる省略

長い名前が嫌なために、省略した名前が書かれてしまうことがあります。リスト 10.23が、なんの計算式か理解できますか？ feeと書いてあるので、何かの料金計算のようです。しかし、省略して書かれているために、意図を読み解けません。

リスト 10.23 省略された名前

```
int trFee = brFee + LRF * dod;
```

実はこれは、レンタル料金総額の計算式です。「基本料金 + 延滞料 * 延滞日数」

です。

　どこかにコメントやドキュメントがあればわかるかもしれません。しかし、ない場合は周辺ロジックから類推しなければなりません。調査時間を浪費してしまいます。また、仮にコメントがあったとしても、コメントがメンテナンスされない可能性があります。退化コメント（11.1）になりがちです。

10.7.2

## 基本的に名前は省略しないこと

　長い名前はタイプ文字数が多く、タイポしやすい側面があったので、一昔前は嫌われていたのは確かです。しかし、近年では入力補完できるエディタが一般的で、タイポの心配やタイピングの労力は気になりません。

　多少面倒であっても、省略せずに書きましょう。

**リスト10.24** 他人が読んでもわかるよう省略せずに命名する

```
int totalRentalFee = basicRentalFee + LATE_RENTAL_FEE_PER_DAY * ←
daysOverdue;
```

　これは変数名に限らず、すべての命名に関して言えることです。メソッド名やクラス名、パッケージ名なども省略せずに書きましょう。可読性が上がり、ほかのメンバーや将来の自分を助けることになります。

　ただし、省略形は全面的に禁止というわけではありません。筆者は、省略形が一般名称なら使って良いと考えています。SNSやVIPといった、慣習的に省略形が使われており、意味が通じるものは問題ないでしょう。

10.7.3

## そのほか省略をどう判断するか

　for文のカウンタ変数は慣習的にiやjなど一文字で表現されることが多いです。また、Go言語など一部のプログラミング言語では、短い変数名が好んで使われるようです。

　省略をどの程度許容するかに関してはさまざまな考え方があります。可能な限り省略せずに意図を伝える命名が望ましい、というのが筆者のスタンスです。

　省略する場合は、意味が失われたり、問題が生じたりしないか確かめましょう。たとえばカウンタ変数iやjについては、スコープが極めて小さく意味混乱のリスクが小さければ、用いて良いでしょう。

242

　プログラミング言語ごとの慣習もあるので、そういった点も踏まえて、命名方法をチームで決めておくのが良いでしょう。

第 **11** 章

コメント
―保守と変更の正確性を高める書き方―

コメントは読み手にコードの理解を促すために記述します。ただし、注意して扱わないとコメントも悪魔と化し、バグの原因になったりします。

本章では、どのようなコメントが読み手を混乱させてしまうのかを示します。そのうえで、理解を促し、保守や変更の正確性を高めるコメントのしかたを解説します。

## 11.1
## 退化コメント

ゲームでは、敵の攻撃で毒に冒されたときなどに、メンバーが苦しそうな表情へ変化するものがよく見受けられます。リスト 11.1 は、メンバーの表情を変更する架空のロジックです。

**✕ リスト 11.1** どういう状態のときに表情変化するかをコメント

```java
// 毒、麻痺状態の場合に、メンバーの顔を苦しそうな表情に変更する。
if (member.isPainful()) {
  face.changeToPainful();
}
```

`member.isPainful`メソッドが毒、または麻痺であるかを判定しているものと読めます。どういった状態のときに表情変化するか、一見、親切でわかりやすいコメントのようにも思えます。しかし、開発が進みコードが変わっていくなど実装が変遷していくにつれて、コメントへの評価が変化します。

リスト 11.2 に示すのは`isPainful`メソッド本体です。

**✕ リスト 11.2** よく見るとコメントが不正確

```java
class Member {
  private final States states;

  // 苦しい状態の場合trueを返す。
  // 毒、麻痺状態の場合trueを返す。
  boolean isPainful() {
    if (states.contains(StateType.poison) ||
        states.contains(StateType.paralyzed) ||
        states.contains(StateType.fear)) {
      return true;
    }
```

```
    return false;
  }
}
```

ここでも「毒、麻痺状態の場合trueを返す」とコメントされています。とこ
ろがロジックをよく見てみると、3つの状態を判定しています。poisonは毒、
paralyzedは麻痺、fearは恐怖です。恐怖状態についてコメントと異なります。
実際のコードでも、たびたび見受けられます。なぜこんなことが起こるのでしょ
うか。

それは、コードと比べてコメントはメンテナンスされにくいからです。

はじめの仕様では、isPainfulは毒と麻痺だけを判定の対象だったとします。
このとき親切にも（？）、なんの状態を対象とするかコメントされることがあり
ます。しかし、その後の仕様変更により恐怖状態が追加されたとき、問題が起こ
ります。コードが変わったとき、コメントもセットで更新されれば良いのです
が、忙しかったり注意が欠けていたりするとコメントのメンテナンスがおろそか
になってしまうことがあります。

実装と比べてコメントの情報が古くなった時点で、コメントは嘘をつきはじめ
ます。このように、情報が古くなり実装を正しく説明しなくなったコメントを**退
化コメント**と呼びます。

コメントが偽情報として振る舞うようになるわけなので、読み手が混乱する、
結果としてバグを埋め込んでしまう可能性があります。

退化コメントが発生しないよう、実装に合わせてコメントも同時に更新すべき
ですが、次に示すように注意が必要です。

---
11.1.1
## コメントは劣化コピーにすぎないことを理解すること

プログラミングに限らず一般的に、コミュニケーション上、会話でも文章も、
どんな形であれ言葉は話者や書き手の意思の劣化コピーにすぎません。当然クラ
スやメソッドの名前、コメントもすべて劣化コピーです。伝えたい内容の情報が
劣化していくのです。そのため、可能な限り精度良く意図が伝わるようにクラス
に命名したり、コメントしたりしなければなりません。

11.1.2
## ロジックの挙動をなぞるだけのコメントは退化しやすい

リスト11.2では、コードの挙動をそのままコメントとして起こしていました。しかし、劣化コピーの観点から考えると、挙動をなぞるだけのコメントは退化しやすいです。

まず、コード変更するたびにコメントを更新しなければならなくなります。`isPainful`の例にあるように、恐怖状態のロジック追加に伴い更新が必要になります。うっかり更新を忘れると、ロジックとコメントが乖離します。

また、ただの伝言ゲームになりがちです。ロジックをそのまま書き起こしたつもりでも、事実とは異なる内容を書いてしまう可能性があります。

このように、ロジックの挙動をなぞるだけのコメントは理解にさほど貢献しない上、逆に偽情報が紛れ込んで害をなす可能性があり、役立ちません。

さらに次に解説するように、コメントすることで命名がないがしろになってしまう場合も多くあります。

# 11.2
## コメントで命名をごまかす

ついつい書いてしまいがちなよくないコメントを、もうひとつ挙げます。

リスト11.3はRPGにおける判定メソッドです。何を判定するものか、理解できるでしょうか。

**✗ リスト11.3** 意図の読み取りが困難なメソッド

```java
class Member {
  private final States states;

  boolean isNotSleepingAndIsNotParalyzedAndIsNotConfusedAndIsNotSto←
neAndIsNotDead() {
    if (states.contains(StateType.sleeping) ||
        states.contains(StateType.paralyzed) ||
        states.contains(StateType.confused) ||
        states.contains(StateType.stone) ||
        states.contains(StateType.dead)) {
      return false;
    }

    return true;
```

```
  }
}
```

　実はこれはプレイヤーの指示通りにメンバーが行動可能かを判定するメソッド
です。RPGでは睡眠、麻痺、混乱など、プレイヤーの指示通りに行動できなくな
る状態があります。このメソッドでは、状態を調べて行動可能かを判定していま
す。しかし、メソッド名からはさっぱり意味が伝わってきませんね。この手の意
味が伝わりにくいメソッドでは、意味を再説明するコメントが書かれがちです。

**✖ リスト11.4** ロジックの挙動を再説明したコメント

```
// 睡眠、麻痺、混乱、石化、死亡以外のとき 行動可能。
boolean isNotSleepingAndIsNotParalyzedAndIsNotConfusedAndIsNotStone↩
AndIsNotDead() {
```

　再説明すると何が起こるでしょうか。そう、前節でも説明したようにコメント
が退化しやすくなるのです。このコメントのしかたでは、行動不能になる状態と
して「恐怖」が追加された場合など、わざわざコメントを更新しなければならな
くなります。また、メソッド名に「恐怖」を意味する文言が入っていないため、
実装と乖離してしまいます。
　このようなダメなメソッドに対してコメントで補足説明するのではなく、メ
ソッド名自体をブラッシュアップします。

**◯ リスト11.5** メソッド名自体をブラッシュアップする

```
class Member {
  private final States states;

  boolean canAct() {
    // 行動不能の仕様が変更される場合、
    // 本ロジックの変更を検討すること。
    if (states.contains(StateType.sleeping) ||
        states.contains(StateType.paralyzed) ||
        states.contains(StateType.confused) ||
        states.contains(StateType.stone) ||
        states.contains(StateType.dead)) {
      return false;
    }

    return true;
  }
}
```

メソッドの可読性を上げることで、再説明のコメントが不要になります。退化コメントが生じにくくなります。

## 11.3
## 意図や仕様変更時の注意点を読み手に伝えること

コードはいつ、どういう目的で読まれるのでしょうか。機会として最も多いのは、保守と仕様変更時です。

コード保守の際、読み手が気にするのは「このロジックはどういう意図で動いているのか」です。仕様変更の際、読み手が気にするのは「何に注意すれば安全に変更できるか」です。これらの課題を解決できるよう、意図や仕様変更時の注意点をコメントします。

**リスト11.6** 意図や仕様変更時の注意点をコメントしよう

```java
class Member {
  private final States states;

  // 苦しい状態の場合trueを返す。
  boolean isPainful() {
    // 今後仕様変更で状態異常による表情変化が追加される場合、
    // 本メソッドへロジック追加すること。
    if (states.contains(StateType.poison) ||
        states.contains(StateType.paralyzed) ||
        states.contains(StateType.fear)) {
      return true;
    }

    return false;
  }
}
```

## 11.4
## コメントのルール　まとめ

以上、コメントについてのルールをまとめると、表11.1になります。

**表11.1** コメントルール

| ルール | 理由 |
|---|---|
| ロジック変更時、同時に必ずコメントも変更すること。 | コメントを変更しないと、ロジックと乖離した「退化コメント」が生じ、読み手が混乱するため。 |
| ロジックの内容をなぞるだけのコメントをしないこと。 | あまり可読性に貢献しない上、コメントのメンテナンスが大変になるため。退化コメントも発生しやすい。 |
| 可読性の悪いロジックを補足説明するようなコメントをしないこと。代わりにロジックの可読性を高めること。 | コメントのメンテナンスが大変になるため。退化コメントも発生しやすい。 |
| ロジックの意図や仕様変更時の注意点をコメントすること。 | 保守や仕様変更時の助けになる。 |

# 11.5
# ドキュメントコメント

　プログラミング言語には、ドキュメントコメントの仕様を持つものがあります。ドキュメントコメントとはコメント記法の一種で、フォーマットにしたがって記述すると、APIドキュメントの生成や、ソースコードエディタ上でコメント内容のポップアップ表示ができます。たとえばJavaではJavadoc、C#ではDocumentation comments、RubyではYARDが用意されています。

　JavaのJavadocを例に説明します。リスト11.7のソースコードでは、/**から*/までの範囲がJavadoc形式のコメントです。addメソッドの説明に対応するものです。

**リスト11.7** Javadoc形式で書かれたコメント

```
class Money {
  // 中略

  /**
   * 金額を加算する
   *
   * @param other 加算する金額
   * @return 加算後の金額
   * @throws IllegalArgumentException 通貨単位が異なる場合スロー
   */
  Money add(final Money other) {
```

```
   if (!currency.equals(other.currency)) {
     throw new IllegalArgumentException("通貨単位が違います。");
   }

   int added = amount + other.amount;
   return new Money(added, currency);
 }
}
```

　@paramや@returnといった@付きの要素はJavadocタグです。Javadocタグを使うと、引数や戻り値などに対応する説明をコメントできます。表11.2はJavadocタグの一例です。

表11.2　Javadocタグの例

| Javadocタグ | 用途 |
| --- | --- |
| @param | 引数の説明 |
| @throws | スローする例外の説明 |
| @return | 戻り値の説明 |

　このようにフォーマットにのっとってコメント記述すると、APIドキュメントを自動生成できます。IntelliJ IDEAでは、メニューから Tools > Generate JavaDocを選択すると、APIドキュメントをhtmlで出力できます（図11.1）。

**図11.1** html出力されたAPIドキュメント

## add

Money add(Money other)

金額を加算する

**パラメータ:**

other - 加算する金額

**戻り値:**

加算後の金額

**例外:**

IllegalArgumentException – 通貨単位が異なる場合スロー

またそれだけではなく、エディタ上でカーソルを合わせると、コメント内容を
ポップアップ表示できます（図11.2）。メソッド定義位置にジャンプしなくても、
メソッド呼び出し側で説明コメントを参照できるようになり、可読性が飛躍的に
高まります。

**図11.2** エディタ上でも説明が表示され使いやすい

```
Currency yen = Currency.getInstance(Locale.JAPAN);
Money money1 = new Money( amount: 100, yen);
Money money2 = new Money( amount: 200, yen);
Money money3 = money1.add(money2);
System.out.println(mon
```

comment.Money
Money **add**(*@NotNull* Money other)

金額を加算する

| | |
|---|---|
| Params: | **other** – 加算する金額 |
| Returns: | 加算後の金額 |
| Throws: | IllegalArgumentException – 通貨単位が異なる場合ス ロー |
| *Inferred* annotations: | *@org.jetbrains.annotations.NotNull* |

　C#の Documentation comments や Ruby の YARD でも同様の機能が提供されています。開発効率、特にコードの保守に大きく効果を発揮します。ぜひ使いこなしてください。

# 第 **12** 章

メソッド（関数）
―良きクラスには良きメソッドあり―

本章ではメソッド（関数）の設計方法を取り扱います。

メソッド設計の良し悪しはクラス設計に密接に連動します。メソッド設計が良くないと余波でクラス設計も悪くなり、逆もまたしかりです。

クラスの設計方法を念頭に置きつつ、メソッドをどのように設計すれば良いかを集中的に解説します。これまでの章ですでに解説されているメソッド設計についても、本章であらためて取り上げて網羅します。メソッド設計方法をまとめて知りたい場合は、本章を読んでください。

## 12.1
### 必ず自身のクラスのインスタンス変数を使うこと

インスタンス変数を安全に操作するようメソッドを設計することで、クラス内の正常性を担保できるしくみです（詳しくは第3章参照）。

メソッドは、必ず自身のクラスのインスタンス変数を使うよう設計しましょう。例外もまれにありますが、これが原則です。

たとえばリスト 3.18 の`Money.add`には、インスタンス変数`amount`を安全に操作するロジックが備わっています。また、コンストラクタはインスタンス生成用の特殊メソッドです。完全コンストラクタパターンを用いてコンストラクタにガード節を用意することも、インスタンス変数の安全な操作につながります。

一方、リスト 5.14 のように、ほかのクラスのインスタンス変数を変更するメソッド構造にしてはいけません。低凝集に陥ります。ほかのクラスのインスタンス変数を変更するメソッドを書きたくなった場合、変更したいインスタンス変数を持つクラスに変更メソッドを実装しましょう。

## 12.2
### 不変をベースに予期せぬ動作を防ぐ関数にすること

可変なインスタンス変数などを変更する関数（メソッド）は、意図せず別の箇所に影響を及ぼし、予測しない動作が生じる場合があります。結果の予測が難しく、保守が大変になります（4.2.2参照）。

不変による堅牢性を活かして、予期せぬ動作を防ぐメソッドを設計しましょう

（4.2.5参照）。

# 12.3
# 尋ねるな、命じろ

　5.6の`equipArmor`メソッドのように、あるクラスがよそのクラスの状態を判断したり、状態に応じてよその値を変更したりする、「よそのクラスを気にしたりいじったりするメソッド構造」は低凝集構造です。

　インスタンス変数の値を取得するメソッドをgetter、値をセットするメソッドをsetterと呼びます。

 **リスト 12.1** getter と setter

```java
public class Person {
  private String name;

  // getter
  public String getName() {
    return name;
  }

  // setter
  public void setName(String newName) {
    name = newName;
  }
}
```

　getter/setterはこの「よそのクラスを気にしたりいじったりするメソッド構造」に陥りやすく、開発生産性が良くないソフトウェアのソースコードでは、頻繁に見受けられます。

　メソッドの呼び出し側で複雑な処理をさせるのではなく、「尋ねるな、命じろ」の考えのもと、5.6.1の`Equipments`クラスのように、呼び出されるメソッドの側で複雑な制御をするよう設計しましょう。

## クソコード動画「カプセル化」

**図12.1** 大量に実装されるgetter/setter

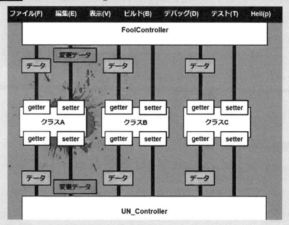

**図12.2** 並行処理対策をしておらずバグ化

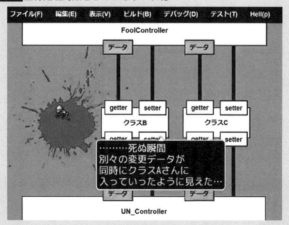

クソコード動画「カプセル化」[*a]は、カプセル化に対する誤った認識と弊害を描いた作品です。

劇中の登場人物たちは、IDEのリファクタリング機能「カプセル化」を

使って、データクラスにgetter/setterを実装しています。複数のController
がデータクラスに依存する構造となります。

その後setterを介して、複数のControllerから同時に変更データがイン
プットされたために、不正状態に陥ってしまいます。

データクラスには、自身の状態を安全にするロジックが何も備わっていま
せん。そのために、データクラスが次々に不正状態に陥り、バグ化する有様
が劇中で描かれています。

「『カプセル化』とは、getter/setterを実装することである」といった説明
がたびたび見受けられます。また、開発ツールの一部には、getter/setterを
自動実装する「カプセル化」と呼ばれる機能があります。

しかしながら、**これらはカプセル化ではない**、と筆者は主張します。

getter/setterを用意すると値を勝手に出し入れ可能になり、1.3のデータ
クラス ContractAmountと同じ構造になります。不正値の混入や重複コー
ドなど、低凝集の悪魔たちが暴れ出します。

しくみは、なんらかの問題を解決するために存在します。しかし、
getter/setterは解決どころか問題の原因になっています。

カプセル化とは、データとそのデータを操作するロジックを1つのクラス
にまとめ、必要な手続き（すなわちメソッド）のみを外部へ公開することで
す。カプセル化により低凝集構造を抑止できます。不正状態から防御するバ
リデーションロジックなどをカプセル化することで、安全なインスタンスに
なります。

---

*a　　https://twitter.com/MinoDriven/status/1142926621583663104

## 12.4
## コマンド・クエリ分離

リスト12.2のメソッドは状態の変更と取得を同時に行っています。

**リスト12.2** 状態の変更と取得を実行している

```
int gainAndGetPoint() {
  point += 10;
  return point;
}
```

状態の変更と取得を同時に行うメソッドは、混乱しやすい上に、利用者にとっ

ても使いにくいものです。取得だけしたい、変更だけしたいケースに対応できず、良いことがありません。

**コマンド・クエリ分離**（CQS）と呼ばれる考え方があります。メソッドはコマンド（＝変更）またはクエリ（＝問い合わせ）のどちらか一方だけを行うよう設計する、コマンドとクエリを分離する考え方です（表12.1）[1]。

**表12.1** メソッド種別

| メソッド種別 | 説明 |
|---|---|
| コマンド | 状態を変更する |
| クエリ | 状態を返す |
| モディファイア | コマンドとクエリを同時に行う |

gainAndGetPointはコマンドとクエリを同時に行うモディファイアです。ものによってはモディファイアでつくらざるをえないメソッドがありますが、例外的なものとしてなるべく避けるようにしましょう。

コマンド・クエリ分離の考え方に従い、gainAndGetPointをコマンドとクエリに分離します。非常にシンプルなつくりになります。

**リスト12.3** コマンドとクエリを別々のメソッドに分離

```
/**
 * ポイントを増やす(コマンド)
 */
void gainPoint() {
  point += 10;
}

/**
 * ポイントを返す(クエリ)
 * @return ポイント
 */
int getPoint() {
  return point;
}
```

---

[1]　10.5.1で取り上げたCQRSとは異なることにご注意ください。

# 12.5

# 引数

引数は入力値として用います。引数の設計上の注意点を次に列挙します。

### 12.5.1
## 引数は不変にすること

引数を変更すると値の意味が変わり、どんな意味なのか推測が困難になります。また、どこで変更されたのかわかりにくくなります。

引数にはfinal修飾子を付与し、不変にしましょう。引数を変更したい場合は、不変なローカル変数を用意し、そのローカル変数に変更値を代入する実装にします（4.1.2参照）。

### 12.5.2
## フラグ引数は使わない

6.6のフラグ引数付きのメソッドは、何が起こるか読み手に想像を難しくさせます。何が起こるのか理解するには、メソッド内部のロジックを見に行かなければなりません。可読性が低下します。

ストラテジパターンを使うなど、別の機能切り替え機構に設計改善しましょう。

### 12.5.3
## nullを渡さない

nullを前提としたロジックは、`NullPointerException`によるトラブルや、nullチェックによる複雑化などさまざまな弊害を招きます（9.6参照）。

引数にnullを渡さない設計にしましょう。

nullを渡さない設計にするには、nullに意味を持たせないようにします。たとえば9.6.1の例のように、未装備状態をnullではなく`Equipment.EMPTY`で表現するなどです。

### 12.5.4
## 出力引数は使わない

5.4で解説したように、出力引数を使うと低凝集構造に陥ります。引数は入力

値として用いるのが基本です。出力値として用いると読み手が混乱します。

可読性低下の原因になるので出力引数は使わないようにしましょう。

---
12.5.5
## 引数は可能な限り少なく

引数は可能な限り少なくなるよう設計しましょう（5.5参照）。

多くの引数を使いたいメソッドでは、引数を使う分だけ処理内容が増大することを意味します。処理内容が増えるとロジックが複雑化し、さまざまな悪魔の温床になります。

引数が多くなりそうな場合、5.5の MagicPoint クラスのように、別クラスへの分割を検討しましょう。

---

## **12.6**

# 戻り値

戻り値の設計にもいくつか注意点があります。

---
12.6.1
## 「型」を使って戻り値の意図を表明すること

リスト 12.4 の Price.add メソッドは価格を返していますが、int型です。

**✗ リスト 12.4** プリミティブ型では意図が不明瞭になる

```
class Price {
  // 省略
  int add(final Price other) {
    return amount + other.amount;
  }
}
```

int型のような単純なプリミティブ型では、returnされた後に意図がわからなくなりがちです。どういうことでしょう。リスト 12.5 を見てください。productPrice は Price型であり、add メソッドで int型の価格を返しています。ところが、ほかの割引金額や配送料まで int型で表現されています。

❌ リスト 12.5 どれがどの金額かわかりにくくなる

```
int price = productPrice.add(otherPrice);              // 商品価←
格の総額
int discountedPrice = calcDiscountedPrice(price);      // 割引金←
額
int deliveryPrice = calcDeliveryPrice(discountedPrice); // 配送料
```

　金額計算では、ある金額が別の金額計算に使われるなど、さまざまな種類の金額を一度に扱うことが多いです。int型を返すつくりでは、どの値がなんの金額なのかわからなくなっていきます。そして不注意から、配送料と商品価格を間違えてしまうこともありえます。

❌ リスト 12.6 値の渡し間違え

```
// 配送手数料DeliveryChargeには配送料が渡されるべき。
// しかし、商品価格の総額が渡されてしまっている。
DeliveryCharge deliveryCharge = new DeliveryCharge(price);
```

　したがって、プリミティブ型を使わず、独自の型を使って戻り値の意図を明確に表明することが大切です。
　次の例のaddメソッドは、Price型を返します。価格を返す意図が明瞭です。

⭕ リスト 12.7 価格を返すことが明瞭

```
class Price {
  // 省略
  Price add(final Price other) {
    final int added = amount + other.amount;
    return new Price(added);
  }
}
```

　同様に、ほかの金額についても独自の型としてつくると、より意図が明瞭になります。型が違うので、値を取り違えた場合にコンパイラで弾けます。

⭕ リスト 12.8 金額の種類が一目瞭然

```
Price price = productPrice.add(otherPrice);
DiscountedPrice discountedPrice = new DiscountedPrice(price);
DeliveryPrice deliveryPrice = new  DeliveryPrice(discountedPrice);
```

12.6.2

## nullを返さない

引数にnullを渡さないのと同様に、nullを返さないようにしましょう。

12.6.3

## エラーは戻り値で返さない、例外をスローすること

リスト12.9は、問題のあるエラー処理です。

 **リスト12.9** エラーをLocation型の特定の状態で表現している

```
// 位置を表現するクラス
class Location {
  //省略

  // 位置を移動する
  Location shift(final int shiftX, final int shiftY) {
    int nextX = x + shiftX;
    int nextY = y + shiftY;
    if (valid(nextX, nextY)) {
      return new Location(nextX, nextY);
    }
    // (-1, -1)はエラー値
    return new Location(-1, -1);
  }
}
```

`Location.shift`は位置を移動させるメソッドですが、移動後の座標が有効でない場合、エラー値として`Location(-1, -1)`を返しています。

この実装だと、エラー値として`Location(-1, -1)`を返す仕様を呼び出し側が知っている必要があり、さらに呼び出し側でエラー処理を確実に実装する必要があります。うっかりエラー実装を忘れると`Location(-1, -1)`は後続の処理で正常値として扱われてしまい、バグになります。

ある値に複数の意味を持たせることを**ダブルミーニング**といいます。`Location(-1, -1)`のように、取り得る値の一部を座標ではなくエラーとして扱うのはダブルミーニングです。ダブルミーニングは状況によって意味が異なるため、どう解釈するか読み手が混乱します。また、状況判断のための条件分岐があちこちに増えます。たとえば`Location(-1, -1)`かどうかを判定し、エラーへ分岐処理する実装があちこちに書かれてしまいます。ロジックがいたずらに複雑化してしまうことになります。ダブルミーニングは避けるべきです。

9.7.2でも説明したように、不正状態に対して寛容になるべきではありません。戻り値でエラーを返すのではなく、例外をスローします。

264

リスト 12.10 エラーは例外をスローする形にする

```java
// 位置を表現するクラス
class Location {
  //省略

  Location(final int x, final int y) {
    if (!valid(x, y)) {
      throw new IllegalArgumentException("不正な位置です");
    }

    this.x = x;
    this.y = y;
  }

  // 位置を移動する
  Location shift(final int shiftX, final int shiftY) {
    int nextX = x + shiftX;
    int nextY = y + shiftY;

    return new Location(nextX, nextY);
  }
}
```

Column

## メソッドの名前設計

メソッドの構造的問題が、名前として表出するものがあります（名前については第10章も参照）。

「動詞 + 目的語」のメソッド名（10.6.1）は、責務外のロジック実装を誘発する命名です。可能な限り動詞1語になるようメソッド、およびクラスを設計しましょう（10.6.2）。

ほかには、不適切な居場所のbooleanメソッド（10.6.3）も注意が必要です。

Column

## staticメソッドの扱いに注意

staticメソッドは、自身のクラスのインスタンス変数を操作できません（5.1参照）。データとデータを操作するロジックがバラバラになり、低凝集の原因になりがちです。

staticメソッドの使用は、ファクトリメソッド（5.2.1参照）や、横断的関心事（5.3.3参照）など、低凝集の心配がないケースに限定しましょう。

第**13**章

モデリング
―クラス設計の土台―

本章では、設計の青写真となるモデリングについて解説します。

動作原理やしくみを簡単に理解・説明するために、物事の特徴や関係性を図式化したものを**モデル**、モデルをつくる活動を**モデリング**と呼びます。

モデリングをしないと、変更に弱く、悪魔を呼び寄せるコードを容易に書いてしまいがちです。どんな弊害があるのか、そして弊害を防ぐためにどうモデリングすればいいのかについて解説します。

本書では、モデルを描くのにUMLのクラス図を用います。ただし通常のクラス図とは異なり、操作の表記はせず、属性のみ表記します[*1]。データベース設計に用いるER図ではないことにご注意ください。

本書ではモデルの描き方の詳細や手順は取り上げません。陥りがちな問題を中心に説明します。

## 13.1
# 邪悪な構造に陥りがちなUserクラス

Webサービスでよく登場する、ログインユーザーを示す**User**クラスを例に考えてみます。

**User**クラスは度重なる仕様変更によって容易に弊害を起こしがちです。どのような弊害が起こりやすいのか、架空のコードにもとづき説明します。

あるECサイトを新規で開発することになりました。ログインユーザーを表現するため、**User**クラスがつくられました。ログインに最低限必要な情報を持つよう、リスト13.1に示すコードとして実装されました。

**✖ リスト13.1** Userクラス

```
class User {
  int id;                  // 識別ID
  String name;             // 名前
  String email;            // Eメールアドレス
  String passwordDigest;   // パスワード
}
```

このとき、ログインユーザーを登録・管理する**UserManager**クラスもつくら

---

[*1] モデルの描き方は人によって好みが分かれます。UMLのクラス図を用いたのは、書きやすさなど筆者の好みによるものです。

れたものとします（図13.1）。

その後、商品の配送先指定のための住所や電話番号、買い手のプロフィールを表現するための自己紹介やURLなど、さまざまな仕様が盛り込まれ、Userクラスは多くのインスタンス変数を持つ構造になりました。

**✕ リスト13.2** さまざまなインスタンス変数が追加されていく

```java
class User {
  int id;                  // 識別ID
  String name;             // 名前
  String email;            // Eメールアドレス
  String passwordDigest;   // パスワード
  String address;          // 住所
  String phoneNumber;      // 電話番号
  String bio;              // 自己紹介
  String url;              // URL
  int discountPoint;       // 割引ポイント
  String themeMode;        // 表示テーマ色
  LocalDate birthday;      // 生年月日
  // 省略。その他多くのインスタンス変数
}
```

サービスがローンチされしばらくした後、ほかの業者も商品を出品できるよう仕様変更が提案されました。法人ユーザーとして登録できるようUserクラスを使うことにしました。その際、業者の身元を確認できるよう、法人番号をUserクラスに追加しました。

**✕ リスト13.3** 法人番号まで……？

```java
class User {
  // 省略
  String corporationNumber;   // 法人番号
}
```

UserManagerクラスとは別に、法人ユーザーを登録・管理するCorporationManagerクラスもつくられました（図13.1）。

**図13.1** 問題を抱えるUserクラス

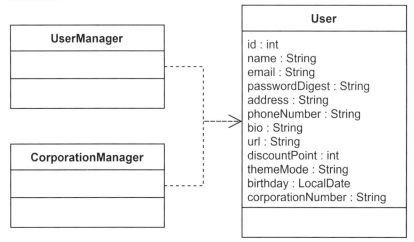

しかし、その後すぐ、さまざまなバグが発生しはじめました。

CorporationManager側でNullPointerExceptionが発生しました。法人番号を示すUser.corporationNumberがnullだったのです。原因を調べると、UserManager側で登録したUserを読み込んでしまっていました。UserManagerは買い手のユーザーを想定しており、法人番号の登録は不要だったからです。

一方、UserManager側でもNullPointerExceptionが発生しました。生年月日を示すUser.birthdayがnullでした。CorporationManager側で登録したUserを読み込んでしまっており、法人ユーザーを想定しているCorporationManagerでは生年月日を登録していなかったのが原因でした。

バグはそれだけではありません。CorporationManager側でUser.nameのバリデーションエラーが発生しました。CorporationManagerでは、名前は4文字以上のルールでしたが、UserManagerで登録されたUserを読み込み、その名前が3文字だったのです。同様にUserManager側でもバリデーションエラーが発生しました。CorporationManagerで登録されたUserを読み込み、その名前には、人名では使えない「㈱」が使われていたからです。

さらに、Userクラスのさまざまなインスタンス変数に関してNullPointerExceptionなどのエラーが起こるようになりました。正常動作させるために、あ

ちこちにnullチェック用の条件分岐を挿入したり、バグ回避用のロジックを追加したり、メンテナンスが難しいソースコードになってしまいました......。

以上がUserクラスの弊害を描いた架空のシナリオです。現実のプロダクションコードでも同様の事例は多いのではないでしょうか。

なぜこのような弊害が起こってしまったのでしょうか。結論から述べると、うまくモデリングされていないのが原因です。

## 13.2
# モデリングの考え方とあるべき構造

モデルはシステム構造の説明のために用います。したがって、モデリングの理解には、まずシステムが何であるかを理解しなければなりません。

### 13.2.1
### システムとは何か

我々の世界は、さまざまな社会的活動によって成り立っています。目的地へ移動する、仕事をする、遊ぶ、買い物をする......といったものです。これらの活動は、それぞれシステムにより実行されます。

図13.2　　人々は「社会的活動」を行っている

　辞書でシステムの定義を紐解くと、「きわめて多数の構成要素から成る集合体で、各部分が有機的に連繋（レンケイ）して、全体としてひとつの目的を持った仕事をするもの」とあります。抽象的でよくわかりませんね[*2]。

　たとえば目的地へ移動するとき、人間は二本脚を交互に動かすことで移動する、二足歩行システムを用いています。意思疎通では、話者が発声器官を使って話し、聞き手が鼓膜で音を拾う、音波を用いた会話システムを用いています。このように、人間はシステムを用いて社会的活動をしています。システムと聞くとコンピューター的なものを想像しがちですが、肉体に備わる器官や臓器も立派なシステムです。

　さて、人類はさまざまな道具や機械を発明してきました。

　目的地への移動に関しては、馬車、自動車、飛行機が発明されてきました。意思疎通に関しては、手紙、電話、SNSなどです。

　目的地への移動に関して、二足歩行の代わりに自動車や飛行機などの別のシス

---

*2　　『新明解国語辞典 第七版 小型版』（2012）、三省堂より。

テムを使えます。つまり社会的活動は、あるシステムから別のシステムへ代替可能なのです。

　ところでなぜ自動車などのシステムがつくり出されるのでしょうか。

　二足歩行と比べて、自動車や飛行機を使うと何倍も速く目的地へ移動できます。つまり、目的達成を効率化するためにシステムはつくり出されます。**システムは目的達成のための手段**なのです。テクノロジーの本質は能力の拡大縮小です。

　システムの内、コンピューターを利用したものを情報システムと呼びます。

---

13.2.2
## システム構造とモデリング

　世の中にある便利なシステムは、特徴的な構造を備えています。モデルはシステム構造の説明に用います。

　たとえば電気自動車は、蓄電するバッテリー、車軸を回転させるモーター、モーター回転速度の制御装置などから構成されます。

**図13.3**　電気自動車の構造

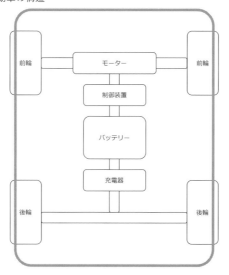

　システム構造を説明するために、単純な箱で図式化したものをモデルといいま

す。モデルの意図を定義し、構成を設計することをモデリングといいます。

　システムは目的達成手段です。そしてモデルはシステムの構成要素です。つまり、モデルは目的達成手段の一部です。**特定の目的達成のために最低限考慮が必要な要素を備えたものがモデル**です。ここで強調したことをよく覚えておいてください。この先の理解を深める上で重要です。

13.2.3

## ソフトウェア設計におけるモデリング

　ソフトウェア設計でのモデルはどうでしょうか。ECサイトを題材に考えてみます。

　ECサイトは商品売買をシステム化したものです。ECサイトにより売買が効率化され、家にいながらも商品を入手できる恩恵を我々は得ています。

　ここで、商品はどういうモデルになるでしょうか。商品にはさまざまな付帯要素（情報）があります。商品名、原価、売値、製造年月日、製造メーカー、構成部品、部品の素材、部品の製造業者、賞味期限、消費期限……、挙げようとすればいくらでも挙げられます。きりがありません。

　これらすべてを盛り込むと、モデルの目的がわからなくなります。取り扱うデータが爆発的に増え、現実的ではありません。

**図13.4**　目的のよくわからない巨大な商品モデル

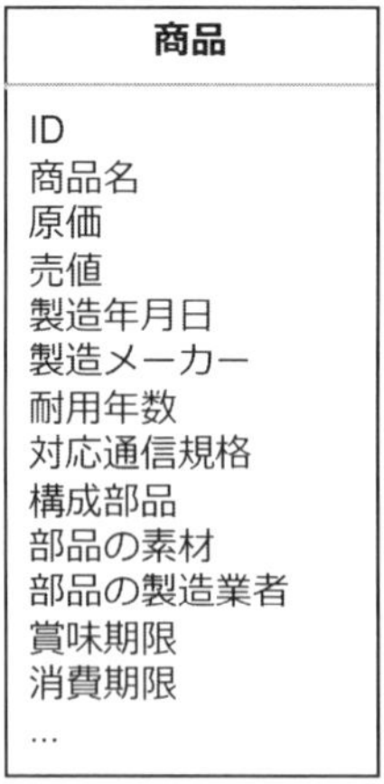

| 商品 |
|---|
| ID |
| 商品名 |
| 原価 |
| 売値 |
| 製造年月日 |
| 製造メーカー |
| 耐用年数 |
| 対応通信規格 |
| 構成部品 |
| 部品の素材 |
| 部品の製造業者 |
| 賞味期限 |
| 消費期限 |
| ... |

　モデルは「特定の目的達成のために最低限考慮が必要な要素を備えたもの」と

説明しました。目的を絞ってみます。

　注文時に、商品モデルに最低限必須の要素を考えます。商品ID、商品名、売値、在庫数が考えられます。モデルにして表してみます。

**図13.5**　目的ごとに定義した商品モデル

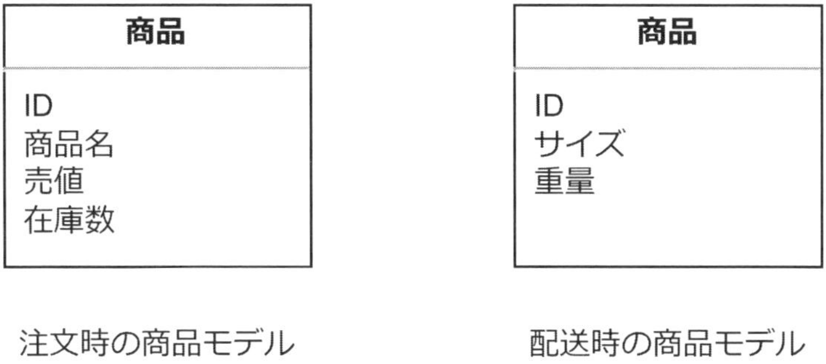

| 商品 |
|------|
| ID |
| 商品名 |
| 売値 |
| 在庫数 |

注文時の商品モデル

| 商品 |
|------|
| ID |
| サイズ |
| 重量 |

配送時の商品モデル

　配送時はどうでしょうか。配送では売値や在庫数は必要ありません。一方、商品を梱包するために、商品のサイズや重量といった要素が必要です。

　注文と配送では達成目的が違います。つまり、目的それぞれで商品モデルが違うのです。

# 13.3
## 良くないモデルの問題点と解決方法

　モデリングの観点から、Userクラスの問題点を検証します。ここではUserクラスをモデルとして解釈します。

　モデルは「特定の目的達成のために最低限考慮が必要な要素を備えたもの」です。ではUserモデルの目的はなんでしょうか。

　生年月日は個人のプロフィールに関連があります。それでは、法人番号は個人のプロフィール関連でしょうか？違いますね。法人情報の検証に関連します。メールやパスワードはどうでしょう。個人プロフィール関連でも法人情報関連でもなく、ログイン認証に用いられるものです。そのほか画面表示色など、それぞれまったく関連が異なります。

つまりUserクラス（モデル）は、**複数の目的のために無理矢理利用されており、モデリングしているようでモデリングしていない**と言えます。このようなモデルを**一貫性がない**という言い方をします。

多くのWebサービスではUserクラスがつくられることが多いです。しかし、さまざまな機能追加に伴い、利用者の付帯要素が次々にUserクラスに追加され、一貫性が失われていきます。そしてさまざまな弊害を招きます。

設計品質が問題になる現場では、ろくにモデリングされず、ただ動くだけのコードが書かれることが多いように見受けられます。正しくモデリングされないと、Userクラスのような弊害を招いてしまいます。モデリングには、対象とする社会的活動や目的の理解が必須なのです。

**図13.6** モデリングには対象の観察と要素抽出が必要

13.3.1
## Userとシステムの関係

Userクラス（モデル）はどうモデリングすれば良かったのでしょうか。

Userとは何かというところから探りを入れます。Userは直訳すると利用者、使用者です。「利用者」は「何を」利用しているのでしょうか？システムを利用しているのですね。したがってUserとは「システム利用者」であると考えられます。

UMLには、システムのユースケースを記述するユースケース図があります。

ユースケースが記述される四角がシステムであり、システム利用者はアクターとして記述されます（図13.7）。

**図13.7** ECサイトを取り巻くユースケース

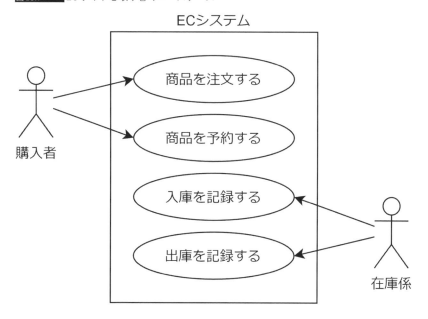

図13.7からもわかるように、アクターすなわちシステム利用者は、システムの外側にいます。システムの定義に立ち返ると、システムは社会的活動を効率化するためにつくり出され、利用されるものです。そのシステムの中にUserとして組み入れられているのは、何か不自然な感じがします。よく考えると商品も物理的にはシステムの外にいます。しかし、一方で名前や生年月日、Eメール、そして売値や在庫数など利用者や商品の付帯要素は、システムを動作させる上で必要です。一見いびつなこの関係を解消しなければなりません。そして解消の鍵は、情報システムが持つ、自動車や飛行機といった物理的なシステムとは大きく異なる特徴にあります。

13.3.2
## 仮想世界を表現する情報システム

　情報システムのベースはコンピューターです。コンピューターは0と1のビットの世界です。ECサイトでの「注文する」「代金を支払う」といったアクションも、コンピューター上では01でしか表現されていません。そこには人間が物理的にお店へ注文しに行ったり、紙幣や硬貨といった現金を物理的に渡したりしているのではなく、概念的な事柄のみが01のビットとして表現されているだけなのです。

　つまり情報システムというのは、現実世界の概念のみをコンピューターの世界へ投影した仮想現実である、というところが、自動車や飛行機といった物理的システムと大きく異なる特徴です。現実世界の概念をコンピューターの仮想世界へ変換し、意味を対応付け、そして概念的なやりとりをコンピューターによって高速化することで効率化していると考えることができます。

13.3.3
## 目的別にモデリングする

　この考えにもとづくと、商品や利用者は物理的な詳細などは無視され、概念的な側面だけが仮想現実の世界に投影されたモデルとして解釈できます。ただ、利用者をそのままUserとしてモデリングしてしまうと、モデルの一貫性の問題が解決できません。

　これを解決する良いヒントがあります。就職活動では、履歴書や職務経歴書、推薦状を使います。これらは就活者個人の性質を表現した媒体です。各媒体は目的ごとに表現方法や名前が異なります。統一的に「User」などという名前では表されていません。つまり、利用者を表現する手段は、目的に応じて名前や形態が違ってくるのです。たったひとつではないのです。

　モデルは「特定の目的達成のために最低限考慮が必要な要素を備えたもの」と説明しました。では利用者に関して、目的に応じたモデルを考えてみましょう。ここでまた良い例があります。

図13.8　GitHubのユーザー設定項目

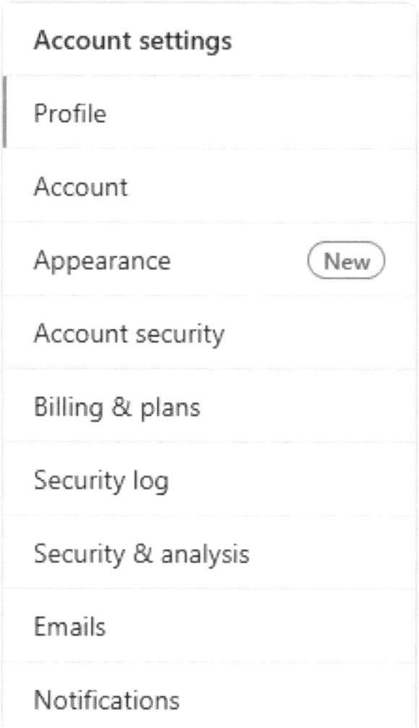

図 13.8 は GitHub のユーザー設定画面です。目的ごとに設定項目が分かれています。ログイン認証の解決には「アカウント」、生年月日や自己紹介といった個人のパーソナリティの解決には「プロフィール」といったモデルとして表現可能ですね。個人としての利用方法と法人としてのそれは違いますから、アカウントをさらに「個人アカウント」「法人アカウント」と分けてモデルを表現することでモデルの一貫性の問題を解決できます。

このように情報システムでは、**現実世界での物理的な存在と、情報システム上のモデルが1:1になるとは限らず、1:多の関係になるケースがあることが大きな特徴** です。これが、設計品質を考える上で特に注意しなければならないところです（図 13.9）。

**図13.9**　目的別の複数のモデルとして定義されるケースが多い

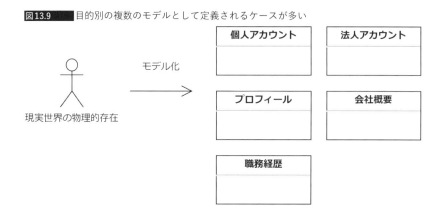

また、もうひとつの観点としては、User（利用者）という名前があいまいな点です。個人ユーザーとも法人ユーザーとも、どうとでも解釈可能で、大雑把でガバガバすぎる名前なのです。目的駆動名前設計（第10章参照）で解説したように、具体的で意味の狭く、目的を表現した名前へ設計し直すことも重要です。

目的ベースで名前を設計し直すと、たとえば次のようになります。

| 目的 | 目的ベースの名前 |
| --- | --- |
| 個人認証 | PersonalAccount |
| 法人認証 | CorporateAccount |
| 特徴の表現 | Profile |

補足ですが、本章の冒頭で登場したUserManagerも意味が広すぎてガバガバです。たとえば個人認証に対応するPersonalAccountAuthenticationクラスや、プロフィール更新に対応するUpdateProfileUseCaseクラスなど、目的ごとのクラスに分解するのが良いでしょう。

---

13.3.4

## モデルはモノではなく目的達成手段

そもそもモデリングがうまくいかないのは、モデルを単なるモノとして解釈していることが原因の一端ではないでしょうか。

ユーザーであれ商品であれ、モノとして解釈するとあらゆる目的で使われ、さまざまなデータが詰め込まれて巨大化し、一貫性のない構造になってしまいます。

モデルは、目的達成手段であるシステムの一部です。目的達成手段と解釈することでうまくモデリングできます。

利用者のモデリングで考えると、`PersonalAccount`は個人認証手段であり、`Profile`は特徴表現手段です。

賢明な読者はすでに気づいたかもしれません。この目的達成手段としてのモデルと第10章の目的駆動名前設計はリンクした考え方です。**目的駆動で名前設計することが、適切に目的達成するモデルを設計することにつながります。**

### 13.3.5
## 単一責任とは単一目的

そして、このモデルと目的の関係は、8.1.3で解説した単一責任の原則にもつながります。

`User`クラスは、複数の目的で使い回されていたために問題が生じていました。リスト8.1の`DiscountManager.getDiscountPrice`は、通常割引価格と夏季割引価格の2つの目的で使い回されており、二重に責任を負わされています。

この例で示したように、目的と責任は対になっていると言えます。つまり単一責任の原則とは、**単一目的の原則**であると筆者は考えます。「クラスが果たす目的は、たったひとつに限定すべき」だと考えます。

クラスというと「共通利用可能な、汎用的な部品として設計するもの」と考える方がいるかもしれません。しかし、そうではありません。逆です。**特定の目的に特化して設計することで、変更に強い高品質な構造になるのです。**

設計に理解ある開発現場では、「責務を考えて設計して」といったセリフがよく飛び交います。しかし、「責務、責務」と言われても、いまいちピンと来ないことがあるかもしれません。

そんなときは、まず目的を見直します。なぜなら、**システムはなんらかの目的を達成するためにつくられるのであり、責務よりも目的が先にくる**からです。

### 13.3.6
## モデルの見直し方

クラスの構造に問題がある場合、モデルに問題があります。モデルにいびつ

さ、不自然さがあり、一貫性がない場合は、以下を検討してみましょう。

- そのモデルが達成しようとしている目的をすべて洗い出す
- 目的それぞれ特化したモデリングをし直す
- 目的駆動名前設計にもとづき、モデルに命名する
- モデルに目的外の要素が入り込んでいる場合、さらに見直す

---

13.3.7
## モデルと実装は必ず相互にフィードバックする

モデルはしくみを単純化したものにすぎません。細部は描写されません。したがって、モデルにもとづきクラスを設計し、コードを実装していきます。

モデル=クラスは必ずしも成り立ちません。モデルは1個または複数のクラスから構成されるものとお考えください。

**図13.10** モデルとクラスの違い

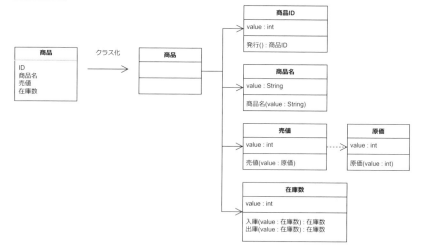

クラスやコードに精緻化していく段階で、動作上の必須要素の見落としに気づくことがよくあります。

クラス設計や実装で気づいたことは必ずモデルにフィードバックしましょう。フィードバックすることで、モデルの正確性が向上します。それによって、さら

に良いモデルへ構造を革新できる場合もあります。革新したモデルにもとづき、クラスそしてコードの品質が向上します。

　フィードバックしないとモデルの構造とソースコードが乖離していき、せっかくモデリングしたものが役立たなくなってしまいます。改善革新のサイクルを回せなくなってしまいます。

　フィードバックのサイクルを回し続けることが設計品質向上の秘訣です。

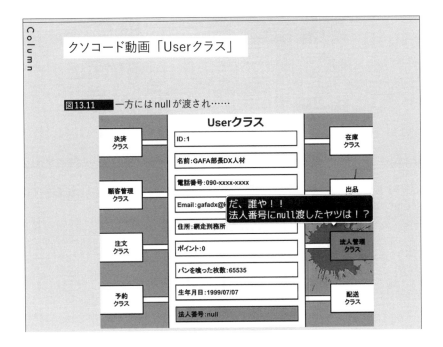

クソコード動画「Userクラス」

図13.11　　一方にはnullが渡され……

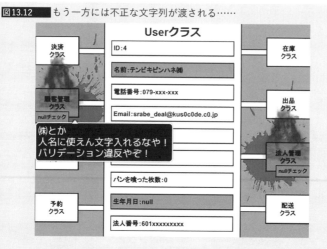

図13.12 もう一方には不正な文字列が渡される……

クソコード動画「Userクラス」[a]は、本章で取り上げたUserクラスの弊害をそのまま描いた作品です[b]。

次のような、本章の冒頭で挙げたUserクラスの弊害がそのまま動画化されています。

- 法人番号にnullを渡して法人管理クラス側でNullPointerException例外が発生する。
- 人名に使えない文字「㈱」を渡して顧客管理クラス側でバリデーションエラーになる。

終盤、彼らはUserクラスの分割を試みるのですが、ほかのさまざまなクラスがUserクラスに依存している構造で、分割しようにも影響が全体に及んでしまいます。結局分割に失敗し、誰もが幸せになれない結末に……。

Webサービスでは、ほとんどのユースケースでユーザー認証が必要など、利用者関連の何かが顔をのぞかせるケースが多く、依存度は高い傾向にあります。動画にあるように、依存の個数が多いほど影響範囲が広く、変更やメンテナンスが大変になります。

こうならないためにも、序盤のモデリングは大事な設計になります。開発当初はシステム化対象の概念理解が浅いために、精度としてはいまいちなモデルになってしまうかもしれません。だからと言って、モデリングをおろそかにして良いというわけではありません。

開発が進んでいくと、雑な構造であってもどんどん依存が高まっていきます。こうなってくると、後からモデリングし直そう、構造を整理し直そうと

思っても、あまりの依存の多さに尻込みしてしまいがちです。

本書の執筆段階では筆者も同様に、ある巨大なクラスの分割を試みているのですが、依存箇所があまりにも多く、分割に難儀しています。

将来こうしたツケで苦しまないためにも、開発序盤はしっかり目的特化でモデリングしましょう。

---

*a　https://twitter.com/MinoDriven/status/1380773721032433674
*b　2021年4月に開催されたDeveloper eXperience Day 2021で、筆者の登壇発表に使用。

# 13.4

# 機能性を左右するモデリング

機能性とはソフトウェア品質特性のひとつで、顧客のニーズを満たす度合いです（15.1参照）。ここからは機能性とモデリングの関係性について解説します。

### 13.4.1
### 裏に隠れた真の目的を見破る

ECサイトにおける商品購入のモデリングを考えてみます。構成要素として購入対象の商品や価格などを盛り込むと、図13.13のようなモデルになるかもしれません。

**図13.13**　商品購入の本当の目的は？

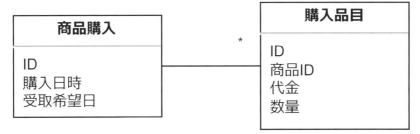

しかし、このモデルでは機能性を発揮できない可能性があります。それは、商品購入の裏に隠れた、真の姿に秘密があります。

　多くのECサイトの利用規約では、「利用者の商品購入操作をもって売買契約を締結するものとする」と定義付けています。商品購入とは、実は法的には売買契約なのです。法的な顔をのぞかせると、まったく重みが違ってきます。モデリング上考慮しなければならない構成要素が変わってきます。

　売買契約では、支払時期や決済方法といった、支払条件を指定する必要があります。図13.13のモデルでは、支払条件に該当する要素が含まれていません。法的な側面がシステム化されていないとどうなるでしょう？売り手と買い手になんらかのトラブルが発生した際、法的な有効性を発揮できず、トラブルをうまく解決できないシステムになってしまう可能性があります。機能性が損失してしまうのです。

**図13.14**　売買契約モデルにして法的要素を盛り込む

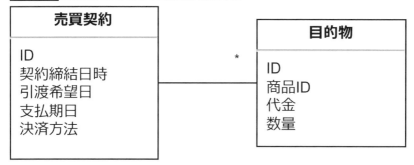

　機能性をうまく発揮するには、概念の正体や、裏に隠れた重大な目的を見破る必要があります（図13.14）。

---
13.4.2
## 機能性をイノベートする「深いモデル」

　サバとサンマ。この2つのモデルがあった場合、どう抽象化するでしょうか。何か観点がないと、図13.15のように魚類として抽象化するかもしれません。

図13.15 魚類として抽象化

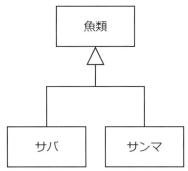

　ここで豚が追加されたらどうなるでしょう。生物学な分類として図 13.16のようになるかもしれません。

図13.16 これでは目的がよくわからない

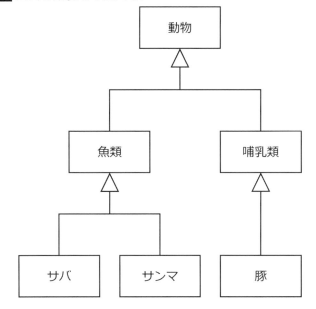

　しかし、このような抽象化では、各モデルがどういった役割を果たすのかがよくわかりません。

モデルは目的達成手段であると説明しました。これらのモデルを、何かの達成手段として考えてみます。たとえば先に挙げたサバ、サンマ、豚を「栄養摂取手段」として抽象化すると、図13.17になります。

図13.17 食事以外にも栄養摂取手段を検討できる

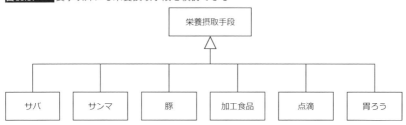

栄養摂取できれば良いのですから、豚以外にも野菜や加工食品であっても良いわけです。さらに食事以外の手段も考えることができ、たとえば点滴や胃ろうでも良いわけです。このように目的達成手段として解釈し、抽象化すると、モデルに発展性が生まれます。

図13.18 移動手段のイノベーションの歴史

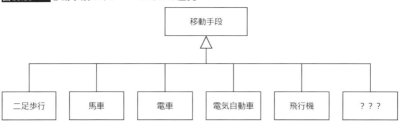

図13.18に示す二足歩行や馬車は、移動手段を具体化したものです。ほかには自動車や飛行機があります。ところで電車も自動車も飛行機も、それぞれまったく構造が違います。

同じ目的達成手段でも、構造によって達成効率が異なります。つまり、新たな構造、しくみによって、機能性をイノベートできることを示唆しています。

次世代の移動手段はどんなしくみになるのでしょうか？乗り物とは限らないで

すし、もしかしたら瞬間移動装置なのかもしれません。

　ソフトウェアでもこれまでさまざまなイノベーションがありました。たとえば興味深い話題をインターネット上で教え広めたいケース。情報拡散手段として古くは掲示板やEメール、個人ブログが主流でした。しかし、Twitterの登場により一変します（図13.19）。

**図13.19** 情報拡散手段をイノベートしたTwitter

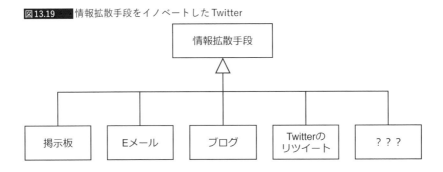

　Twitterは、リツイートされたツイートがフォロワーのタイムラインに表示されるしくみを採用しています。このしくみにより、良くも悪くも話題性のあるツイートが爆発的に拡散されます。情報拡散する機能性において、旧来のメッセージングとは一線を画します。

　リツイートを情報拡散手段のモデルとして解釈すると、リツイートはフォロワーのタイムラインを変換する能力を備えていると考えられます。世の中の優れたしくみは、優れた変換能力を有しています。モニターは映像ケーブルからビット信号を受け取って画素へ変換し、色鮮やかな画像を表示します。ECサイトはわずか数クリックの発注操作を発注データや決済データへ変換します。それによって我々は家にいながら商品を購入し、受け取りを可能にしています。

　コンピューターの本質は0と1の信号変換、および信号変換を応用した演算です。優れた変換能力を備えるようモデルを設計することが、機能性の革新につながると考えます。このように、本質的課題を解決し、機能性の革新に貢献するモデルを、ドメイン駆動設計（17.1.11）では**深いモデル**と呼びます。

　深いモデルは一朝一夕に得られるものではありません。試行錯誤を積み重ね、モデルの改良を繰り返していくことで発想が転換し、大きなブレークスルーを伴って深いモデルを獲得できるものとされています。

設計は一度やったら終わりではなく、日々繰り返し改良していくことが重要
です。

第 **14** 章

リファクタリング
―既存コードを成長に導く技―

　これまでの章では、悪魔を寄せ付けない理想的なコードの書き方やクラスの設計方法について取り上げてきました。新規にコードを追加する場合は、あるべき方針に従って設計実装を進めれば良いでしょう。一方、プロダクトに実装済みの既存コードが粗悪な構造の場合、どうすれば良いのでしょうか。

　それにはリファクタリングで対処します。

## 14.1
## リファクタリングの流れ

　**リファクタリング**とは、外から見た挙動を変えずに、構造を整理することです。本章では、リファクタリングの方法を説明します。

　リファクタリングはコードを変更するので、挙動が変わってしまうとバグになります。挙動が変わっていないことを担保する手段としてユニットテストなどがあります。それらは後述するとして、まずはリファクタリングによるコード変更の一連の流れを説明します。

　Webコミックサービスのロジックを例にします。Webコミックサービスには、サービス内でのみ利用可能な購入ポイントを使って、コミックを購入するものがあります。

　以下の条件をすべて満たす場合、コミックの購入決済ができる仕様とします。

- 購入者のアカウントが有効であること
- 購入対象のコミックが、現在取り扱い中であること
- 購入者の所持ポイントがコミックの購入ポイント以上であること

　リスト14.1は、購入決済を表現するクラスです。プロダクトにすでに実装済みであるものとします。

**✕ リスト14.1** リファクタリング対象のコード

```
class PurchasePointPayment {
  final CustomerId customerId;        // 購入者のID
  final ComicId comicId;              // 購入するWebコミックのID
  final PurchasePoint consumptionPoint; // 購入で消費するポイント
  final LocalDateTime paymentDateTime; // 購入日時

  PurchasePointPayment(final Customer customer, final Comic comic) ←
{
```

```
    if (customer.isEnabled()) {
      customerId = customer.id;
      if (comic.isEnabled()) {
        comicId = comic.id;
        if (comic.currentPurchasePoint.amount <= customer.←
possessionPoint.amount) {
          consumptionPoint = comic.currentPurchasePoint;
          paymentDateTime = LocalDateTime.now();
        }
        else {
          throw new RuntimeException("所持ポイントが不足していま←
す。");
        }
      }
      else {
        throw new IllegalArgumentException("現在取り扱いのできない←
コミックです。");
      }
    }
    else {
      throw new IllegalArgumentException("有効な購入者ではありませ←
ん。");
    }
  }
}
```

14.1.1
## ネストを解消し、見通しを良くする

PurchasePointPaymentクラスのコンストラクタでは、購入決済の条件を
チェックしています。条件を判定するif文が多重にネストしています。非常に見
通しの悪い構造です。

if文のネスト構造の解消には、早期return（6.1）と同様の考え方で、条件を反
転させる方法が有効です。最初のif (customer.isEnabled())を反転し、同
じ挙動になるようロジックを整理します。

🔧 **リスト 14.2** 条件を反転してネスト解消

```
PurchasePointPayment(final Customer customer, final Comic comic) {
  if (!customer.isEnabled()) {
    throw new IllegalArgumentException("有効な購入者ではありませ←
ん。");
  }
  customerId = customer.id;
  if (comic.isEnabled()) {
    comicId = comic.id;
    if (comic.currentPurchasePoint.amount <= customer.←
```

```
possessionPoint.amount) {
      consumptionPoint = comic.currentPurchasePoint;
      paymentDateTime = LocalDateTime.now();
    }
    else {
      throw new RuntimeException("所持ポイントが不足しています。");
    }
  }
  else {
    throw new IllegalArgumentException("現在取り扱いのできないコ←
ミックです。");
  }
}
```

ほか2つのif文も条件を反転して整理します。

**リスト14.3** 他のif文も条件反転して整理

```
PurchasePointPayment(final Customer customer, final Comic comic) {
  if (!customer.isEnabled()) {
    throw new IllegalArgumentException("有効な購入者ではありませ←
ん。");
  }
  customerId = customer.id;
  if (!comic.isEnabled()) {
    throw new IllegalArgumentException("現在取り扱いのできないコ←
ミックです。");
  }
  comicId = comic.id;
  if (customer.possessionPoint.amount < comic.currentPurchasePoint.←
amount) {
    throw new RuntimeException("所持ポイントが不足しています。");
  }
  consumptionPoint = comic.currentPurchasePoint;
  paymentDateTime = LocalDateTime.now();
}
```

14.1.2

## 意味のある単位にロジックをまとめる

決済の条件をチェックしている途中でcustomerIdとcomicIdに値を代入し
ています。違うことを交互にやっていて、ロジックにまとまりがありません。

条件チェックと値の代入ロジックをそれぞれまとめます。条件チェックがすべ
て完了した後に値を代入するよう、ロジックの順番を入れ替えます。

🔧 リスト 14.4 条件チェックと値の代入をそれぞれまとめる

```
PurchasePointPayment(final Customer customer, final Comic comic) {
  if (!customer.isEnabled()) {
    throw new IllegalArgumentException("有効な購入者ではありませ←
ん。");
  }
  if (!comic.isEnabled()) {
    throw new IllegalArgumentException("現在取り扱いのできないコ←
ミックです。");
  }
  if (customer.possessionPoint.amount < comic.currentPurchasePoint.←
amount) {
    throw new RuntimeException("所持ポイントが不足しています。");
  }

  customerId = customer.id;
  comicId = comic.id;
  consumptionPoint = comic.currentPurchasePoint;
  paymentDateTime = LocalDateTime.now();
}
```

　ロジックの見通しがかなり良くなりました。しかし、まだいくつか改善可能な
箇所があります。

---

14.1.3
## 条件を読みやすくする

　有効でない購入者アカウントをif(!customer.isEnabled())で判定して
います。論理否定「!」を用いており、わざわざ「有効ではない」と読み替える
必要があります。若干読みにくさがあります。

　そこで、無効なアカウントであるかを返すisDisabledメソッドをCustomer
クラスに追加します。Comicクラスも同様にisDisabledメソッドを追加しま
す。PurchasePointPaymentコンストラクタでは、それぞれisDisabledメ
ソッドを呼び出す形にします。

🔧 リスト 14.5 論理否定がなくなり、読みやすさが改善

```
PurchasePointPayment(final Customer customer, final Comic comic) {
  if (customer.isDisabled()) {
    throw new IllegalArgumentException("有効な購入者ではありませ←
ん。");
  }
  if (comic.isDisabled()) {
    throw new IllegalArgumentException("現在取り扱いのできないコ←
ミックです。");
```

```
  }
```

<hr/>

14.1.4

# ベタ書きロジックを目的を表すメソッドに置き換える

PurchasePointPaymentコンストラクタでは、if (customer.possessio
nPoint.amount < comic.currentPurchasePoint.amount)で所持ポイン
トが不足しているかを判定しています。しかし、このロジックだけを見た場合、
目的がよくわかりません。

ロジックはベタ書きにはせず、目的を表すメソッドにまとめます。所持ポイン
トが不足しているかを返すisShortOfPointメソッドをCustomerクラスに用
意します。

🔧 リスト14.6 目的を表すメソッドを用意する

```
class Customer {
  final CustomerId id;
  final PurchasePoint possessionPoint;

  /**
   * @param comic 購入対象のWebコミック
   * @return 所持ポイントが不足している場合true
   */
  boolean isShortOfPoint(Comic comic) {
    return possessionPoint.amount < comic.currentPurchasePoint.←
amount;
  }
```

PurchasePointPaymentコンストラクタ側のベタ書きロジックをCustomer
.isShortOfPointに置き換えます。

⭕ リスト14.7 目的を表すメソッドに置き換え

```
class PurchasePointPayment {
  final CustomerId customerId;          // 購入者のID
  final ComicId comicId;                // 購入するWebコミックのID
  final PurchasePoint consumptionPoint; // 購入で消費するポイント
  final LocalDateTime paymentDateTime;  // 購入日時

  PurchasePointPayment(final Customer customer, final Comic comic) ←
{
    if (customer.isDisabled()) {
      throw new IllegalArgumentException("有効な購入者ではありませ←
ん。");
```

```
  }
  if (comic.isDisabled()) {
    throw new IllegalArgumentException("現在取り扱いのできないコ←
ミックです。");
  }
  if (customer.isShortOfPoint(comic)) {
    throw new RuntimeException("所持ポイントが不足しています。");
  }

  customerId = customer.id;
  comicId = comic.id;
  consumptionPoint = comic.currentPurchasePoint;
  paymentDateTime = LocalDateTime.now();
 }
}
```

以上が、リファクタリングでコードを整理する簡単な流れです。

しかし、実際のプロダクションコードはもっと複雑で、リファクタリングの難度は高いです。いくら注意深くリファクタリングしても、人間の注意力には限界があります。うっかりミスで挙動が変わり、バグを埋め込んでしまうかもしれません。

安全にリファクタリングするにはどうすればいいでしょうか。

**14.2**

## ユニットテストでリファクタリングのミスを防ぐ

最も確実性の高い手段のひとつにユニットテストがあります。ユニットテストとは小さな機能単位で動作検証するテストの総称です。テストフレームワークやテストコードを用い、メソッド単位で動作検証する手段をもっぱら意味します。ここでのユニットテストも、テストコードを用いたテストと位置付けます。

「リファクタリングにはユニットテストが必須！」と言われるぐらい、リファクタリングはテストとセットで語られます。ところで、悪魔を呼び寄せるような邪悪なコードには、テストコードが書かれていないことが多いです。このようなコードをリファクタする[*1]には、まずはテストコードを用意しなければなりません。テストのないプロダクションコードに対してテストコードを書き、そのうえでリファクタする手順を説明します。

---

*1　リファクタリングを行うことを、「リファクタする」と言います。

リスト 14.8 は、EC サイトにおける商品の配送料を計算して返すメソッドです。

 リスト 14.8 リファクタリング対象のコード

```java
/**
 * 配送管理クラス
 */
public class DeliveryManager {
  /**
   * 配送料を返す。
   * @param products 配送対象の商品リスト
   * @return 配送料
   */
  public static int deliveryCharge(List<Product> products) {
    int charge = 0;
    int totalPrice = 0;
    for (Product each : products) {
      totalPrice += each.price;
    }
    if (totalPrice < 2000) {
      charge = 500;
    }
    else {
      charge = 0;
    }
    return charge;
  }
}
```

14.2.1
## コードの課題を整理する

　EC サイトには、一度に購入した商品の合計金額に応じて配送料が変わる仕様のものがあります。そうした配送料を計算するのがこのメソッドです。このメソッドには構造上いくつか課題があります。どうリファクタリングするか、まずは課題およびあるべき構造を考えてみます。

　このメソッドは static として定義されています。static メソッドはデータとデータを操作するロジックをバラバラに定義可能な構造であり、低凝集に陥りがちです。そもそも「配送料」は金額を表現する概念のひとつなので、値オブジェクトとして設計した方が良さそうです。

　また、商品の合計金額をこのメソッド内で計算しています。合計金額は、買い物かごを閲覧する、発注操作するなどさまざまなユースケースでの利用が考えられます。このメソッドのように、個別のユースケースでわざわざ計算すると、計算ロジックの重複を許してしまいます。仕様変更時に修正漏れが発生しやすく、

変更に対して脆くなってしまいます。合計金額計算は`List`型のロジック操作を伴うので、ファーストクラスコレクションパターン（7.3.1）で設計するべきでしょう。

---

### 14.2.2
## テストコードを用いたリファクタリングの流れ

テストコードを用いたリファクタリング方法を説明します。安全にリファクタするためのテストコードの挿し込み方法はいろいろありますが、ここでは以下の手順を採ります。なお、これはあるべき構造がある程度わかっている場合に有用な手法です。

1. あるべき構造のひな型クラスをある程度つくる
2. ひな型クラスに対してテストコードを書く
3. テストを失敗させる
4. テストを成功させるための最低限のコードを書く
5. ひな型クラス内部でリファクタリング対象のコードを呼び出す
6. テストが成功するよう、あるべき構造へロジックを少しずつリファクタしていく

**あるべき構造のひな型をつくっておく**

筆者が好んで用いるアプローチとして、まず、あるべき構造のひな型クラスをつくります。購入する商品一覧、すなわち買い物かごを表現するクラスのひな型をつくります。

**リスト 14.9** あるべき構造のひな型を作成

```java
// 買い物かご
class ShoppingCart {
  final List<Product> products;

  ShoppingCart() {
    products = new ArrayList<Product>();
  }

  private ShoppingCart(List<Product> products) {
    this.products = products;
  }

  ShoppingCart add(final Product product) {
    final List<Product> adding = new ArrayList<>(products);
```

```
    adding.add(product);
    return new ShoppingCart(adding);
  }
}
```

なお、商品クラスProductはリスト14.10の実装であるとします。

**リスト14.10** 商品クラス

```
class Product {
  final int id;
  final String name;
  final int price;

  Product(final int id, final String name, final int price) {
    this.id = id;
    this.name = name;
    this.price = price;
  }
}
```

次に、配送料を表現するクラスのひな型をつくります。合計金額計算ロジックはShoppingCartクラスに持たせることを前提とし、コンストラクタにはShoppingCartのインスタンスを渡すものとします。

**リスト14.11** 配送料を表現するクラスのひな型

```
class DeliveryCharge {
  final int amount;

  DeliveryCharge(final ShoppingCart shoppingCart) {
    amount = -1;
  }
}
```

この段階でのShoppingCartとDeliveryChargeは仕様を満たすものではありません。これらクラスに対してテストコードを書き、徐々にDeliveryManagerからロジックを移動して完成へ導くのです。

### テストコードを書く

テストコードを書きます。配送料について、以下の仕様がわかっているものとします。

- 商品の合計金額が2000円未満の場合、配送料は500円。

- 商品の合計金額が2000円以上の場合、配送料は無料。

これらの仕様を満たすテストコードを書きます。テストフレームワークには JUnitを用います[*2]。

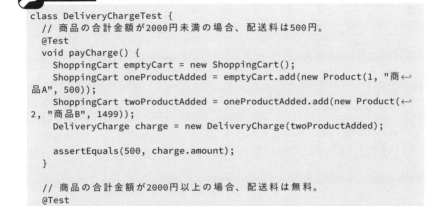

**リスト 14.12** ひな型クラスに対してテストコードを書く

```java
class DeliveryChargeTest {
  // 商品の合計金額が2000円未満の場合、配送料は500円。
  @Test
  void payCharge() {
    ShoppingCart emptyCart = new ShoppingCart();
    ShoppingCart oneProductAdded = emptyCart.add(new Product(1, "商←
品A", 500));
    ShoppingCart twoProductAdded = oneProductAdded.add(new Product(←
2, "商品B", 1499));
    DeliveryCharge charge = new DeliveryCharge(twoProductAdded);

    assertEquals(500, charge.amount);
  }

  // 商品の合計金額が2000円以上の場合、配送料は無料。
  @Test
  void chargeFree() {
    ShoppingCart emptyCart = new ShoppingCart();
    ShoppingCart oneProductAdded = emptyCart.add(new Product(1, "商←
品A", 500));
    ShoppingCart twoProductAdded = oneProductAdded.add(new Product(←
2, "商品B", 1500));
    DeliveryCharge charge = new DeliveryCharge(twoProductAdded);

    assertEquals(0, charge.amount);
  }
}
```

### テストを失敗させる

ユニットテストは、プロダクションコードを実装する前に、テストの失敗と成功を確認しなければなりません。なぜなら正しく失敗、成功できないと、テストコードまたはプロダクションコードに誤りがある可能性があるからです。

まずはテストを失敗させます。この段階でテストを実行すると、2つとも失敗します。失敗確認はこれでOKです。

---

[*2]　JUnitの詳しい使い方については、公式ドキュメントや別の書籍に説明を譲ります。

## テストを成功させる

次にテストを成功させます。成功させるには、いきなり本実装するのではなく、最低限成功させるだけの暫定的なプロダクションコードを実装します。DeliveryChargeクラスを書き換えます。

**リスト 14.13** テストを成功させる最低限のコードを書く

```
class DeliveryCharge {
  final int amount;

  DeliveryCharge(final ShoppingCart shoppingCart) {
    int totalPrice = shoppingCart.products.get(0).price + ←
shoppingCart.products.get(1).price;
    if (totalPrice < 2000) {
      amount = 500;
    }
    else {
      amount = 0;
    }
  }
}
```

コードとしていびつですが、これでテストは成功します。

## リファクタリングを実施する

テストコードの動作確認が済んだところで、ようやくリファクタリングに取り掛かります。リファクタリング対象のDeliveryManager.deliveryChargeメソッドをDeliveryChargeクラスのコンストラクタで呼び出します。

**リスト 14.14** ひな型からリファクタリング対象のロジックを呼び出し

```
class DeliveryCharge {
  final int amount;

  DeliveryCharge(final ShoppingCart shoppingCart) {
    amount = DeliveryManager.deliveryCharge(shoppingCart.products);
  }
}
```

この段階でテスト実行すると成功します。ここから少しずつリファクタリングします。

DeliveryManager.deliveryChargeメソッド内の、商品合計金額計算ロジックをShoppingCartクラスのtotalPriceメソッドとして実装します。

🔧 **リスト 14.15** 合計金額の計算ロジックをひな型へコピー

```
class ShoppingCart {
  // 省略

  /**
   * @return 商品の合計金額
   */
  int totalPrice() {
    int amount = 0;
    for (Product each : products) {
      amount += each.price;
    }
    return amount;
  }
}
```

　DeliveryManager.deliveryChargeメソッドには ShoppingCartのインスタンスを渡すよう引数を変更します。さらに、商品の合計金額計算ロジックをShoppingCart.totalPriceメソッドへ置き換えます。

🔧 **リスト 14.16** 引数の型やロジックをリファクタリング後の型（ShoppingCart）へ変更

```
public class DeliveryManager {
  public static int deliveryCharge(ShoppingCart shoppingCart) {
    int charge = 0;
    if (shoppingCart.totalPrice() < 2000) {
      charge = 500;
    }
    else {
      charge = 0;
    }
    return charge;
  }
}
```

　DeliveryManager.deliveryChargeメソッドの引数を変更したので、呼び出し側のDeliveryChargeクラスも変更します。

🔧 **リスト 14.17** 引数の型を変更

```
class DeliveryCharge {
  final int amount;

  DeliveryCharge(final ShoppingCart shoppingCart) {
    amount = DeliveryManager.deliveryCharge(shoppingCart);
  }
}
```

　ShoppingCartクラスのインスタンス変数productsは、クラス外部のどこか

らも参照されていないですし、外部から勝手に List 要素が変更されるのは危険なので、private に変更します。

**リスト 14.18** インスタンス変数を private へ変更

```java
class ShoppingCart {
  private final List<Product> products;
```

ここで一旦テストを実行し、成功を確認します。

次に DeliveryManager.deliveryCharge メソッドのロジックを Delivery Charge クラスのコンストラクタへ丸々コピーします。加えてテストが通るように、配送料の金額値代入箇所をインスタンス変数 amount へ変更します。

**リスト 14.19** ロジックをコピーし、整える

```java
class DeliveryCharge {
  final int amount;

  DeliveryCharge(final ShoppingCart shoppingCart) {
    if (shoppingCart.totalPrice() < 2000) {
      amount = 500;
    }
    else {
      amount = 0;
    }
  }
}
```

ここでテストを実行し、成功させます。

ここまで来ると DeliveryManager.deliveryCharge メソッドは不要になるので削除します。

DeliveryCharge クラスはまだブラッシュアップ可能です。2000, 500, 0 といったマジックナンバーが埋め込まれていますね。適切な名前を付与した定数に置き換えます。

**リスト 14.20** マジックナンバーを定数へ書き換え

```java
class DeliveryCharge {
  private static final int CHARGE_FREE_THRESHOLD = 2000;
  private static final int PAY_CHARGE = 500;
  private static final int CHARGE_FREE = 0;
  final int amount;

  DeliveryCharge(final ShoppingCart shoppingCart) {
```

```
    if (shoppingCart.totalPrice() < CHARGE_FREE_THRESHOLD) {
      amount = PAY_CHARGE;
    }
    else {
      amount = CHARGE_FREE;
    }
  }
}
```

好みが分かれるところですが、条件分岐を三項演算子に書き換えても良いでしょう。最終的なプロダクションコードがリスト 14.21、リスト 14.22 です。

**リスト 14.21** 配送料クラスの最終形

```
/**
 * 配送料
 */
class DeliveryCharge {
  private static final int CHARGE_FREE_THRESHOLD = 2000;
  private static final int PAY_CHARGE = 500;
  private static final int CHARGE_FREE = 0;
  final int amount;

  /**
   * @param shoppingCart 買い物かご
   */
  DeliveryCharge(final ShoppingCart shoppingCart) {
    amount = (shoppingCart.totalPrice() < CHARGE_FREE_THRESHOLD) ? ←
PAY_CHARGE : CHARGE_FREE;
  }
}
```

**リスト 14.22** 買い物かごクラスの最終形

```
/**
 * 買い物かご
 */
class ShoppingCart {
  private final List<Product> products;

  ShoppingCart() {
    products = new ArrayList<Product>();
  }

  private ShoppingCart(List<Product> products) {
    this.products = products;
  }

  /**
   * 買い物かごに商品を追加する
```

```
 * @param product 商品
 * @return 商品が追加された買い物かご
 */
ShoppingCart add(final Product product) {
  final List<Product> adding = new ArrayList<>(products);
  adding.add(product);
  return new ShoppingCart(adding);
}

/**
 * @return 商品の合計金額
 */
int totalPrice() {
  int amount = 0;
  for (Product each : products) {
    amount += each.price;
  }
  return amount;
}
}
```

図14.1 リファクタリングによって整理されたクラス

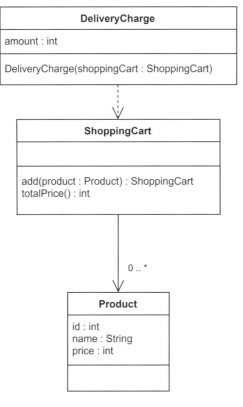

最後にテストを実行、成功させ、リファクタリング完了です。リファクタリング作業の途中、不注意でロジックの書き換えをミスしても、テストの失敗ですぐに気がつけるので、安全にロジックを変更できます。

# 14.3
## あやふやな仕様を理解するための分析方法

ユニットテストを用いたリファクタリングは、はじめから仕様がわかっている前提があったので、テストを書けました。一方で実際の開発では、仕様がわからない場合があります。仕様がわからなければ安全にリファクタリングするための

テストコードを書けません。どうすればいいのでしょうか。

書籍『レガシーコード改善ガイド』(17.1.5) には、テストがないコードにテストを追加する、安全にリファクタリングする方法について、多くのノウハウが記載されています。その内2つについて、簡単に紹介します。

14.3.1

## 仕様分析方法1：仕様化テスト

たとえばリスト 14.23 のようなひどいコードがあったとします。

**✕ リスト 14.23** 名前から意図が伝わらないひどいメソッド

```java
public class MoneyManager {
  public static int calc(int v, boolean flag) {
    // 省略
  }
}
```

calcメソッドは仕様がわかりません。MoneyManagerのクラスであることから、何か金額を計算するものであるようなのですが、メソッド名から類推が困難です。引数もそれぞれ何であるかわかりません。これではテストコードを書きようがないですし、まして安全にリファクタリングできそうにもありません。

ここで活躍するのが**仕様化テスト**です。仕様化テストは、メソッドの仕様を分析するための手法です。

まず、適当な値を代入するテストを書きます。

**リスト 14.24** 仕様化テスト

```java
@Test
void characterizationTest() {
  int actual = MoneyManager.calc(1000, false);
  assertEquals(0, actual);
}
```

テストは失敗しましたが、リスト 14.25 の結果が得られました。

**リスト 14.25** どんな値を返してくるかがわかった

```
org.opentest4j.AssertionFailedError:
Expected :0
Actual   :1000
```

どうやら引数vの値がそのまま返ってくることがわかりました。入力に対する

正解がひとつわかった形です。テストが成功するよう書き換えます。

**リスト14.26** テストが成功するよう書き換える

```
@Test
void characterizationTest() {
  int actual = MoneyManager.calc(1000, false);
  assertEquals(1000, actual);
}
```

このように calc メソッドがどんな値を返してくるかを調べるため、テストどんどん書き足していきます。すると、引数の組み合わせにより、それぞれ表14.1に示す値を返してくることがわかりました。

**表14.1** 仕様化テストの結果一覧

| 引数v | 引数flag | 戻り値 |
| --- | --- | --- |
| 1000 | false | 1000 |
| 2000 | false | 2000 |
| 3000 | false | 3000 |
| 1000 | true | 1100 |
| 2000 | true | 2200 |
| 3000 | true | 3300 |

この結果から以下のことが類推できます。

- 引数 flag が false の場合は、引数 v の値をそのまま返している。
- 引数 flag が true の場合は、引数 v を使ったなんらかの計算をしている。

この calc が MoneyManager クラスのメソッドであることから、「これはもしかして、引数 flag が true のときは税率10%の消費税込み金額を計算しているのでは?」とさらに類推を進めます。

このように仕様化テストは、分析したいメソッドのテスト書き、そのメソッドがどんな挙動を示すかを明らかにする方法です。

実際には、仕様化テストだけですべての仕様を明らかにするのは難しいです。メソッド内部のロジックや、どういうユースケースから呼び出されているかなど、複合的な分析を経て仕様を明確化していくものですが、仕様の手がかりをつ

かむ有効な分析手段のひとつであります。

仕様化テストを含むさまざまな分析を経て、`MoneyManager.calc`メソッドが消費税込み計算をするものだと十分に確信が得られたとします。そうすれば、税込み計算の仕様を満足するテストコードを書けますし、テストを利用してより良い構造へ安全にリファクタできます。

14.3.2

## 仕様分析方法２：試行リファクタリング

配送料のコードをリファクタリングする例は、あるべき構造がある程度イメージできていました。しかし、実際のプロダクションコードにはもっと複雑怪奇なものが多く、あるべき構造の類推が困難です。また、そのようなコードは往々にして仕様が不明瞭であることが多いです。

このような状況で有用な分析手法が、**試行リファクタリング**です。これは正式にリファクタリングするのではなく、ロジックの意味や構造を分析するためにお試しでリファクタリングするものです。

まずは対象のコードをリポジトリからチェックアウトします。次にテストコードを書かずに、プロダクションコードをどんどんリファクタしていきます。コードが整理されて見通しが良くなると、以下の利点があります。

- 可読性が上がり、ロジックの仕様理解が進む。
- あるべき構造が見えてくる。どの範囲をメソッドやクラスに切り出せば良いかが見えてくる。つまり本番リファクタリングのゴールが見えてくる。
- 無駄なコード（デッドコード）が見えてくる。
- どのようにテストコードを書けばよいかが見えてくる。

試行リファクタリングによる分析結果にもとづき、あるべき構造を策定し、テストコードを書いて正式にリファクタリングすると良いでしょう。

なお、試行リファクタリングはあくまで分析用のロジック変更なので、リポジトリへマージしてはいけません。使い終わったら破棄しましょう。

# 14.4

## IDEのリファクタリング機能

IDEには便利なリファクタリング機能があります。機械的に、正確にリファクタリングできるのが特徴です。

IntelliJ IDEAのリファクタリング機能のうち、2つを紹介します。

### 14.4.1
### リネーム（名前の変更）

クラスやメソッド、変数の名前を一度にすべて、正確に変更するリファクタリング機能です。

ローカル変数の名前を変更してみます。変更したい変数にカーソルを合わせます。ここで右クリックすると、ポップアップメニューが表示されます（図14.2）。

**図14.2** 名前変更したい変数を選択

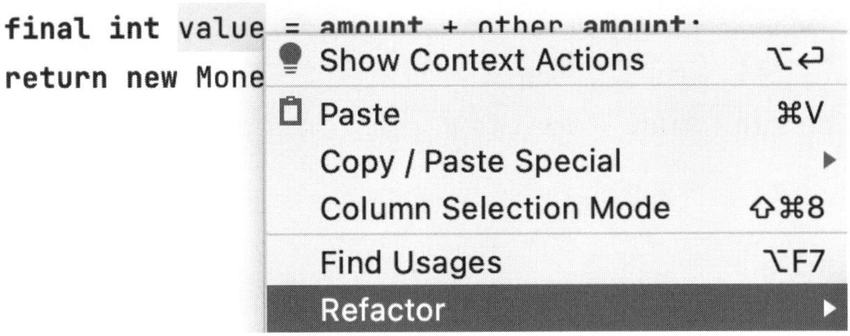

```
final int value = amount + other amount;
return new Mone
```

| | | |
|---|---|---|
| 💡 Show Context Actions | ⌥↵ |
| 📋 Paste | ⌘V |
| Copy / Paste Special | ▶ |
| Column Selection Mode | ⇧⌘8 |
| Find Usages | ⌥F7 |
| Refactor | ▶ |

**図14.3** メニューから Refactor → Rename を選択

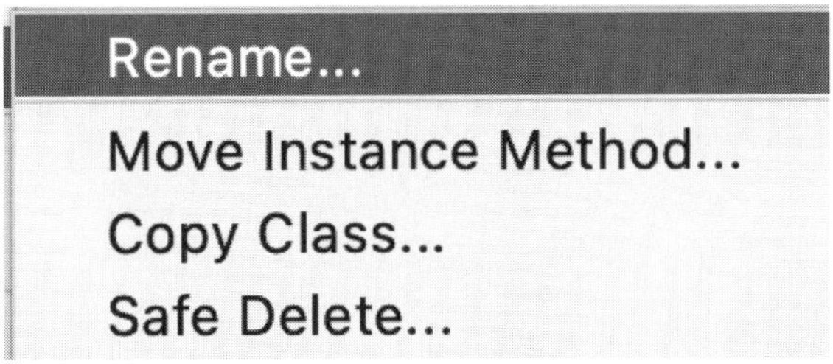

Rename...

Move Instance Method...

Copy Class...

Safe Delete...

メニュー内の「Refactor → Rename」（図14.3）を選択すると、カーソルを合わせた変数がハイライトされます（図14.4）。

**図14.4** 適切な名前へ変更する

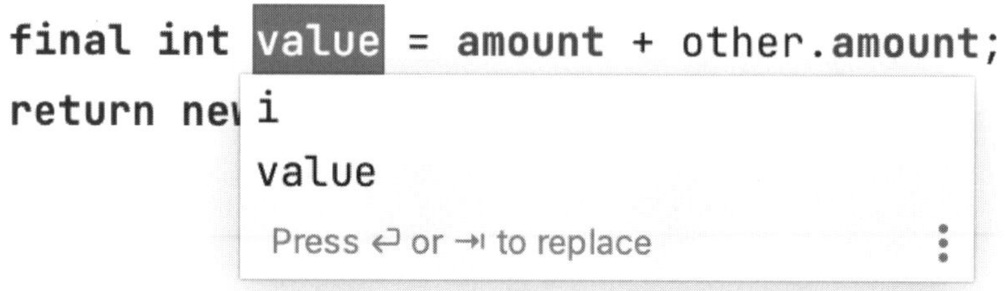

```
final int value = amount + other.amount;
return new i
          value
          Press ← or →| to replace        ⋮
```

所望の名前に書き換えると、そのローカル変数の使用箇所すべての名前がいっぺんに変更されます（図14.5）。

**図14.5** 使用箇所すべてが正確に変更される

```
final int added = amount + other.amount;
return new Money(added, currency);
```

一つ一つ手作業で変更する手間が省けます。参照箇所のすべてを変更してくれるので、変更漏れが発生しません。また、タイポの心配がないので安全です。

---

14.4.2
## メソッド抽出

ロジックの一部をメソッドとして切り出す機能です。

以下のように、切り出したい箇所を範囲選択します（図14.6）。

図14.6　メソッドとして切り出したい箇所を範囲選択

```
int damage() {
    int tmp = this.member.power() + this.member.weaponAttack();
    tmp = (int)(tmp * (1f + this.member.speed() / 100f));
    tmp = tmp - (int)(this.enemy.defence / 2);
    tmp = Math.max(0, tmp);

    return tmp;
}
```

　右クリックしてポップアップメニューを表示させ、「Refactor → Extract Method」
を選択します（図 14.7）。

図14.7　Extract Method(メソッド抽出)

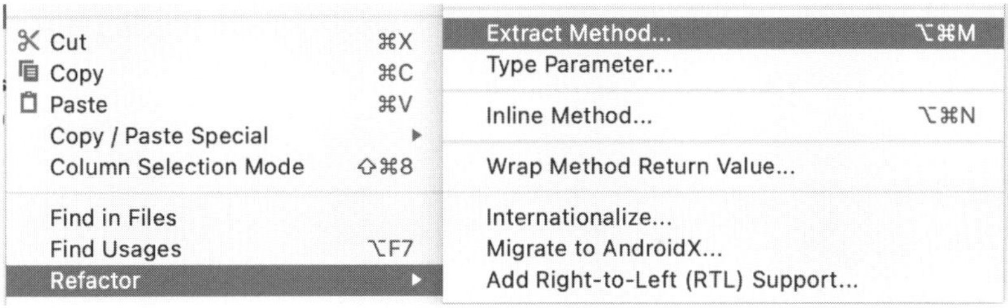

| ✂ Cut | ⌘X | Extract Method... | ⌥⌘M |
| 📋 Copy | ⌘C | Type Parameter... | |
| 📄 Paste | ⌘V | Inline Method... | ⌥⌘N |
| Copy / Paste Special | ▶ | | |
| Column Selection Mode | ⇧⌘8 | Wrap Method Return Value... | |
| Find in Files | | Internationalize... | |
| Find Usages | ⌥F7 | Migrate to AndroidX... | |
| Refactor | ▶ | Add Right-to-Left (RTL) Support... | |

　すると、範囲選択した箇所がメソッドとして切り出されます。元の箇所は、切
り出したメソッドに置き換わります（図 14.8）。

**図14.8** メソッドとして切り出される

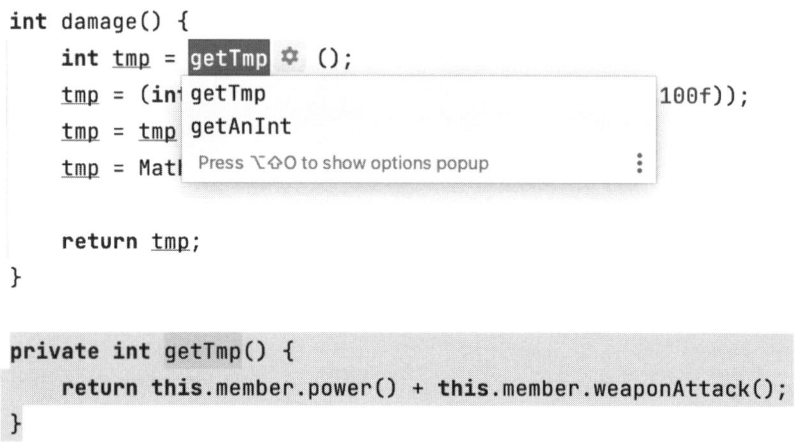

```
int damage() {
    int tmp = getTmp ⚙ ();
    tmp = (int getTmp                    100f));
    tmp = tmp   getAnInt
    tmp = Matl  Press ⌥⇧O to show options popup        ⋮

    return tmp;
}

private int getTmp() {
    return this.member.power() + this.member.weaponAttack();
}
```

　切り出しと同時に、メソッド名を変更するようメソッドがハイライトされます。適切な名前へ変更します（図14.9）。

**図14.9** 適切なメソッド名へ変更しよう

```
int damage() {
    int tmp = basicAttackPower ⚙ ();
    tmp = (int)(tmp * (1f + this.member.speed() / 100f));
    tmp = tmp - (int)(this.enemy.defence / 2);
    tmp = Math.max(0, tmp);

    return tmp;
}

private int basicAttackPower() {
    return this.member.power() + this.member.weaponAttack();
}
```

　この機能は、長大なロジックの中から意味のあるひと塊のロジックを取り出し

たい場合に強力です。また、「テストコードを書けそうなロジックがあるのに、長いメソッドの内部に埋め込まれていてテストできない」といったケースにも対応できます。

　IDEのリファクタリング機能は、ほかにもさまざまなものあります。実際に試してみると良いでしょう。

# 14.5
## リファクタリングで注意すべきこと

　リファクタリングを実施する上で注意すべきことがいくつかあります。

### 14.5.1
### 機能追加とリファクタリングを同時にやらない

　機能追加とリファクタリングを同時にやってはいけません。どちらか一方に専念しましょう。

　書籍『リファクタリング』(17.1.3) では、この切り替えを「2つの帽子」と表現しています。作業するときは、「ファンクションの帽子」（機能追加）と「リファクタリングの帽子」どちらか1つだけをかぶっていることを意識しましょう。

　この帽子の切り替えを意識しないと、自分が今機能追加しているのか、それともリファクタリングしているのか混乱してしまいます。またリポジトリへのコミットも、機能追加とリファクタリングを分けておかないと、そのコミットが機能追加のためだったのかリファクタリングのためだったのか、後から見分けがつかなくなります。バグが発生した場合に、機能追加またはリファクタリング、どちらの変更による原因なのか、分析を難しくしてしまいます。

### 14.5.2
### スモールステップで実施する

　リファクタリングはスモールステップで実施しましょう。

　コミットは、どうリファクタしたか、違いがわかる単位にします。たとえばリファクタリングでメソッド名の変更とロジックの移動を実施する場合、コミットを分けます。両方同じコミットに含めると、そのコミットがなんのリファクタリングを実施したのか見分けが困難になります。

数回コミットしたら、Pull Requestを作成するのが良いでしょう。変更が大量にあると、ほかのメンバーの変更コードとコンフリクトする可能性があるためです。また、リファクタしたコードに不備があった場合にロールバックが大変になります。

14.5.3

## 無駄な仕様は削除することも視野に

ソフトウェアの仕様は、利益に貢献するよう定められるものです。一方で、ほとんど利益に貢献しなくなった仕様や、バグがある仕様、ほかの仕様と競合（または矛盾）している仕様も中には存在します。こうした無駄な仕様がある状況では、リファクタリングはうまくいきません。

バグがある、矛盾しているコードをいくらリファクタリングしても、整合性の取れたコードには決して到達できません。

ほとんど利益に貢献しない仕様のコードに対して、わざわざ開発コストを割いて一生懸命リファクタしても、開発生産性の向上には貢献できません。

リファクタをしていると、あるコードが邪魔でうまくリファクタできないケースがたびたびあります。邪魔なコードが無駄な仕様に関係する場合、対処を検討するコストが無駄になります。

したがって、リファクタリングの前には無駄な仕様がないか、仕様の棚卸しをするのも一考です。無駄な仕様やコードをあらかじめ削除しておけば、より快適に、よりきれいにリファクタできるでしょう。

---

**Column**

### Railsアプリのリファクタリング

筆者はリファクタリング専門のエンジニアとして仕事をしています。「サービスの技術的負債（15.2参照）をなんとか返済して、開発生産性を上げたい」というニーズを受けての仕事です。

現在、筆者はRuby on Rails（以下Rails）アプリのリファクタリングをしています。

エディタにはRubyMine[a]を利用しています。強力なリファクタリング機能を有し、重宝しています。異常なコードを検出するインスペクション機能、クラスメンバーを一覧表示する構造ビュー、定義元へのジャンプ機能など便利機能が充実しており、リファクタリングにおいて手放せない存在となっています。

　ところで、静的型付け言語であるC#を十数年経験してきた筆者にとって、（あくまで個人的な印象ですが）Railsはかなりクセの強いフレームワークだと感じます。C#でのリファクタリングノウハウがなかなか通用しないつらさがあるからです。

　C#は静的型付けであるため、IDEの静的解析によりクラスやメソッドの呼び出し箇所を正確に参照追跡可能です。このおかげで漏れなく正確に影響範囲を把握でき、リファクタリングの正確性が向上します。

　一方Railsは動的型付けのRubyをベースにしています。現状のリファクタリング対象はRuby 2系で、型情報がありません[*b]。クラスやメソッドの呼び出し箇所を、C#と同じ精度で参照追跡できません。たとえばRubyMineにはクラスやメソッドの呼び出し箇所を検索する機能があります。検索機能は強力で、呼び出し箇所をかなり正確にリストアップできます。しかし、違うクラスの同名メソッドがヒットしたり、検索結果にノイズが混入したりすることがあります。このような場合、ヒットしたものが探しているメソッドと同じか、一つ一つ周囲のロジックから推測しなければなりません。

　また、RailsはActive Record[*c]を中心としたMVCフレームワークです。Active RecordはControllerやViewと密結合になることを是としていて、多くの便利機能がActive Recordに集約しています。そのため、Active Recordには責務の異なるさまざまなロジックが実装されがちです。

　Active Recordから責務の異なるロジックを引き剥がし、別のクラスとして分離するのが筆者のリファクタリングの主活動です。ただ、引き剥がしたいロジックがActive Recordの機能やgem[*d]の便利機能に依存しているために、引き剥がしが困難な状況にたびたび遭遇し、難儀しています。

　そのほか、Railsならではの制約があるなどさまざまな困難が伴いますが、それでも着実にリファクタリングを進めています。そしてリファクタリング設計においては、本書記載のテクニックをふんだんに利用しています。

　たとえば、金額とまったく関係ない箇所に金額計算ロジックが実装されていれば、値オブジェクトとして切り出します。is_a?メソッド[*e]でクラスの型判定をしている箇所は、たいていリスコフの置換原則に違反しているので、型判定しないよう適切に抽象化します。

　Rubyは動的型付けとはいえオブジェクト指向言語なので、オブジェクト指向設計のノウハウを活用できる強みがあるのです。

　Railsならではの対処もしています。新たに分割したクラスやメソッドは、検索時にノイズが混じらないようにユニークな命名をしています。名前の候補が決まったら、その名前でソースコードを全検索し、重複がないことを確認して命名するのです。

　また、Active Recordからは無理にロジックを引き剥がそうとはしていません。Active Recordと付随する便利機能だけを、ほかに影響を与えないよ

うにうまくカプセル化し、それ以外のビジネスロジックを隔離・分割するといった手法を使っています。

杓子定規にリファクタリングせず、フレームワークの特性を考慮します。

このようにして切り出されたクラスは、責務が明瞭で変更影響が伝搬しにくい頑強な構造になっています。さらに、静的型付け言語並みに検索性の優れたものに仕上がります。

リファクタリングの際は、言語やフレームワークの特性を考慮した設計や移行手順を策定するのが重要です。

静的型付け言語に比べ、動的型付け言語のリファクタリングは高難易度です。責務や構造がどうあるべきかを、より深く考える契機になり、自分の設計スキル向上につながっている実感があります。

---

*a　RubyMine は IntelliJ IDEA と同じ JetBrains 社が提供する Ruby 用の IDE です。RubyMine には IntelliJ IDEA と同等のリファクタリング機能が備わっています。 https://www.jetbrains.com/ja-jp/ruby/

*b　Ruby 3 以降で型の記述関連の機能が導入されます。

*c　DB テーブルと 1:1 の O/R Mapper。

*d　Ruby のライブラリ。

*e　Java の instanceof に相当。

# 第15章

## 設計の意義と
## 設計への向き合い方

クラスを中心に、本書は設計の方法や重要性を取り上げてきました。

本書のノウハウを用いると、コードを楽にすばやく正確に変更できるようになります。すばやく変更できると、ソフトウェアの価値がすばやく高まります。ソフトウェアが成長します。

この章では、ソフトウェアの成長性を軸に、設計の意義や設計への向き合い方を解説します。

## 15.1
## 本書はなんの設計について書いたものなのか

**表15.1** ソフトウェア製品に関する品質特性（JIS X 25010:2013を参考に作成）

| 品質特性 | 説明 | 品質副特性 |
|---|---|---|
| 機能適合性 | 機能がニーズを満たす度合い | 機能完全性、機能正確性、機能適切性 |
| 性能効率性 | リソース効率や性能の度合い | 時間効率性、資源効率性、容量満足性 |
| 互換性 | ほかのシステムと情報の共有、交換できる度合い | 共存性、相互運用性 |
| 使用性 | 利用者がシステムを満足に利用できる度合い | 適切度認識性、習得性、運用操作性、ユーザーエラー防止性、ユーザーインターフェイス快美性、アクセシビリティ |
| 信頼性 | 必要なときに機能実行できる度合い | 成熟性、可用性、障害許容性、回復性 |
| セキュリティ | 不正利用から保護する度合い | 機密性、インテグリティ、否認防止性、責任追跡性、真正性 |
| 保守性 | システムを修正する有効性や効率の度合い | モジュール性、再利用性、解析性、修正性、試験性 |
| 移植性 | ほかの実行環境に移植できる度合い | 適応性、設置性、置換性 |

表15.1はソフトウェア製品に関する品質特性の一覧です。

たとえばシステムの機能が顧客のニーズを満たす品質特性は機能適合性です。各品質特性にはさらに副特性があり、機能適合性の副特性には機能完全性、機能正確性、機能適切性があります。

設計とは、課題を効率的に解決するしくみづくりのことです。

そして、ソフトウェアにおける設計とは、なんらかのソフトウェア品質特性の向上を促進するためのしくみをつくることです。たとえば性能効率性はパフォーマンス性能を表す品質特性であり、性能効率性を上げるにはパフォーマンス設計をします。

では本書での設計は、主にどの品質特性の向上を狙ったものでしょうか。本書の内容を振り返ってみましょう。

本書はソフトウェア開発上の悪魔を退治する設計方法を記述したものです。悪魔はさまざまな悪事を働きます。デバッグ時や仕様変更時、どのロジックが影響しているのか影響範囲の把握を困難にさせます。また、仕様変更時に修正漏れが起こりやすく、バグが発生するなど、正確に動作できるようになるまで時間を浪費させます。

こうした悪魔の性質と最も関係がありそうな品質特性はどれでしょうか。保守性を見てください。「システムを修正する有効性や効率の度合い」とありますね。そうです、本書で取り扱っているのは、保守性に関係する設計です。そして保守性の副特性には修正性があります。修正性は変更容易性とも呼び、どれだけすばやく（バグを発生させず）正確にコード変更可能かを示す指標です。保守性の中でも、特に **変更容易性の向上を目的にした設計手法** なのです。

# 15.2
# 設計しないと開発生産性が低下する

本書でさんざん取り上げていた「悪魔を呼び寄せるコード」とは、変更容易性の低いコードなのです。

変更が困難で壊れやすいコードを**レガシーコード**と呼びます。レガシーコードが蓄積している状態を**技術的負債**と呼びます。

変更容易性の設計をしないと、開発生産性が低下します。低下要因は、大きく分けて2つあります。

## 15.2.1
## 要因1：バグを埋め込みやすくなる

コード変更時にバグを埋め込みやすくなります。バグがないよう、正確に変更できるまで時間がかかってしまいます。

- 低凝集な構造によって仕様変更時に修正漏れが起きやすくなり、バグになる。
- コードの理解が難しいために、実装ミスが起こりやすく、バグになる。
- 不正値が容易に混入する構造になりがちで、バグが起こりやすくなる。

### 要因2：可読性が低下する

可読性が低下し、意図を正確に理解するまでに時間がかかってしまいます。

- ロジックの見通しが悪く、読み解くのに時間がかかる。
- 関係し合うロジックがあちこちに散在しているために、仕様変更に関連するロジックをすべて探し回る手間が増える。
- 不正値の混入でバグが発生した場合に、どこから不正値が混入したのか追跡が困難になる。

### 木こりのジレンマ

「木こりのジレンマ」という説話があります。

> ある木こりが、斧で一生懸命木を切っていました。
>
> 通りかかった旅人が木を切る様子をしばらく眺めていましたが、なかなか木が切れません。
>
> よく見てみると、斧が刃こぼれしていたので、旅人は言いました。
>
> 「刃を研げば楽に切れますよ」
>
> 木こりは答えました。
>
> 「刃を研ぐ時間なんかない！」

　ソフトウェア開発でも、この「木こりのジレンマ」と同じことが起こっていないでしょうか。この説話の「木を切る時間」を「ロジックの実装時間」、「刃を研ぐ時間」を「設計する時間」に置き換えて考えてみましょう。設計していないと、ロジックの変更やデバッグに多大な時間を浪費してしまいます。そして設計する余裕すらなくなってしまうジレンマに陥ってしまいます。

## 15.2.4
# 一生懸命仕事した感覚だけが残って生産性は悪いまま

開発生産性が悪いと、新機能をなかなかリリースできなくなります。当然、収益を出せなくなっていきます。成果を出せない体質になっていくのです。

開発現場では、リリース期日までになんとか間に合わせようと、長時間労働が慢性化していきます。開発メンバーは一生懸命がむしゃらに、とにかく動作するよう実装修正を繰り返すことになります。

「とにかく一生懸命働いた！」という感覚だけは強烈に残ります。しかし、生産性は悪いままなので、成果はなかなか出ません。「これほど一生懸命働いているのに、なぜ成果が出ないんだ！」と憤り、失望の声が上がってくることも想像に難くありません。

しかし、それは本当の意味で一生懸命働いたと言えるのでしょうか。本来一生懸命やるべきなのは、成果を出しやすい構造を設計することです。

## 15.2.5
# 国家規模の経済損失

レガシーコードによる生産性低下がどれほどの損失になるか考えてみます。

開発チームにはメンバーが20人いて、レガシーコードによる実装遅延が1人1日3時間発生している仮定します。単純計算で、開発チーム全体で1日あたり3×20=60時間損失が発生していることになりますね。これが1か月ともなると実働日数20日として1200時間、1年間となると14400時間も損失が生じます。低生産性による損失は、少しずつ確実に蓄積していきます。

この損失は、実際にはレガシーコードの量に単純に比例するものではありません。なぜなら**複雑で混乱したロジックがあると、もっと混乱したロジックがつくり込まれやすくなるからです**。ソースコードの巨大化に伴い、加速度的に混乱に拍車がかかります。そしていつしか、機能開発がほとんど立ち行かず、リリース困難になってしまうほど悪化していくのです。

経済産業省の発表資料によると、2025年以降、技術的負債による経済的損失額は、12兆円になるとの試算[1][2]。日本の2021年度国家予算が142.5兆円（補正含

---

[1]　『DXレポート 〜ITシステム「2025年の崖」克服とDXの本格的な展開〜』著：デジタルトランスフォーメーションに向けた研究会、URL：https://www.meti.go.jp/shingikai/mono_info_service/digital_transformation/pdf/20180907_03.pdf

[2]　『老朽化ソフトウェアの技術的な負債、毎年12兆円の衝撃』著：広木大地、URL：https://note.com/hirokidaichi/n/n1ce83fa154e5

む）であることを踏まえると、すさまじい損失額です。

　驚くべき金額です。まさに「塵も積もれば山となる」。設計をないがしろにし、日々の生産性の低さを放置していった結果、国家規模の損失を抱えるまでにいたっているのです。

　この点から、変更容易性は極めて重要な品質特性だと言えます。

## 15.3
## ソフトウェアとエンジニアの成長性

　ところで、なんのためにコードを変更するのでしょうか。

　ソフトウェアの価値や魅力をより高めるために仕様が追加・変更され、そしてコードが変更されます。コードの変更容易性が高いほど、ソフトウェアの価値をすばやく高められます。ソフトウェアがすばやく成長するのです。

　つまり、変更容易性を高めることは、ソフトウェアの成長性を高めることなのです。**ソフトウェアの成長性を高めることが**、**本書の意義です。**

　変更容易性が悪化すると、ソフトウェアの成長性が悪化します。それだけでなく、あなたのスキルの成長性まで悪化します。

### 15.3.1
### エンジニアにとっての資産とは何か

　ちょっと考えてみてください。「エンジニアにとっての」資産とは何でしょうか。貯蓄がたくさんあることでしょうか。それとも高年収であることでしょうか。

　人によってお金の使い方は異なるので、貯蓄額の多寡は「エンジニアにとっての」資産とは違うように思えます。年収に関しても、景気の浮き沈みでいくらでも変わるものですから、「エンジニアにとっての」本質的な資産とは異なっていそうです。

　エンジニアにとっての本質的な資産とは何でしょう。それは**技術力**にほかならないと筆者は考えます。貯蓄がゼロでも、技術力があればどこでも稼いでいけるのがエンジニアであり、まさに富を生み出す源泉です。何にも代えがたい、エンジニア自身の貴重な資産です。

　しかし、レガシーコードは資産の蓄積、すなわち技術力の成長を妨げてしまう

恐ろしい存在です。その理由を以下に説明します。

15.3.2

## レガシーコードに人は引きずられやすい

　新入社員や後任担当者が、レガシーコードだらけのプロダクトの開発を担当するケースを考えてみます。

　先輩社員や前任者が書いたコードがレガシーコードだと気づくのは困難です。むしろ「これが先輩のお手本だ」とか「前任者の流儀だ」と勘違いし、レガシーコードと同じ書き方でさらにレガシーコードが量産されることが非常に多いです。技術力が未熟な新入社員には顕著な傾向です。

　レガシーコードは、レガシーコードの書き手を育ててしまいます。エンジニアを低スキルに陥れてしまいます。

15.3.3

## レガシーコードは高品質設計を妨げる

　中にはレガシーコードのマズさに気づく方もいます。

　なんとか設計的なテコ入れを試みたりするでしょう。しかし、レガシーコードは極めてアンバランスでトリッキーな実装であることが多いです。設計改善が非常に困難です。プロジェクトの納期等の都合により、設計改善を諦めてしまうことが本当に多いです。

　結局高品質な設計実装の経験を積めなくなり、設計スキル向上を果たせなくなります。

15.3.4

## レガシーコードは開発工数を減少させる

　レガシーコードは理解に多大な時間を要します。一方時間は有限です。したがって、本来もっと価値の高い仕事に充てられるべき時間が、目減りしてしまいます。十分な経験を積めず、設計スキルに限らずさまざまなスキルの向上を果たせなくなります。

　以上、レガシーコードはスキル向上の妨げになり、エンジニアにとって大事な、本当に大事な資産を蓄積できなくしてしまいます。そして、エンジニアにとって技術力は収入に直結します。レガシーコードはエンジニアのスキル成長を妨げ、稼げなくしてしまいます。

## 15.4

# 課題を解決する

こうした課題をどう解決すべきか整理します。

---

### 15.4.1
## 課題が見えないとそもそも設計する意識が生まれない

よちよち歩きの幼児がいたとします。車がビュンビュン走る道路の付近を、幼児一人で歩かせて大丈夫でしょうか。全然大丈夫ではないですね。交通事故の恐ろしさを幼児は知らないので、大人が手を引いて歩いたり、交通ルールを一生懸命教育したりします。

プログラミングでも同様です。課題を知覚できないと、そもそも設計しようとする意識すら生まれないのです。

---

### 15.4.2
## 知覚容易な課題と知覚困難な課題がある

図 15.1 は、フィリップ・クルーシュティンがソフトウェアシステムに関して定義したマトリックスです[3][4]。「見える／見えない」と「プラスの価値／マイナスの価値」の2軸、4象限で表現しています。

---

[3] 『エンジニアリング組織論への招待 ~不確実性に向き合う思考と組織のリファクタリング』著：広木大地、2018年刊行、技術評論社、p.256 より引用。

[4] PP. Kruchten, R. Nord, I. Ozkaya(2012). Technical debt: From metaphor to theory and practice. IEEE Software, 29(6):18-21, November/December で紹介された図です。

**図15.1** ソフトウェア価値のマトリックス

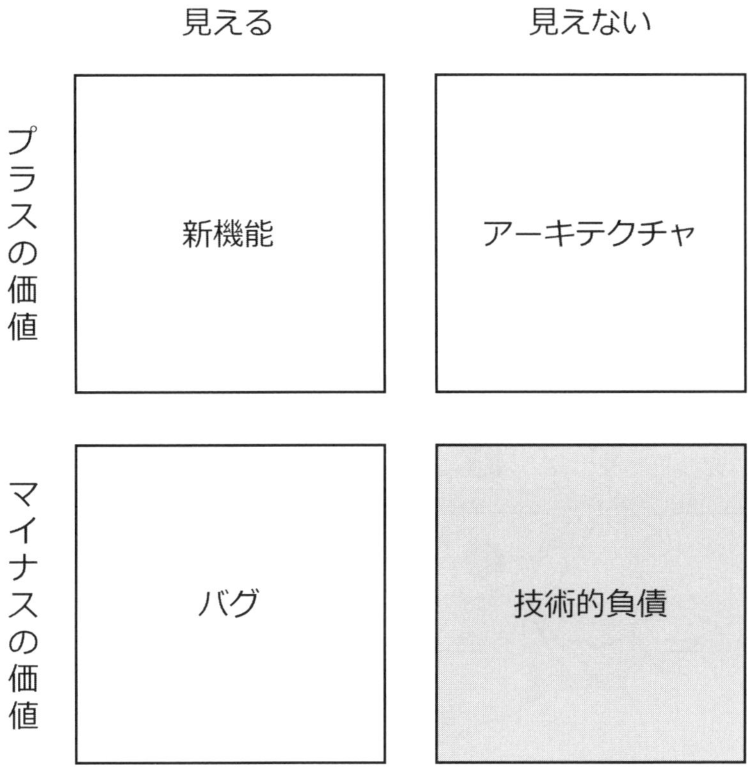

|  | 見える | 見えない |
|---|---|---|
| プラスの価値 | 新機能 | アーキテクチャ |
| マイナスの価値 | バグ | 技術的負債 |

　ここでの「見える／見えない」は、システムの内部構造が見えるかどうかを表しています。

　「見える」側にあるのは、内部構造の理解がなくとも知覚可能なものです。見える側のプラスの価値は新機能、マイナスの価値はバグです。これは画面上からすぐにわかりますね。

　一方「見えない」側には、プラスの価値としてアーキテクチャ、そしてマイナスの価値として技術的負債があります。プログラミングの知識がない方にとってはシステムの内部構造を知覚できません。

　では、エンジニアであれば、この図の「見えない」側にあるアーキテクチャと技術的負債は見えるのでしょうか？本書で説明しているように、どんな悪魔がい

て、どんな悪さをするかを知らなければ、技術的負債の存在を知覚することすら
困難です。**ソースコードの読解スキルと技術的負債の知覚スキルは別です。**

### 理想形を知ってはじめて課題を知覚できる

技術的負債の知覚を説明するために、たとえ話として筆者がたしなんでいる空
手[*5]を挙げます。空手はただ腕や脚を振り回すのではなく、技の効果を最大化す
るために、合理的に動作します。次の図をご覧ください。

図**15.2**　空手の動きは合理性で説明できる

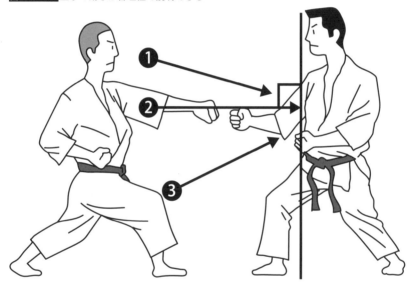

直立している相手に自分の突き（パンチ）や蹴りの威力を100%伝えるには、ど
の入射角が適切でしょうか。②の90度が正解ですね。斜めの入射角では威力の
ベクトルが垂直方向に逃げてしまいます。空手の技や動きはすべてこのような物
理的合理性のカタマリです。

筆者の通う道場の師範は次のように問いかけます。

---

[*5]　伝統派空手。

「あなたがいまやっているその動き、どうなったら理想なのか明瞭に定義できていますか。説明できますか」

「脚の向き、股関節の開き、筋肉のねじり具合、膝の位置、重心の位置、腕の角度、技の始動……。それぞれどうなっていれば理想なのか、そしてなぜそれが理想なのか理由を説明できますか」

師範はさらに説明します。

「理想が明瞭に詳細に定義できているのであれば、私がいなくても一人で練習できる。理想に向かって練習すればいいんですから。たとえスランプに陥ったとしても、理想と比べてどう違うのか自分自身でチェックできる利点があります」

「逆に定義できていない内に練習するのは非常に良くない。なぜか。理想に近づいているのか遠ざかっているのか判断できなくなるから。運良く近づければそれで良いかもしれないが、悪化した場合に悪化したことを自分自身で気づけない。さらに悪化して悪循環に陥る可能性がとても高い。ゆえに理想形を描けてない状態での練習は、上達どころか逆に動作が悪くなる原因になる。練習しない方がマシ」

これは空手に限った話ではなく、スポーツ全般、そのほかあらゆる事柄に当てはまります。

課題とは、理想と現状のギャップです。つまり、理想を知っていれば現状と比較でき、課題がわかります。理想的な設計と現状を比較することで、技術的負債が知覚可能になります。

## 変更容易性を比較できないジレンマ

技術的負債を低減する変更容易性設計の効果を、どう計測すればいいのでしょうか。

たとえばパフォーマンスに関しては、速度が出るよう設計したコードと設計しなかったコードを用意し、それぞれ計測すればすぐに比較が可能です。

変更容易性はどうでしょうか。変更容易性は開発生産性から推し量りますが、パフォーマンスとは異なり、すぐに比較はできません。なぜなら、変更容易性は未来の変更コストがどれほど低いかを示すものであり、経時変化により表出するからです。長い目で見たときに初めて効果を観測できる品質なのです。

設計の効果がどの程度かはどうやって算出すればいいでしょうか。対照実験[*6]の実施が思いつきます。しかし、この方法には問題があります。まず、変更容易性の効果を確認するために、ある程度長い期間を要します。また、変更容易性設計するチームと設計しないチームの、2つの開発リソースを用意しなければなりません。日々の開発が忙しく、リソースが逼迫しているような現場で、変更容易性の検証のために予算や人員を割くことは正直難しいでしょう。変更容易性を検証する研究チームを編成できるほど予算が潤沢にある企業なら可能かもしれません。しかし、そんな企業はあったとしてもごく一握りです。

ほかに比較手段はないものでしょうか。同じプロダクトに対し、変更容易性の設計をした未来と、設計しなかった未来の両方を同時に観測できれば可能です。しかし、異なる未来（並行世界）を行き来したり観測したりするタイムマシンのような技術はありません！

## 15.5
## コードの良し悪しを判断する指標

未来の開発生産性を計測する手段は残念ながら今のところありません。しかし、現状のソースコードの良し悪しを表す指標があります。コードの複雑さや、可読性などの一連の品質指標を**コードメトリクス**、または**ソフトウェアメトリクス**と呼びます。

コードメトリクスやその分析ツールの一部を紹介します。

### 15.5.1
### 実行可能コードの行数

コメント行を除いた、実行可能なロジックを含む行数です。行数が多いと、多くのことをやりすぎている可能性があります。メソッド内の行数が増えるほど扱

---

[*6] まったく同じ状況を2つ用意し、その中で1つの部分だけを変更して比較する方法。ここでは、一方は変更容易性設計をして開発、もう一方は設計しないで開発し、その後の開発生産性がどう違うかを比較。

う変数や条件分岐が増大します。条件分岐により内部のロジックが複雑化し、多すぎる変数は読み手を混乱させて理解を難しくします。

適切なコード行数の一例として、Ruby のコード解析ライブラリ RuboCop を挙げます。デフォルトではコード行数の上限を表 15.2 と定めており、違反すると警告されます。

**表15.2** コード行数の上限

| スコープ | 行数上限 |
| --- | --- |
| メソッド | 10行以内 |
| クラス | 100行以内 |

同じ実行内容でも、ロジックの必要記述量はプログラミング言語によっていくらか違いがあります。ただ、どの言語を使ってもだいたいこの行数が適切でしょう[*7]。

行数が多すぎる場合は、メソッドやクラスの分割を検討しましょう。

> **Column**
>
> ## クラスを分割すると読みにくくなる？
>
> クラスを小さく分割することに抵抗感を覚える方がいます。
> 「細切れになってロジックを追いにくくなる」「分割した先の内部構造をたどっていくのが大変になる」「クラスが大きくても一度にまとめてロジックを読み流せる方が良い」といった理由が多いように見受けられます。
> 話は変わりますが、各言語には標準ライブラリが用意されています。ライブラリの内部実装がどうなっているかについて、いちいち気になるものでしょうか。おそらく、気にせずライブラリを使う方がほとんどでしょう。標準ライブラリのクラスは、使用方法や仕様が明確な上、信頼性が高いため、内部構造が気にならなくて済んでいるのです。
> 第3章でも、クラス一つ一つが常に正常動作するように設計するのが重要だと説明しました。
> この観点から考えると、分割した先のロジックが気になるのは、分割したクラスの挙動に不安を覚えるからだと推測します。正常動作に不安を覚え

---

[*7] 筆者はC言語、C++、C#、JavaScript、Ruby などを現場で経験してきました。いずれの言語で実装しても、おおむねこの行数でおさまっています。

> る、信頼性の低い構造であるほど、ロジックがどうなっているか気になるものです。
>
> 　クラスを分割する際は、第3章のオブジェクト指向設計の基本を守りましょう。分割したクラス一つ一つが一貫して正常動作する構造にしましょう。内部のロジックをいちいち気にしなくても良い構造にしましょう。

---

### 15.5.2
## 循環的複雑度

　**循環的複雑度**（サイクロマティック複雑度）は、コードの構造的な複雑さを示す指標です。条件分岐やループ処理が増える、ネストすると複雑さは増大していきます。複雑さの度合いにより、それぞれ表15.3の状態を示すと言われています[8][9][10]。

**表15.3**　循環的複雑度の目安

| 循環的複雑度 | 複雑さの状態 | バグ混入確率 |
|---|---|---|
| 10以下 | 非常に良い構造 | 25% |
| 30以上 | 構造的なリスクあり | 40% |
| 50以上 | テスト不可能 | 70% |
| 75以上 | いかなる変更も誤修正を生む | 98% |

　条件分岐やループ処理、およびネストが複雑さ増大の原因となります。複雑度は、早期returnやストラテジパターン、ファーストクラスコレクションパターンなど、本書で取り上げたテクニックを駆使することで低減可能です。

　データクラスは処理を持たないので複雑度は0ですが、ほかのクラスが複雑化している可能性があるので、注意が必要です。

　循環的複雑度は後述する分析ツールにより計測可能です。ちなみに筆者が設計するクラスの複雑度は、ほとんどが10以内、多くて15以内におさまっています。

---

[8]　計測方法の詳細は割愛します。

[9]　『循環的複雑度 - MATLAB & Simulink』著：MathWorks Inc.より引用、URL：https://jp.mathworks.com /discovery/cyclomatic-complexity.html。

[10]　循環的複雑度の目安は、指標がいくつかあります。本書ではMathWorks社の目安を採用しました。

### 15.5.3

## 凝集度

**凝集度**は、モジュール内における、データとロジックの関係性の強さを表す指標です。

モジュールは、クラス、パッケージ、レイヤーなど、さまざまな粒度の解釈があります。クラス粒度で解釈すると、クラス内における、データとロジックの関係性の強さを表す指標となります。より具体的には、インスタンス変数と、そのインスタンス変数を用いるロジックが同じクラス内に実装されていると凝集度が高いと言えます。

凝集度が高いほど変更容易性が高く、良い構造です。凝集度は測定可能です。凝集度を表すメトリクスに、LCOM（Lack of Cohesion in Methods）[11]があり、計測ツールもあります。

### 15.5.4

## 結合度

**結合度**は、モジュール間の、依存の度合いを表す指標です。

モジュール粒度の解釈は凝集度と同様です。たとえばクラス粒度の結合度は、あるクラスが呼び出している、ほかのクラスの数量です。あるクラスを変更したとき、そのクラスを呼び出しているクラスも影響を受ける可能性があります。影響によりバグが生じないか検証が必要な場合もあります。依存しているクラスが多いほど、すなわち結合度が増大するほど多くの変更影響を考慮しなければならず、保守や仕様変更が困難になっていきます。

結合度は分析ツールにより計測可能です。ツールがなくても、呼び出しクラスの数量を数えたり、クラス図を描画したりするだけでも、ある程度推量可能です。結合度が高い場合、多くのことをやりすぎている、つまり単一責任ではない可能性があるということです。依存をもっと減らせないか、クラスをもっと小さく分割できないかを検討します。

### 15.5.5

## チャンク

これはコードメトリクスではありませんが、筆者がよく意識する指標なので説

---

[11]　『凝集度と結合度：このコードのどこが悪いのか？』https://www.itmedia.co.jp/im/articles/0510/07/news106.html にて、LCOM の計算式が解説されています。

明します。

　人間の記憶は、短期記憶と長期記憶に分類されます。近年の認知心理学の研究では、人間の短期記憶は一度に4±1個の概念しか把握できない、という説があります。この個数を**マジカルナンバー4**と呼びます。また、記憶個数の単位を**チャンク**と呼びます。

　たとえば英語で「こんにちは」を意味する「Hello」。これは「H」「E」「L」「L」「O」の5文字から構成されており、「Hello」を初めて学ぶ人にとっては5チャンクになります（なお、繰り返し学習し記憶に定着すると「Hello」がひとまとまりとして記憶され、1チャンクになります）。

　プログラミングは、非常に多くの種類のデータやロジックとにらめっこする仕事です。データや仕様の変更がどこに影響するか、バグが生じないかさまざまな要素を俯瞰し検証することが求められます。

　そうした中で、数千行、数万行もあり、膨大な変数が使われているような巨大クラスに対し、人は一度にすべての変数やロジックを把握可能でしょうか？記憶がパンクして混乱してしまうでしょう。巨大クラスで扱っている概念の個数が、マジカルナンバー4を優に超えてしまっているからです。実装担当者として長期間携わってきた人にとっては長期記憶として定着し、理解可能かもしれません。しかし、後任として初めて触れる人にとっては、短期記憶に非常に強い負荷がかかり、理解が難しくなってしまいます。

　クラス設計する際は、マジカルナンバー4を援用して、脳にやさしい構造を心がけましょう。クラス内部で取り扱う概念が4±1個におさまるように設計し、大きなクラスは小さなクラスに分割しましょう。

　「クラスの大小に関係なく、取り扱う概念の個数はシステム全体では変わらないから意味がないのでは？」という意見があるかもしれません。大事なのは、強く関係する概念どうしが凝集し、関係が薄い概念どうしが疎になっていることです。巨大クラスでは、どの概念とどの概念が強く関係し合っているのか見分けるのが本当に大変です。強く関係し合う概念どうしを凝集し、それぞれ小さいクラスで区分けしておけば、概念の関係性を容易に把握できます。

　第3章で説明したクラス設計の基本や、8.1.3の単一責任原則を遵守すれば、容易にマジカルナンバーの個数におさめられるでしょう。

# 15.6
# コード分析をサポートする各種ツール

　以上さまざまなメトリクスについて、ソースコードを解析し計測してくれる
ツールがあります。いくつかを紹介します。

### 15.6.1
## Code Climate Quality

　Code Climate Quality[*12]は Code Climate 社のコード品質分析ツールです。
GitHub と連携し、リポジトリ内のコードの品質を自動でスコアリングしま
す。さまざまな分析機能を備えています。

- 独自の計算式により技術的負債を算出し、負債の増減を時系列でグラフ化。
- 負債の度合いをファイル単位で可視化。ソートも可能。
- 複雑度やコード行数など、メトリクス的に問題のある箇所を可視化。
- ファイルごとの更新頻度を横軸、技術的負債を縦軸に取りグラフ化。
  - ・更新頻度と負債の双方が大きいものほど負債解消の価値があり、開発生産性
    向上に貢献すると考えられます。

### 15.6.2
## Understand

　Understand[*13]はテクマトリックス社のコード品質分析ツールです。コード行
数や複雑度、凝集度（LCOM）、結合度のほか、さまざまな観点のメトリクスを
計測可能です。クラスやメソッド間の依存関係を図で可視化するグラフィカル
ビューと呼ばれる機能もあり、仕様変更時の影響範囲を把握する、広すぎる影響
範囲の低減を検討するのに役立ちます。

---

*12　https://codeclimate.com/quality/

*13　http://www.techmatrix.co.jp/product/understand/index.html

15.6.3
## Visual Studio

Visual Studio は Microsoft 社の IDE（統合開発環境）です[14]。無償利用可能な Community を含む、すべてのライセンス形態でコードメトリクス計測機能が利用可能です。実行可能コード行数や複雑度、結合度をファイルごとに分析します。また、トータルの負債の度合いを示す保守容易性インデックスを算出可能です。これらの指標をメソッド、クラス、パッケージ単位で計測可能です。

Column

### シンタックスハイライトを品質可視化に利用する

　一般的なエディタには、シンタックスハイライトの機能が備わっています。シンタックスハイライトとは、コードの特定の記号やキーワード、構文を、それぞれ異なる色で表示する機能です。多くの方はオシャレの感覚で、好みのカラースキームにカスタマイズしているでしょう。

　筆者はコードの品質を可視化するために、シンタックスハイライトを意識的に改良して使っています。コードに問題を発生させやすいところには警戒するような色、コードの品質を保つのに有用なところには安全を示す色を割り当てます。たとえば数値はマジックナンバー、多すぎる引数は低凝集の可能性があるので、赤やオレンジなど警告色にします（表 15.4）。

**表15.4** 警告色で表示するハイライト要素の例

| 要素 | 色 | 意図 |
| --- | --- | --- |
| 数値 | 赤 | マジックナンバーの危険性あり |
| 引数 | オレンジ | 多すぎる引数は低凝集の可能性あり |
| ローカル変数 | 黄 | ローカル変数が多いと、関心事の違う多くの処理をやりすぎている可能性あり |

　final インスタンス変数やクラス、interface は緑や青など安全色にします（表 15.5）。

---

[14] Visual Studio Code ではないことに注意。

| 表15.5 | 安全色で表示するハイライト要素の例 | | |
| --- | --- | --- | --- |
| 要素 | 色 | 意図 | |
| メソッド | 黄緑 | このままでも良いが改善の可能性があるかも？ | |
| finalインスタンス変数 | 緑 | 不変で頑強な構造 | |
| クラス | 水色 | 凝集度に貢献 | |
| interface | 青 | 条件分岐の低減に貢献 | |

　このように設定すると、品質の悪いであろう箇所は赤色系に染まり、品質の良い箇所は青色系に染まります。信号機のようになって、どこを改善すれば良いのか、色で一目瞭然になります。

　静的解析ツールでコードの良し悪しを具体的に解析できますが、シンタックスハイライトは視覚的な効果が高く、おすすめです。

# 15.7

## 設計対象と費用対効果

　設計する上で、費用対効果の話は避けて通れません。

　読者は、今携わっているプロダクトの、あらゆるソースコードが粗悪な構造に見えてくるかもしれません。そして、すべてリファクタリングする、いっそのこと書き直してしまいたい衝動に駆られるなんてことも考えられます。

　ところで無限にリファクタリングできるものでしょうか？

　会社の予算は有限です[15]。その中で開発費用が捻出されるのです。こうした投資に対して、時間的な制約がある中なんとか利益を上げなければなりません。予算も時間も有限なのです。

　つまり、設計やリファクタリングは無限にはできないのです。プロダクトの構造が全体的に粗悪であっても、設計的なテコ入れは一部分しかできない現実があります[16]。

---

[15]　事務所の賃料や光熱水費のほか、従業員が使うPC、備品、そして従業員の給与……さまざまな経費がかかります。

[16]　プロダクションコードのすべてに大真面目にテストコードを書くと、テストコードの量はプロダクションコードの3倍近くになると言われています。テストコードの実装にもコスト意識が必要です。

こうしたコスト制約がある中で、いったいどの箇所の設計品質を高めれば良いのでしょうか。

たとえば構造的に粗悪であっても、バグがなく機能的に安定しており、仕様変更がほぼまったく生じないような箇所を一生懸命リファクタリングして、意味があるものでしょうか。変更容易性は、将来の仕様変更時の変更コストを低減する品質です。仕様変更もないのに変更容易性を高めても、かけた労力、経費が無駄になってしまいますね。費用対効果が非常に低いものと考えられます。

費用対効果の高い箇所を狙う必要があります。

---

15.7.1
## パレートの法則（80:20の法則）

パレートの法則と呼ばれる法則があります。ほんの一部分が全体要素を生み出しているとする法則で、「売上の8割は、全商品の内2割の商品が生み出している」「ソフトウェアの処理時間の内80%は、ソースコード全体の2割の部分が占めている」などの事象としてたとえられています。80:20の法則とも呼ばれています。

一説には、ソフトウェアの機能全体の内、重点的に使われる機能は1/3程度しかないと言われています。頻繁に仕様変更が生じる箇所も同様に、一部分に局所化していると言われています。機能の重要性、そして仕様変更頻度が、パレートの法則に当てはまりそうですね。

重要な機能は顧客が着目しますし、改善ニーズも当然多く上がってきます。そしてニーズを受けて頻繁に仕様が変更されます。こうした重要かつ仕様変更が頻繁に発生する箇所を狙って設計改善すれば、変更コストが抑えられ、費用対効果が高くなると考えられます。

---

15.7.2
## サービスの中心的領域、コアドメイン

どの商品にも、どのサービスにも、「これがウリ（売り）だ！」と言えるような、中心的価値があります。特徴的なバトルシステムがウリのゲームや、話題性がウリのSNS、苦手科目の分析や手厚いサポートがウリのオンライン学習サービスなどです。

このように、サービスのウリになるビジネス領域を、書籍『ドメイン駆動設計』（17.1.11）では**コアドメイン**と呼びます。

コアドメインは以下のように説明されます。

- システム内で最大の価値を付加すべき場所

- 価値があり重要で、費用対効果が最大の箇所

- 競争優位性があり、差別化が図られ、ビジネス上優位に立つポイント

まさに設計にコストをかけるべき箇所、費用対効果が高い箇所と言えます。

15.7.3
### 重点設計対象の選定にはビジネス知識が必要

ではコアドメインと呼べるにふさわしいビジネス領域とは何でしょうか。その
ビジネス領域に対応する機能はどれなのでしょうか。

サービスはローンチ後、繰り返し多くのさまざまな機能が追加されていきま
す。そうして巨大化していくと、何がサービスの中心的価値なのかわからなく
なっていきます。

重要な機能は高い頻度で仕様変更される傾向にあります。Code Climate Quality
などの分析ツールを使えば、変更頻度の高い箇所の分析もできます。しかし、流
行り廃りで一時的に変更頻度が上がっているだけの場合があります。

ドメイン駆動設計は、コアドメインの価値を継続的に高め、サービスを長期的
に成長させる設計手法です。サービスの事業領域に関して深い知識を持っている
人を**ドメインエキスパート**と呼びます。ドメインエキスパートと協力し、何がコ
アドメインなのかを見定める必要がある、という教えがドメイン駆動設計にはあ
ります。

設計の費用対効果を高めるためには、重点的な設計対象の選定が必要です。そ
してその選定には、サービスが解決したい顧客課題は何か、サービスの本質は何
かを見通す力が必要となります。つまり、サービスのビジネス知識が必須になる
のです。

構造の良し悪しだけに着目していると、ビジネス戦略上、設計がうまく働かな
くなるのです。

ソフトウェアエンジニアには、アーキテクトと呼ばれる職種があります。アー
キテクトは、ビジネス戦略を実現するアーキテクチャを設計する役割を担ってい
ます。アーキテクトの職務遂行には、対象ビジネスの理解が必要なのです。成
長性を高める最適な設計とビジネス知識は、切って離せない関係にあると言え
ます。

## 15.8

# 時間を操る超能力者になろう

　変更容易性設計は開発生産性を向上させます。未来の時間を操れます。レガシーコードでいたずらに疲弊するか、ソフトウェアをすばやく成長させられるようになるかは、設計者の腕次第です。

　今の設計品質が未来の時間に直結しているのを意識できるようになりましょう。時間に対して注意力が高まると、デバッグの時間が長かったり、コードの読解に時間がかかったり、普段の開発で発生している「無駄な時間」が見えるようになってきます。現状がちっとも当たり前ではなく、異常とすら思えるようになってくるでしょう。

　非エンジニアはシステムの表面的な機能しか見えません。システムを開発するエンジニアは、内部構造を可視化する目を持っています。そのうえ、設計のあるべき姿がわかるエンジニアは、悪魔の正体を見破る目、すなわちレガシーコードを可視化する目を持っています。無駄な時間の発生要因を見つける目を持っています。「目」を持っていない人からすると、もはや超能力です。

　高度なスキルですが、訓練次第で誰でも習得できます。この可視化能力と設計力で、未来の時間を操れるようになりましょう。

# 第16章

## 設計を妨げる
## 開発プロセスとの戦い

　レガシーコードが書かれてしまうのは、問題を抱えた開発プロセスが背景にあることが多いです。

　この章では、設計品質をおとしめてしまう開発プロセスの問題を取り上げます。問題は、スキル不足以外に心理的要因やコミュニケーション要因、組織的要因などさまざまです。

図**16.1**　　　　開発の問題はコード以外にも潜んでいる

　各問題と、問題それぞれの対処の考え方を解説します。

## 16.1

## コミュニケーション

　まずは開発プロセスすべてに関与するコミュニケーションを取り上げます。

### 16.1.1
### コミュニケーションが希薄だと設計品質に問題が生じる

　すぐ隣どうしのメンバーがまったく同じコードを書いている、お互いのロジックがうまく噛み合わずバグ化するといった事象が、チーム開発ではたびたび見受けられます。

　こうした事象はなぜ引き起こされるのでしょう。それは、お互いに何をやって

いるのかわからないからです。なぜわからないのでしょう。メンバーどうしのコミュニケーションが希薄だからです。

　忙しかったり、メンバーどうしの関係がうまくいっていなかったり、情報の目線が合っていなかったり、コミュニケーションを阻害するさまざまな要因が考えられます。メンバーどうしのコミュニケーションに問題があると、バグが増大する傾向にあります。

16.1.2

## コンウェイの法則

　コミュニケーションの問題解決にあたり、コンウェイの法則を紹介します。

　**コンウェイの法則**は「システムの構造が、それを設計する組織構造に似てくる」という法則です。もっと平たく言うと、たとえば開発部門が3チームに分かれているとしたら、チームと同じ数のモジュール、3個から構成されるシステムができあがる、ということです。

　なぜこうなるのか。複数のチームを編成すると、各チーム内のコミュニケーションは密になります。一方、チーム外とのコミュニケーションは疎になります。機能リリースの都合を考えた場合、チーム外と歩調を合わせるより、チーム内で完結した方がリリースしやすくなります。そのため、リリース機能の粒度はチームの粒度に近づいていきます。こうしてシステム構造がリリース単位、すなわちチーム単位の構造になっていきます。

　コンウェイの法則はコミュニケーションコスト構造の法則ともとらえられます。チーム内はコミュニケーションコストが低い、チーム外とはコミュニケーションコストが高い、といったコスト構造がシステム構造に影響してしまうのです。

　つまり、あるべきシステム構造と組織構造に違いがあると、あるべきシステム構造をつくり上げるのが困難になるのです。

　そこで近年では、コンウェイの法則を逆手に取った**逆コンウェイ作戦**が考案されています。これはソフトウェアとしてあるべき構造を先に設計し、それからソフトウェア構造に最適な組織編成をする作戦です。

　しかし、逆コンウェイ作戦を表面的になぞるだけでは、うまくいかないと筆者は考えます。メンバーどうしのコミュニケーションに課題があると、隣どうしなのに同じコードを書いたり、お互いに噛み合わないロジックを書いたりしてしまいがちです。コンウェイの法則はコミュニケーションコスト構造の法則。つま

り、メンバー間のコミュニケーション問題は、メンバー間でのコミュニケーションコストが高いと言えます。逆コンウェイ作戦でチーム編成しても、チーム内の関係性に問題がある場合、本質的な構造課題の解決にならないのです。

### 16.1.3
## 心理的安全性

チームメンバーとの関係改善には、心理的安全性の向上が不可欠です。

**心理的安全性**とは、「自分が発言することを恥じたり、拒絶されるなど、不利益を被ることがないことをチームで共有されている心理状態」とか「安心して自由に発言したり、行動できる状態」という定義がなされています。1999年にハーバード大学で提唱され、2012年にGoogle社の労働改革プロジェクトにて採用されたことから脚光を浴びた概念です。心理的安全性は、成功に導くチームを構築する上で重要と言われています。

意見や提案をする上で、冷笑されたり、煙たがられたり、聞く耳を持たれない状態では、情報共有がうまくいきません。ましてチーム単位での設計品質向上はとても難しくなるでしょう。

コミュニケーションに課題があるとき、まず心理的安全性の向上に努めましょう[1]。

# 16.2

# 設計

本書で繰り返し取り上げているように、設計は極めて重要な開発プロセスです。しかし、設計が行われない、設計がうまく働かないさまざまな罠が潜んでいます。対処のしかたを説明します。

### 16.2.1
## 「早く終わらせたい」心理が品質低下の罠

品質が良くないシステムをつくるチームでは、そもそもクラス設計の習慣がありません。仕事が忙しいと、実装を早く終わらせたい気持ちが先走り、動くコー

---

[1]　心理的安全性の詳細な定義や取り組みに関しては、本書では割愛します。書籍やネット記事を参照してください。

ドをとにかく早く実装しがちです。納期の厳しい受託開発では顕著です。そのためクラス図すらろくに描かないなど、設計品質が無視されがちです。筆者の観測範囲にすぎませんが、こういった事例は本当に多く、懸念を覚えます。

設計品質度外視で、動くコードをとにかく早く書けるプログラマーが一部にはいます。コードが劣悪でも、動いている画面を見ると、非エンジニアを含む現場は喜んでしまいます。口々に「もう実装できたんですか、さすがですね！」ともてはやします。褒められたプログラマーはうれしいですし、早く書けることが、ある種正義のような雰囲気が醸成されていきます。しかし、それが罠なのです。

ほとんどのソフトウェアは1回つくって終わりではありません。その後仕様変更が繰り返され、機能はどんどん拡張されていきます。

品質を無視した実装の繰り返しにより、粗悪なコードはどんどん蓄積されていきます。粗悪なコードは後から牙をむくようになります。複雑で読み解くのに時間がかかり、些細なコード修正でバグが発生するなど、開発生産性は低下の一途をたどっていきます。

設計品質度外視で動くコードを早く書けるプログラマーは、序盤では早く実装できます。しかし、後になるほど実装速度が遅くなっていきます。粗悪な実装により、修正の影響がさまざまな箇所に伝搬してしまうからです。彼らは「完成しました」と報告はしても、その後度重なるバグの修正に忙殺されます。バグだらけのコードを書いて、完成したと言えるのでしょうか。

---

16.2.2
## 粗悪なコードはきれいなコードを書くより常に遅い

書籍『Clean Architecture』（17.1.10）には、コードに関する驚くべき実験結果が記載されています。テスト駆動開発（TDD）を用いての実装と、用いない実装のどちらが早く完成するかの比較実験です[2]。

TDDでは、プロダクションコード以外にテストコードを実装しなければならないため、一見テストコードを書かない方が早く完成しそうな感じがします。

ところがこの実験は、TDDの方が全体的に早い、という結果になったのです。この実験結果からも、「動くコードをとにかく早く書けるのが正義」といった考えに、筆者は疑問を覚えます。

---

＊2　テスト駆動開発（TDD、Test Driven Development）とは、開発手法の1つ。プログラムの機能要件をテストコードとして最初に書き、次にテストをパスするようにプロダクションコードを実装し、さらにコードの洗練を繰り返していきます。17.1.16も参照。

16.2.3

## クラス設計と実装のフィードバックサイクルを回す

仕様変更の際、最低でもメモ書き程度のクラス図を描きましょう。

責務や凝集性などの観点から課題がないかどうかを、チームでざっくりレビューします。問題がなさそうであれば実装に取り掛かります。

実装してみてあらためてわかることや見落としが発見されるケースが多分にあるので、クラス図にフィードバックします。

設計と実装のフィードバックサイクルを回すことで、設計品質が高まっていきます。

16.2.4

## 厳密に設計しすぎず、サイクルを回し続けるのがコツ

大がかりな仕様変更では、それなりにしっかりしたクラス設計が必要です。一方で厳密に設計しすぎるのはおすすめしません。どんなに設計しても、動作に必要な要素の見落としを、実装してみて初めて気づくケースが多いからです。

初手で厳格に設計しすぎると、実装と乖離が生じたときの精神ダメージが大きくなります。「いくら厳格に設計しても、実際の実装とは違う。こんな大変な思いをして設計しても、役に立たない」と、設計に価値を感じなくなり、設計をしなくなる場合すらあります。

**たった一度の設計では、良き構造は見いだせません。** 設計と実装のフィードバックサイクルを回し続けることで理解が深まっていき、徐々に設計品質が向上していくのです。

「設計と実装が違う」「この設計でいくと決めたじゃないですか、話が違う」ともめる原因になりかねないので、このサイクルの考え方はチームでしっかり合意することをおすすめします。

16.2.5

## 「パフォーマンスが落ちるからクラスを追加しない」は正しい？

「クラスのインスタンス生成はコストがかかる。パフォーマンスが落ちるから、クラスを増やしたくない」と考える方が一定数います。

生成コストがかかるのは確かです。しかし、そのコストは多くのケースで無視できます。近年はハード、ソフトともに性能の向上が続き、相対的にクラス生成コストはますます低下しています。

それでもパフォーマンスが気になるなら、まずは実際にパフォーマンスに影響が出ているか計測しましょう。計測すると、多くの場合、クラス生成が与える影響はまったく、またはほとんどないことがわかります。

この問題はクラス生成に限りません。パフォーマンスに対して支配的な部分、いわゆるボトルネックは、計測するまでわかりません。ボトルネックがわからないうちから高速に動作するコードをやみくもに書くことは、**早すぎる最適化**と呼ばれるアンチパターンです。

パフォーマンスに影響のない箇所で高速化を目指したコードを書き、変更容易性を犠牲にするのは問題です。

## 16.2.6
## 設計ルールを多数決で決めるとコード品質は最低になる

コードの品質を向上させるため、コーディングルールや設計ルールをつくるケースがあるでしょう。ここで、もしかするとチーム全体の合意形成を目的に、ルールを多数決で決定する方法を採ろうとするかもしれません。

しかし、設計ルールの策定において、多数決は不幸な結果になりがちです。多数決や全会一致でコードや設計について決めようとすると、どうしてもレベルの低い方にあわせて基準をまとめようとするからです。

提案されたルールの良し悪しを、設計スキルが未熟なメンバーは判断できるでしょうか。おそらく難しいでしょう。未熟なメンバーが多数を占めているチームでルールを多数決で決めようとすると何が起こるでしょうか。

ルールの意図が十分に理解されないまま、無用な反発が生まれます。「自分のコーディングのしかたと合わない」「いちいちこんなことしていられない」「面倒だ」「よくわからない」などのさまざまな反対意見が生じ、ルールの採用が難しくなっていきます。

改善提案は通りにくくなり、粗悪なルールが採用されたり、ルールそのものが策定されなくなったりします。

## 16.2.7
## 設計ルールづくりのポイント

メンバー間の能力差が大きい場合は、多数決でなく、シニアエンジニアなど設計スキルの高いメンバーが中心となってルールをつくりましょう。そしてチームリーダーの権限で、ルールの遵守を推進していきましょう。

設計ルールそれぞれには、理由や意図を必ず併記しましょう。形骸化を防ぎ、より洗練されるようにするためです。たとえば表16.1のような感じです。

**表16.1** 設計ルールの例

| ルール | 理由、意図 |
| --- | --- |
| ネストは3以下とすること。ネストが深くなりそうな場合、早期returnへの書き換えを検討すること。 | 可読性を向上させるため。 |
| 同じ条件分岐が複数実装されそうな場合、interface設計を検討すること。 | 修正漏れの可能性が高くなるため。 |
| クラスやメソッドの名前は特定の目的を表現していること。 | 目的がよくわからないとロジックが混乱し、保守や変更が大変になるため。 |

これらを踏まえて、次のことを伝えましょう。

- 設計ルールは、パフォーマンスやフレームワークの制約など、さまざまな要件とトレードオフになる可能性がある
- 何が何でもルール絶対遵守ではなく、落とし所、妥協点の模索が必要な状況がある

チームの設計スキルが成熟していない内は、自助努力に任せず、設計に詳しいメンバーが設計品質をコントロールできるようにします。詳しいメンバーを設計レビューやコードレビューにアサインしましょう。

レビューだけではスキルアップが不十分な場合もあります。フォローアップ勉強会（16.5.4）も適宜開催し、チームの設計スキルアップを目指しましょう。

設計ルールの意図が一度で伝わるのはまれです。レビューや勉強会を繰り返して、何度も伝え続けることで少しずつ理解が進んでいきます。

チームの設計スキルが成熟してきたら、そこであらためて設計ルールについて議論するのが良いでしょう。

# 16.3

# 実装

コードへの向き合い方、考え方が変わると、実装の取り組み方が違ってきます。

## 割れ窓理論とボーイスカウトの規則

犯罪学に**割れ窓理論**という理論があります。以下の経過をたどって治安が悪化していくとする説です。

1. 建物に割れた窓が1枚ある。
2. 割れた窓が長く放置されていると、誰も気にかけていない象徴になる。
3. ほかの窓が割られる、ゴミを捨てられるなど軽犯罪が起こり、次第に治安が悪化する。
4. さらにエスカレートし、凶悪犯罪が起こるようになる。

ソフトウェア開発でも同じことが言えます。粗悪で、複雑で秩序のないコードが放置されていると、ソフトウェア全体が無秩序になってしまいます。

「ほかのコードも雑なつくりなんだから、自分のも多少は雑でいいだろう」という心のスキが生じます。自分が1回に追加・変更するコードは大した量でないかもしれません。しかし、積み重なっていくと、取り返しが困難なレベルにまでソフトウェア全体のコードを腐敗させてしまいます。

アメリカの**ボーイスカウトの規則**には「キャンプ場を、自分が来たときよりもきれいにすること」があります。

これをプログラミングにも当てはめて考えることができます。コードを変更するとき、自分が変更する前よりもきれいな状態にしてコミットするのです。小さな積み重ねではありますが、小さな改善が繰り返されることによって少しずつ秩序が回復していきます。

あるべき構造を本書で学んだ皆さんは、どんな構造が悪魔を呼び寄せるのか、すでに「目を持っている」状態です。悪しき構造が光って見えるはずです。少しずつで良いので、気がついた箇所を改善するクセを付けていきましょう。

## 既存コードを信用せず、冷静に正体を見破る

粗悪なコードを疑いもなくまねてしまうことが多々あります。

新入社員や後任者は、先輩社員や前任者が書いたコードがレガシーコードだと気づかず、むしろ「これが先輩のお手本だ」「前任者の流儀」と思い違いをしてしまい、レガシーコードと同じ書き方でさらにレガシーコードを量産してしまいがちです。技術力が未熟な新入社員はこの傾向が顕著です。

　レガシーコードを撲滅するには、既存コードを一切信用しないぐらいの心構え
が重要です。

　構造的に怪しいもの、クラス名やメソッド名が怪しいものなど、さまざまで
す。名前ひとつとっても、仕様と異なる、意味が異なる名前が付与されているも
のもあります。

　「これは何を解決したいコードなのか」「達成したい目的はなんなのか」を分析
し、あるべき設計をゼロベースで組み上げる必要があります。筆者はこれを**正体
を見破る**と呼んでいます。しかし、正体を見破るにあたり、いくつか乗り越える
べきハードルがあります。

　ハードルのひとつは、**アンカリング効果**と呼ばれる心理作用です。これは、最
初に提示された数値や情報が基準になってしまい、その後の判断を歪めてしまう
認知バイアスです。たとえば最初に提示された価格が高額だと、後から提示され
た価格が割安に感じられます。最初の価格が損得の判断基準になってしまうので
す。これがアンカリング効果です。アンカリング効果に振り回されないために
は、そもそも最初に提示された価格が本当に妥当だったのかどうかを検証する必
要があります。

　アンカリング効果はソフトウェア開発でも発生します。既存のクラス名やメ
ソッド名が基準となってしまい、開発者の判断を歪ませ、混乱させてしまうケー
スがとても多いのです。第10章の商品クラスがその例です。既存の名前に振り
回されてしまっては、うまく正体を見破れません。

　もうひとつのハードルとして、名前がない、名前を知らないものは知覚が非常
に困難であることです。**ジョシュアツリーの法則**と呼ばれる法則があります。こ
れは、名前を知ってはじめて存在を知覚できるようになる、逆に名前を知らない
と存在を知覚できないとする認知法則です。

　1.3.5で「生焼けオブジェクト」を知ったことで、どういったコードが生焼け
オブジェクトなのか、読者の皆さんは知覚できるようになったはずです。一方、
「売買契約」という名前も概念も知らなければ、売買契約に付いて回る支払条件
の存在を知ることは困難です（13.4.1）。

　知らなければ対処できないというハードルを乗り越えるには、詳しい人にイン
タビューしたり、文献を読んだりするなど、ソフトウェアで解決したい内容、達
成したい目的について、詳しい知見やそこで使われている言葉を把握し理解する
ことが重要になります。

　これら2つのハードルを乗り越えて冷静に正体を見破り、正体を正しく表現し

た名前をクラスに付与しましょう。

16.3.3

# コーディング規約を利用しよう

プログラミング言語は多様な書き方ができます。たとえばある変数名が **per sonName**でも **PERSONNAME**でも **person_name**でも、Javaではコンパイルが成功します。また、インデントの深さや{の前で改行するかどうかも自由です。

しかし、これらに統一性がないと、コードが非常に読みづらくなります。

コードの読みやすさを高めるには、コーディング規約が欠かせません。**コーディング規約**とは、コードの可読性、保守性向上や、問題のあるコードの未然防止を目的に、コーディングスタイルや命名規則などのルールを定めたものです。

コーディング規約を遵守することで、コードの構造や命名に秩序が生まれ、読みやすさがグッと上がります。

ほとんどのプログラミング言語には、企業や有志の団体により編纂されたコーディング規約があり、ネット上に公開されています。表16.2はその例です。

**表16.2** 言語ごとのコーディング規約

| 言語 | URL |
| --- | --- |
| Java | https://future-architect.github.io/coding-standards/documents/forJava/ |
| C# | https://docs.microsoft.com/ja-jp/dotnet/csharp/fundamentals/coding-style/coding-conventions |
| JavaScript | https://google.github.io/styleguide/javascriptguide.xml |
| Ruby | https://github.com/cookpad/styleguide/blob/master/ruby.ja.md |

コーディングスタイルをチェックする機能やツールは多数あります。多くのIDEには、チェック機能が備わっています。RuboCop（Ruby）やESLint（JavaScriptほか）など、ツールが個別に提供されていることもあります。これらを使わない手はありません。

16.3.4

# 命名規約

コーディング規約はフォーマットやコメントの書き方など多岐にわたります。そのうちの、命名規約を解説します。

**命名規約**とは変数名やクラス名、メソッド名を決める際のルールです。

たとえば、Javaのコーディング規約を定めた『Future Enterprise Coding Standards for Java』[*3]には次のようなルールがあります。

**表16.3** Java命名規約の例

| 要素 | ルール | 例 |
| --- | --- | --- |
| クラス | アッパーキャメルケース | Customer |
| メソッド | ロワーキャメルケース | payMoney |
| 定数 | すべて大文字、区切りは_ | MAX_NAME_LENGTH |

アッパーキャメルケースとは単語の先頭を大文字にするルールで、ロワーキャメルケースとは区切りのみ大文字にするルールです。ほかには、すべて小文字で単語の区切りを_で示すスネークケース（例：pay_money）などがあります。

プログラミング言語ごとに命名規約は異なります。たとえばインスタンス変数の命名に関して、Java（Future Enterprise Coding Standards for Java）とRuby（RuboCop Style Guide）では以下の違いがあります。

**表16.4** 言語ごとの命名規約の違い

| 言語 | ルール | 例 |
| --- | --- | --- |
| Java | ロワーキャメルケース | toalPrice |
| Ruby | スネークケース | total_price |

同じ言語でも、採用するコーディング規約によって命名規約が異なるケースがあります。

コーディング規約は既存のものをそのまま利用することもあれば、既存をベースに改良することもあります。いずれにしても、統一的なルールを定めて、チーム全体で可読性を高めていくことが大切です。

---

*3  https://future-architect.github.io/coding-standards/

# 16.4

## レビュー

レビュー時に注意すべき点や工夫のしかたをまとめます。

### 16.4.1
### コードレビューをしくみ化しよう

レガシーコードが書かれる現場では、コードレビューの習慣がない場合が多いです。とりあえず動作するだけの雑なコードが誰のチェックも通らず、次々にマージされていきます。

品質が良くないので、バグが頻発することになります。バグに対して付け焼き刃的な修正がなされますが、得てして根本原因の解決にはなっておらず、何度も同じバグが発生したり、バグ修正が原因で別の箇所がバグ化したりします。

GitHubは、ほかのメンバーからApprove（承認）されたPull Requestのみマージ可能なしくみを利用できます。ほかにもコード品質の解析やユニットテストとの連携、自動実行などCI機能[*4]が充実しています。ぜひ利用しましょう。

Pull Requestしたコードには、コードの歴史や経緯を知っている人や、設計に詳しい人をレビュアーとしてアサインしましょう。

Pull Request作成時のテンプレートテキストには、レビュー観点を盛り込みましょう。ボーイスカウト規則のチェック項目を設けたり、設計ルールへのリンクを貼ったりするのも良いでしょう。

### 16.4.2
### コードを設計視点でレビューしよう

コードレビューは「ロジックが機能要件を満足しているかどうかや、欠陥の有無、コーディングスタイルをレビューするもの」として広く認知されているようです。しかし、むしろ**設計的な妥当性に重点をおいてレビューすべき**です。

本書で解説してきたように、設計品質はコード一つ一つにあらわれます。本書で挙げた設計観点と照らし合わせながらレビューしましょう。

---

[*4] Continuous Integration の略称で、日本語では継続的インテグレーションといいます。コードのリントやテストの通過などを、GitHubへ commit を push するたびに自動で行う機能と考えてください。

16.4.3
## 敬意と礼儀

　コードレビューにおいて、技術的な正しさをかさにきて、攻撃的なコメントを寄せる人がいます。しかし、攻撃的なコメントは、どんなに正しい内容であれ許されません。こうしたレビューは人格を傷つけ、生産性を低下させ、コードを良くするという本来の目標を阻害します。

　コードレビューで最重要なのは、敬意と礼儀です[5][6]。レビューを受ける側への敬意を第一に意識しましょう。技術的な正しさや有用性よりも、まずはともに働く、コードを書く仲間を尊重することです。敬意と礼儀を意識しながら指摘することが、コード品質を高める最短経路です。

　Google の Chromium プロジェクトのレビュー指針、「尊敬に満ちたコードレビュー」を紹介します。この指針は、すべきこと といけないこと を決めています。

| すべきこと | 解説 |
| --- | --- |
| 能力と善意を想定する | 開発者の十分な能力と善意を想定します。ミスは情報不足に起因するものだと考えます。 |
| 会って話し合う | レビューツール上でのやりとりで意見がまとまらなければ、実際に話して意見を交換します。 |
| 理由を説明する | なぜ間違っているか、どういう変更が正しいかを説明します。「間違っています」だけでは相手に伝わりません。 |
| 理由を聞く | 相手の意図が不明瞭なときは、遠慮せず変更理由を聞きます。やりとりを記録することで、将来的に変更の意図などがわかります。また、より良い実装を考える機会にもなります。 |
| 終わりを見つける | 完璧に拘泥して徹底的なレビューをしようとすると、レビューされる側は疲弊します。「絶対に間違いないと保証する」ではなく、「よさそうです」でレビューを適切に終えます。 |
| 適度な時間内に返信する | レビューをいつまでも放置しません。24時間以内に返信できなければ、いつまでに返信できるかをコメントで残すなど、適切に対応します。 |
| ポジティブに述べる | 「すべての欠点を見つけてやるぞ」という気持ちで臨まず、ポジティブな点を認める姿勢でレビューします。無理に褒める必要はありませんが、難しい仕事を引き受けてくれた人や、良い変更をしてくれた人に感謝する姿勢は大事です。 |

[5]　Google の eng-practices というコンテンツの https://google.github.io/eng-practices/review/reviewer/standard.html や https://google.github.io/eng-practices/review/reviewer/comments.html が参考になります。

[6]　Respectful Code Reviews https://chromium.googlesource.com/chromium/src/+/HEAD/docs/cr_respect.md

| いけないこと | 解説 |
|---|---|
| 人を辱めない | 相手は最善を尽くしていることを前提にします。「なぜ気づかなかった？」といった無意味なコメントをしないことです。 |
| 極端な言葉やネガティブな表現を使わない | 「まともな人間ならこうはしない」「ひどいアルゴリズムだ」といったネガティブな表現をレビュー時に使ってはいけません。人を脅して、思い通りに動かそうなどと考えてはいけません。人ではなく、コードについて議論します。 |
| ツールの使用を思いとどまらせない | コードフォーマッターなど自動化ツールを導入してくれたら、まずそのことに感謝します。ツールの利用の是非や好みを押し付けてはいけません。 |
| 自転車置き場の議論をしない | どちらでもいいようなことについて、レビュー上で決着を付けようとしないでください。レビューの目的は「勝ち負け」ではありません。 |

このレビュー指針は、多くをそのまま導入できるでしょう。

簡単な例を示します。次の指摘は技術的には正確かもしれません。しかし、敬意と礼儀に欠けます。

> ここで○○メソッドは使わないでください。パフォーマンスが悪いです。こういう実装は何もいいことがありません。

この指摘は以下の指針に反しています。

- 能力と善意を想定する
- 理由を説明する
- 人を辱めない
- 極端な言葉やネガティブな表現を使わない

これらを踏まえ、望ましい形に直します。

> 動作しますし、十分いい変更です。ただ、パフォーマンスをもう少し改善したいです。○○メソッドでも実装できますが、□□メソッドの方が実行速度で有利です。

読者の皆さんも、意識しないうちに、敬意と礼儀のないコメントをしていないでしょうか。相手を傷つけるかもしれない表現をしないよう注意を払いましょう。正しければ何を言ってもいいというのは、幼稚な考え方です。

16.4.4
## 定期的に改善タスクを棚卸しすること

実装やレビューの途中で良くないコードに気づく場合があります。スケジュール的な問題により対処が難しいこともあります。こうした状況では「後で直しておこう」と後回しにされがちです。

しかし、この手の欠陥は、なんら対策せずにいると放置され、修正されることはほぼありません。なぜなら次々に新しい業務をアサインされ、次のスケジュールで埋まってしまうからです。新しい仕事に忙殺され、結局は忘れ去られてしまうのです。

良くないコードへの対処は、タスク管理ツールに改善タスクとして積み上げておきます。

そして定期的にタスクを棚卸しして、確実に対処できるようにしておきます。たとえば週一回のチームミーティングで、今週取り組む改善タスクの話し合いを設けるのが良いでしょう。

タスク管理にはGitHubのIssueを用いると良いでしょう。ソースコードやPull Requestとの関連付けが便利です。

## 16.5
### チームの設計力を高める

この章で取り上げた開発プロセスは、設計に理解を示すメンバーがチームにある程度いる前提でした。

しかし、チームによっては、設計に詳しいメンバーが誰もいない、それどころか理解者が周囲に誰もいないことがあります。このような状況では、設計改善に取り組もうにも、ほとんどまったくと言っていいほどうまくいきません。

筆者もそうでした。たとえば筆者は、過去に以下のような設計レビューをしたことがあります。

筆者「この○○Managerの責務は何でしょうか」

同僚A「○○を管理するクラスです」

筆者「管理とは何でしょうか」

同僚A「管理は管理です」

筆者「管理が意味するところの具体的な内訳をお願いします」

同僚A「○○を登録したり、△△を転送したり、□□を切り替えたり……」

筆者「それらはいずれも関心事が別ですよね。仕様変更時の課題になりそうなので、関心事それぞれのクラスに分解した方が良いです」

同僚B「気にしすぎですよ、管理は管理でいいじゃないですか」

　このようにレビューがまともに機能しないケースが往々にしてあります。レビューに限らず、設計や実装の改善提案も大変困難になります。

　チーム全体の設計力が不足している場合、設計力を高めていくための活動が必要です。開発リソースを決める経営層を説得するのが一番のように思えますが、それはそれで非常に骨が折れます。どうすればいいのでしょうか。

---

16.5.1
## 影響力を持つレベルにまで仲間を集める

　あなたが品質のマズさに気づき、設計のテコ入れを考えたとします。しかし、自分1人で品質向上活動をしてもなかなか効果は上がりません。下手をすれば、「あいつは指示以外の何か余計なことをやっているようだぞ」と逆に目をつけられてしまうリスクが生じます。

　設計に限った話ではないですが、仕事のやり方をボトムアップで変えていくには周囲の協力が不可欠です。自分のチームやほかすべてを巻き込めるに越したことはありません。しかし、中には考えが合わないメンバーがいるなど、多くを巻き込むのは至難の業です。

　なぜ協力が必要なのでしょうか。それは仕事のやり方を変えるだけの影響力を持つためです。まずは影響力を持てるだけの仲間を集めることが重要です。影響力を発揮できるだけの規模はどれくらいなのでしょうか。

　ランチェスターの法則と呼ばれる軍事理論があります。これは戦闘力、および敵に与える損害量を定義した理論です。このランチェスターの法則を応用したマーケットシェア理論は、市場占有率にもとづいた競争理論です。

　この理論で注目したいのが、市場占有率別の目標を定義したクープマン目標値です。目標値のひとつに、影響目標値があります。これは「影響力を無視できない存在レベルであり、シェア争いに本格参入する目標値」とされています。この

目標値は10.9%と定義されています。筆者は、この数値が現場の改善のために必要な人数の算出にも活かせると考えます。

10.9%。この数値をエンジニアチームに当てはめて考えてみます。仮にチームが20人であれば、2.18で約2人。50人であれば5.45で約5人となります。それほど多くはありません。チームが20人なら自分以外のもう1人を仲間にできれば良いのですから、なんだかいけそうな感じがしますね。

まずは気の合うメンバーに声をかけてみましょう。「最近の実装はどう？変更するのが結構大変だと思わない？」「変更後のデバッグがつらいよね」「ちゃんと設計したいよね」など、なんでも良いです。悩みを打ち明けながら、協力してくれそうな仲間を増やしてみましょう[*7]。

---

16.5.2
## 基本はスモールステップ

仲間が見つかると、もしかしたら本書に書かれている内容を一度に伝えてしまいたい衝動に駆られるかもしれません。

しかし、焦りは禁物です。人は一度に大量の情報を受け止めきれませんし（15.5.5参照）、大きな変化対して不安や抵抗を覚えるものです。

毎日少しずつ、スモールステップで設計の知識を共有していきましょう。もちろん聞き手が食いつく、興味がありそうなら、より多くを共有して議論するのはありでしょう。

---

16.5.3
## 実感が大事、手を動かしてみよう

仲間と設計の知識や認識をある程度共有できたら、一緒にクラスを設計、実装してコードレビューしてみましょう。

「百聞は一見にしかず」と言うように、物事の有様は言葉を重ねるよりも実際に見たり実感したりする方が確かです。設計も同様です。たとえばコードが読みやすいかどうかは感覚的な問題です。つまり、読みやすさについて改善前と改善後とを見比べて、初めて良さを実感できるものです。実際に手を動かして、コードの見通しが良くなった、重複コードが減った、といった実感を仲間と共有してみましょう。

---

[*7] コミュニケーションが得意で顔が広いメンバーが仲間にいるなら、その人に仲間集めを任せるのも一考です。得意なことを任せ、協力して効果的に推進していきましょう。

この際、プロダクションコードを用いての改善実験をおすすめします。架空の仕様やコードを用いるのも良いかもしれませんが、複雑さや無秩序さ、泥臭さはプロダクションコードにおよびません。複雑で無秩序なコードを、シンプルで秩序あるコードに改善することで、設計のありがたみをより実感できます。

---

16.5.4

## フォローアップ勉強会を開いてみよう

仲間の輪をより大きくするために、設計の勉強会を開催してみましょう。

はじめは読書会形式で本書のような設計本を読み合わせるのが良いですが、先述のように、やはり実際に手を動かしてコードを改善してみるのが効果的です。インプットよりもアウトプットの方が学習効果が高いと言われています。

筆者がおすすめする勉強会の流れです[8]。

1. 本に書かれているノウハウを1、2個程度読み合わせる。
2. ノウハウを適用できそうな箇所を、プロダクションコードの中から探す。参加者それぞれが普段触っているコードであればとっつきやすくて良い。
3. ノウハウを使ってコードを改善してみる。
4. どう改善したかについて、before、afterがわかるように発表する。
5. 発表内容について質疑応答や議論をする。

この勉強会を、1回1時間程度、スモールステップで繰り返していきます。こうすることで、インプット、アウトプット、フィードバックをすばやく回すことができ、効果的に記憶に定着します。また、設計に対する意識付けと認知度が向上します。

---

16.5.5

## 勉強会のバッドノウハウ

勉強会のやり方によっては、あまり効果を得られなかったり、イメージダウンしてしまったりするので注意が必要です。

まず、本の読み合わせ「だけ」をするのはおすすめしません。アウトプットが伴わず、学習効果が低いです。また、一度に大量にインプットだけしても、忙しい仕事の中で人はすぐに忘れてしまいます。

---

[8] 参加人数が多い場合は班に分かれて設計作業をするのが良いでしょう。

　先述のように、コードを改善して実際に良くなった感覚を得るのが重要です。インプットだけだと実感が伴わず、「ほんとにこれ役に立つの？実際の開発に使えるのか怪しいんだけど」と、参加者は不安や疑念を抱いてしまいます。もっとひどくなると「あれは理想論、使い物にならない」と失望されてしまいます。

　「これが正しい設計手法だ！すぐに受け入れろ！」と言わんばかりに、これまでの実装を頭ごなしに否定するのも良くありません。設計に限らず新しい技術を取り入れる際は、ついつい既存のスタイルを否定しがちですが、それは悪手です。人にはプライドがあります。成果物を否定されたら良い気分はしないものです。

　不信感が大きくなれば、そもそも話すら聞いてもらえなくなります。設計の輪を広げるどころではなくなってしまいます。こうならないためには、相手の意見に共感したり、尊重したりする姿勢が重要です。そのうえで少しずつ課題と解決方法について冷静に議論し、話の歩みを寄せていきましょう。よく話してみたら、たとえばパフォーマンス上の課題があり、新しい設計手法を適用するにもできなかった、というケースもときにはあったりします。

　ここまで意見共有できて、はじめて同じ目線で設計課題をどうしようか、と一緒に考えていけます。考えが異なる人と目線を合わせるのはなかなか骨が折れるものです。しかし、目線にギャップがある状態で無理に話を通そうとするとお互いが不幸になります。

　なかなか設計の考えが広まらないことに対して、ときには焦りやいらだちを覚えることもあるでしょう。しかし、ここは忍耐です。

　ソフトウェアの変更容易性に課題があるのは、これまで悪魔にたとえてきたように、変更容易性に関する設計が認知されていないことが大きな原因のひとつです。あるべき構造と効果を知らないと、悪魔は見えないのです。

　勉強会においても、設計技術をいきなり無理に教え広めるのではなく、徐々に伝えていくべきです。変更容易性という品質特性がある、そして変更容易性を向上させる設計技術があることを認知させる程度の方が、入っていきやすいでしょう。

---

16.5.6

## リーダーやマネージャーに設計と費用対効果の話をする

　変更容易性にテコ入れできず、低下の一途をたどってしまう組織的な問題は、そもそも開発リソース（予算、計画）に変更容易性に関する設計コストが盛り込まれていないことが主たる要因です。盛り込まれない理由として、予算や計画を

決めるメンバー、すなわちチームリーダーやマネージャーや特に経営層の頭脳に、変更容易性に関する知識がインプットされていないケースが考えられます。

　組織として設計品質を向上させるには、やはり開発プロセスの流れに設計を組み込む必要があります。そのためには、リーダーやマネージャーと設計意識の共有が必須です。プロセスに正式に認められていないと、ほかの仕事を優先するよう指示されるなど、何かと動きにくいものです。

　マネージャーには、費用対効果を中心に話を持っていきましょう。マネージャーは、チームに割り当てられた予算を用いて、どのように投資し、利益を最大化するかに責任を負っているからです。費用対効果は彼らの最大の関心事です。

　開発効率低下の問題と、問題解決のための設計業務があることを伝えましょう。そして設計が必要な投資コストであることを説明しましょう。一方マネージャーからすれば、設計コストがどれぐらい高くつくのか気になるところです。毎日の開発業務の中で、スモールステップで遂行するものであることを説明しましょう。また、いたずらになんでもかんでも設計コストをかけるのではないことも説明しましょう。仕様変更の頻度が高い領域に絞って、集中的かつ効果的に変更容易性向上を狙う設計であることを伝えましょう。

　マネージャーへ説明する際は、1人ではなく仲間と一緒であることが望ましいです。これまで仲間内でやってきた設計活動とその実績も交えて説明すると、より説得力が上がるでしょう。

16.5.7

## 設計責任者を立てる

　開発メンバーの多くが設計品質を良くしていく積極性があれば、品質向上のためのさまざまな取り組みが自然となされていくものです。しかし、そうではない場合、設計責任者を立てることをおすすめします。設計責任者は変更容易性の品質向上のため、以下を推進していくものとします。

- 設計品質に関わるルールや開発プロセスの策定
- ルールの周知、教育
- リーダー・マネージャー層への共有
- 品質の可視化
- 設計品質の維持

　設計方針やコーディングルール、レビュー方法など、設計品質に関わるルールや開発プロセスを策定しましょう。ルールは放っておくと形骸化します。なぜルールが必要なのか、理由を必ず併記しましょう。

　ルールを策定しても、守られなければ意味がありません。開発メンバーに周知徹底しましょう。必要であれば勉強会を開催するなど、教育的な業務も執り行います。ルールは一度ではなかなか伝わりません。繰り返し繰り返し伝えていくことが大事です。

　また、開発メンバーだけでなく、リーダーやマネージャーに対しても、日ごろから設計と開発コストについて意思共有を怠らないようにしましょう。変更容易性は、とかく認知が困難です。困難だからこそ、忘れ去られないよう定期的に伝え、意思共有していくことが大事です。

　15.6で紹介した、設計品質向上に寄与するツールを導入しましょう。品質を可視化し、品質向上を効率化します。導入には当然コストがかかりますから、必要な開発環境であることをマネージャーに説明しましょう。

　設計品質の劣化は仕様変更時に起こります。仕様変更に伴う品質劣化が生じないように取り計らうのも設計責任者の仕事です。たとえば設計的に無理のある仕様変更が、ビジネスサイドからインプットされることがたびたびあるでしょう。ビジネスサイドからは設計品質が見えないことがほとんどなので、ある意味当然といえば当然です。だからこそ設計責任者は設計品質を守る責任があります。懸念のある仕様変更は、設計上どのような課題が生じるかについてビジネスサイドに伝えましょう。課題解消のための落とし所をお互いに模索しましょう。ときには仕様変更を断る勇気も必要です。

　ところで誰が設計責任者になればよいのでしょうか。チーム内にふさわしい人物がいないなら、責任者となるのはほかでもない、読者であるあなただと考えます。読者のあなたは、少なくとも設計に関して課題を感じ、危機意識を持っているものと筆者は考えます。ぜひ設計責任者として立候補し、開発力の向上に貢献してほしいと筆者は願います。

第 **17** 章

設計技術の理解の深め方

さらに奥深く設計を学んでいくための書籍や学習方法を紹介します。

## 17.1
## さらにステップアップするための設計技術書紹介

設計をあまり学んだことがない方は、「設計」という言葉に「中級者以上」とか「難しそうでとっつきにくい」という印象があるかもしれません。あるいは「普段扱っているソースコードに何かしら設計上の問題がありそうだ。設計をどうにかしなきゃいけないと、なんとなく思ってはいる。でも何をどう学んでいいのかわからない」という方もいるでしょう。

ソフトウェア設計は奥深いものがあります。どうスキルアップすればいいのかわからない。実際のプロダクトにどう適用すればいいのかわかりにくい。こういったハードルの高さは実際にあるでしょう。

本書で説明した内容は、設計の入口です。

実は本書は、設計の初歩の考えを身につけていただいてハードルの高さを解消し、初級レベルから中級レベルへ、ハシゴをかけてステップアップするために執筆したものなのです。もっと言うと、本章で紹介する書籍へバトンタッチするために執筆したものなのです。

本書をお読みの皆さんには、以下に紹介する書籍をぜひ手に取っていただき、設計スキルを高めてより良いサービス開発に活かしていただきたいです。なお、詳細な書誌情報は参考文献に掲載しています。

### 17.1.1
### 現場で役立つシステム設計の原則〜変更を楽で安全にするオブジェクト指向の実践技法

楽に変更できるコードをどのように書けば、設計すれば良いかについて、簡単なソースコードを実例に、極めて平易な言葉でわかりやすく説明している良書です。

未熟なコードを少しずつエレガントコードへ成長させていく過程とその意図がとてもわかりやすいです。プログラミング初心者必読の書だと筆者は考えます。

変更が楽になる設計の考え方として、本書と同様にビジネス概念を中心とした設計について手厚く解説しています。さらに、クラス設計のおさえるべきポイン

ト、アプリケーションアーキテクチャ全体の指針など広く解説しており、高品質な設計にチャレンジしたい中級者の方にとっても参考になる本です。

## リーダブルコード ―より良いコードを書くためのシンプルで実践的なテクニック

「3日後の自分は他人」……、プログラミングの世界にはこんな言葉があります。自分が書いたコードでも3日も経てば意図を忘れてしまい、読むのに苦労してしまう、という格言です。

他人や未来の自分が読んでも、意図が理解しやすいコード、優れたコードの書き方について説明しているのがこの本です。

- クラスやメソッドに命名する際の言葉の選び方
- 読み手が必要とする情報を、誤解を与えずに伝えるコメントの書き方
- 理解を促す制御フローの書き方、ロジックの組み方

など、コードの可読性を高めるための実践的テクニックが豊富です。これもプログラミング初心者にとって必読だと考えます。

## リファクタリング　既存のコードを安全に改善する（第2版）

外部から見た動作を変えず、ソースコードの構造を整理するリファクタリングを、第14章にて紹介しました。これはリファクタリングのさまざまな手法、テクニックについて書かれた書籍です。

開発生産性低下を招く「悪魔を呼び寄せるコード」と本書で呼んでいたコード。この本では「不吉な臭い」と呼び、数多くカタログ化されています。そして不吉な臭いそれぞれに対応するリファクタリング手法が用意されています。粗悪なコードとどう戦えば良いのか解説している、まさに戦闘指南書です。

理想的な構造や、悪しき構造による弊害を知らなければ悪魔が見えない、と本書では説明しました。悪しき構造が「不吉な臭い」として豊富なラインナップでカタログ化されているので、この本を学ぶとさらに多くの悪魔が見えるようになるでしょう。

リファクタリングは良き設計に近づける、基本にして重要な手段です。実践的な対応方法を身につける上でおすすめしたい本です。

## Clean Code　アジャイルソフトウェア達人の技

　粗悪なコードを改良し、開発生産性の高いエレガントコードへ洗練する手法について書かれた書籍です。

　書籍『リファクタリング』では言及されていない粗悪なコードのパターンがカタログ化されており、『リファクタリング』とあわせれば、さらにより多くの悪魔が見えるようになるでしょう。

## レガシーコード改善ガイド

　書籍『リファクタリング』と同じリファクタリングがテーマの本ですが、こちらは仕様がわからない、テストもないコードをどのように分析し、リファクタリングしていくかに焦点を当てた本です。

　泥臭いレガシーコードの対処手法が数多く収録されており、実践的な戦い方が学べます。

　コード変更の影響範囲を調べる手段として影響スケッチや試行リファクタリング。修正したらすぐバグ化しそうなレガシーコードを、修正せずに機能追加するスプラウトメソッド。テストのないコードを安全にリファクタリングするメソッドオブジェクトなど、書籍『リファクタリング』とはまた違った分析手法、設計改善手法が豊富です。

## レガシーソフトウェア改善ガイド

　書籍『レガシーコード改善ガイド』がコードベースの戦術論である一方、こちらはリファクタリングをどのように進めていくか、計画や組織にフォーカスした戦略論です。

　いざリファクタリングしようにも、実際には以下の課題がつきまといます。

- 「動いているコードに触るな」と現場の反発を受けやすい
- どこから着手して良いかわからない
- どの規模でリファクタリングして良いかわからない
- チームとどのように合意すべきかわからない
- リファクタリングをうまく回していくための環境整備は？ツール選択は？

このような組織上、計画上の課題にお悩みの方におすすめの本です。

## レガシーコードからの脱却 ―ソフトウェアの寿命を延ばし価値を高める9つのプラクティス

レガシーコードが書かれてしまう要因として、設計技術力が不十分であること以外に、チームの動かし方、仕事の回し方が、問題の下地になっているケースがあります。

本書はアジャイル開発手法を中心に、変化に常に追従可能なコードを継続的に書き続けていくためのチーム運営の方法や考え方を解説しています。

チームリーダーにおすすめの一冊です。

## エンジニアリング組織論への招待〜不確実性に向き合う思考と組織のリファクタリング

良いコードを書きたい、良い設計をしたいと取り組もうにも、組織上のしがらみに阻まれ、高い開発生産性を出せない問題に苦しんでいる方は少なくないはずです。

人の意思決定を阻むあいまいさ、つまり「不確実性」にフォーカスを当て、システム開発の生産性向上を阻む、組織的な課題について切り込んだ一冊です。組織上の社会的課題、心理的課題についてさまざまな観点で解説しており、エンジニアリング組織運営に潜む悪魔を見破る目を養うことができます。

「良い作物は土つくりから」と言われますが、「良いシステム設計は組織設計から」を考えさせられる本です。

## プリンシプル オブ プログラミング　3年目までに身につけたい一生役立つ101の原理原則

SOLID原則を筆頭に、ソフトウェアには設計を改善する原理、原則、指針が数多くあります。この本は原理原則のカタログ集であり、解説集であります。

この本にソースコードは登場しませんが、各原理原則の解説において、守らなかったらどんな弊害が生じるか、守るとどんな良いことがあるかが説明されています。設計上迷いがあるとき、原理原則に当てはめて考えると、設計の良し悪しを判断する一助となるでしょう。

　ソフトウェアの原理原則は特定のプログラミング言語やフレームワークに依存しないので、設計スキルを幅広く高める基盤となります。

## Clean Architecture　達人に学ぶソフトウェアの構造と設計

　設計の理解が進んでくると、さらにより良い設計を目指すにはどうすればよいか、という考えに自然に歩みが進みます。そして設計の対象は、メソッドやクラスなどのミクロな単位から、マクロなアーキテクチャ全体へとおのずと広がっていきます。

　この本はSOLID原則をベースに、アーキテクチャ全体の変更容易性を向上するための原則や観点、考え方を説明しており、多くの示唆に富んでいます。

　Clean Architectureは次に紹介するドメイン駆動設計と一緒に言及されることが多いので、セットで学習を進めると相乗効果でより豊かな設計知見を得られるでしょう。

## エリック・エヴァンスのドメイン駆動設計

　世の中のWebサービスやアプリを想像してみてください。どれも「ここがウリだ！」と言えるような魅力があるでしょう。長く使われるサービスはこのウリを保ちつつ、顧客のニーズに応えて機能が追加／変更され、洗練されていきます。

　一方で、徐々に魅力が薄れ、進化が止まっていくサービスやアプリも存在します。

　サービスの魅力がわからなくなったり、停滞を感じたりするようになるのは、実は開発側も同じです。「うちらの開発しているサービスって、何がウリなんだっけ？今開発している新機能って、本当に顧客にウケるの？」と疑問を覚えた経験があるはずです。または「サービスのウリはわかっている。この機能を追加すればさらにウケるのがわかっているのに、既存のコードが複雑すぎて、全然機能追加できそうにない！」と不満を覚えた経験もあるでしょう。

　ウリを見定め、ウリを常に成長し続けられる構造を設計する手法が、ドメイン駆動設計（DDD、Domain Driven Design）です。

　サービスのウリとは、中心的価値を発揮するコアな事業領域です。この領域を、ドメイン駆動設計ではコアドメインと定義します。そのうえで、以下を実現する設計手法や考え方を解説します。

- コアドメインのビジネス価値（機能性）をより高める。
- コアドメインを構成するロジックの変更容易性を高め、ビジネス価値をすばやく高められるようにする。
- 長期的に成長可能な設計に落とし込み、サービスを利益体質にする。

内容的にはかなり抽象的でとっつきにくい説明が多いですが、マイクロサービスの設計ではほぼセットで語られるほど、設計判断の示唆に富んだものです。より設計の高みを目指す方にはぜひ手に取ってほしい本です。

17.1.12

## セキュア・バイ・デザイン 安全なソフトウェア設計

バグにはさまざまな原因があります。主たる原因のひとつとして、不正な値、ありえない値の混入によるものがあります。不正な値は、外部の攻撃者により意図して入力されるほか、ソースコードのロジックの誤りにより、意図せずシステム内部でつくられてしまうケースもあります。

自己防衛責務の考え方にもとづいて、クラス一つ一つが自分自身で不正状態から身を守る設計が重要であることを、筆者は解説しました。

この『セキュア・バイ・デザイン』はセキュリティ設計の本ですが、多要素認証やパスワード管理ツールといった、よくあるセキュリティ対策を解説したものではなく、自己防衛責務と同様に、不正状態に陥らないようクラスをどのように設計していくかにフォーカスしたものになっています。

そして非常に特徴的なのは、ドメイン駆動設計にもとづいた考え方で解説していることです。書籍『ドメイン駆動設計』にはソースコードがあまり登場しません。実際にどのような設計や実装に落とし込むかについて、解釈が難しい側面があります。『セキュア・バイ・デザイン』では、ドメイン駆動設計に登場する難解な考え方をわかりやすく噛み砕いて解説しています。サンプルコードも豊富です。

そのため、ドメイン駆動設計学習者の間で人気が高まってきている書籍です。セキュリティ向上を通じてドメイン駆動設計の考え方を学べる良書です。

17.1.13

## ドメイン駆動設計入門　ボトムアップでわかる！ドメイン駆動設計の基本

書籍『セキュア・バイ・デザイン』はサンプルコードが豊富でわかりやすくは

ありますが、初学者にとっては重厚で、理解にはやや技術レベルを必要とする内容です。

書籍『ドメイン駆動設計入門』は、ドメイン駆動設計に登場する設計パターンを中心に極めて平易な言葉で解説している入門書です。収録しているソースコードも豊富、かつシンプルです。

ドメイン駆動設計には値オブジェクトや集約などの各種設計パターンのほか、ユビキタス言語、境界付けられたコンテキスト、深いモデル、ドメインエキスパートなど、新しい概念が山ほど登場します。まずはこの本で基本的な設計パターンとその意図をおさえ、そこからドメイン駆動設計本書に踏み入れることをおすすめします。

---

### 17.1.14
## ドメイン駆動設計　モデリング/実装ガイド

こちらもドメイン駆動設計の入門解説書です。

ドメイン駆動設計の目的やモデリング手法、登場する各種設計パターンの意図が、平易な言葉で説明されています。サンプルコードも豊富です。

少ないページ数で大事なポイントをしっかり解説しているので、手に取りやすい一冊です。

Q&Aが充実しており、設計に迷ったときの助けになるでしょう。

---

### 17.1.15
## ドメイン駆動設計　サンプルコード＆FAQ

こちらは前述の『ドメイン駆動設計モデリング/実装ガイド』の続編です。

モデリングやテストコードに加え、ドメイン駆動設計では難解な「集約」について、それぞれ重点的かつ詳細に解説しています。

また、著者の松岡幸一郎氏はドメイン駆動設計に関する質問をネット上で年間数百件も受け付けているとのことで、この本ではFAQに対してトピック的に数多く回答しています。

前作と同様にこちらの本でもサンプルコードが豊富で、しかも一つ一つが洗練された内容でコンパクトにまとまっており、非常に学びやすいコードになっています。

ドメイン駆動設計でつまずきやすいポイントに対して、しっかりアシストする知見にあふれた一冊です。

## 17.1.16
## テスト駆動開発

テスト駆動開発とは、テストコードを最初に書き、テストが通るようプロダクションコードを実装し、さらにリファクタリングしてコードを洗練していく手法です。

本書は、仕様変更が発生した状況を例に、テスト駆動開発で対応する方法について書かれています。正しく動くコードをテストを用いて確実に実装する、そんな方法が実際のコードを用いて解説されています。また、テストに有用な設計パターンや手法についても各種記述があります。

テストしやすいコードは、変更容易性が高く良いコードとされています。テスト駆動開発を通じて、自然に良いコードの設計が身につきます。

**Column**

### バグ退治RPG『バグハンター2 REBOOT』

**図17.1**　バグハンター2 REBOOT

　設計技術書ではないですが、学びの一助になるものとして、筆者が制作したゲームを紹介します。バグ退治RPG『バグハンター2 REBOOT[a]』です。

　このゲームでは、バグやレガシーコードが敵となって襲いかかってきます。さまざまなプログラミングスキルや設計スキルを駆使してバグを退治していくRPGです。

たとえば、本書で紹介した生焼けオブジェクトや退化コメントなどがモンスターとなって主人公たちの行く手を阻みます。退化コメントは混乱攻撃を繰り出し、スマートUIは防御を固める密結合を使うというように、我々が普段の開発で困ってしまいそうなことを技として繰り出してくるのです。本書で取り上げた、多くの悪しき構造が、うんざりするほど敵として登場します。

そしてこのゲーム、単にレベルを上げて敵を殴るだけでは、なかなか敵を倒せません。スキルを効果的に使うことで楽に進めるデザインになっています。

カプセル化や値オブジェクトといった、本書で取り上げたテクニックがスキルとして登場します。たとえば「コーディングルール」は、退化コメントに大ダメージを与えられます。「ユニットテスト」は敵の反撃を封じることができます。このようにスキル効果は、実際のプログラミングスキルの効果をイメージしています。

また、「単一責任の原則」や「リスコフの置換原則」といった設計の原理原則が、スキル習得に必要なアイテムになっています。

このゲームをプレイしているだけで、設計関係のさまざまな用語と出会います。遊びながらちょっとした学びになる、筆者自慢の作品です。

スマホやPCでプレイ可能です。無料なので、ぜひお手にとって遊んでいただけると幸いです。

---

*a　https://game.nicovideo.jp/atsumaru/games/gm22047

## 17.2

# 設計スキルを高める学び方

実践的な設計スキルを高めるための効率的な学び方を紹介します。

### 17.2.1
### 学習のための指針

まず学習にあたり大事にしたい指針を2つ解説します。

- インプットは2、アウトプットは8
- 設計効果を必ず意識すること

**インプットは2／アウトプットは8**

1つ目の指針は、インプットよりアウトプットを重視することです。インプットを2としたら、8ぐらいの割合でアウトプットします。これは設計に限らず学習に関して広く言えます。

たとえば自転車の乗り方を一生懸命本で勉強しても乗れません。実際に乗って練習し、バランスの取り方などを身体で覚える必要があります。サービス開発可能な実践的なプログラミングスキルを身につけるには、プログラミング言語の入門書を読んだだけでは困難です。実際に機能要件を自分で噛み砕き、要件を満たすロジックを考えて組んでいく経験が必要です。

同様に、設計も本を読むだけではなかなか理解が進みません。実際に手を動かして試行錯誤する経験を経て、初めて大幅なスキルアップをのぞめます。

1つ新しいことを学んだら、すぐにコードを書いて自分なりにいろいろ考え試行錯誤しましょう。

**設計効果を意識する**

2つ目の指針は、設計の前後で必ず効果（設計効果）を確認することです。

たとえばストラテジパターン（6.2.7）は条件分岐の重複コードを削減する効果があります。ストラテジパターンを使うなら、適用するコードが抱える課題とストラテジパターンの効果が一致するかを確認します。

設計適用後、本当に効果が得られたかどうかを確認します。思った効果がいまいち得られていないのであれば、何が問題なのか、どう工夫すれば良いか考えます。さらに改善を積み重ねられ、設計の理解が深まります。

一番良くないのは、設計効果を大して意識せず、構造だけをまねて満足してしまうことです。問題解決にならないばかりか、逆に構造を複雑にしてしまって、問題が深刻化する場合すらあります。聞きかじった程度の設計パターンを意味もなく適用して複雑化しているケースが結構多く見られます。

以上2つの指針にもとづき、次に示す方法で学びを深めましょう。

17.2.2

## 悪魔の構造を見破る練習

本書全体を通じて、どのような構造が悪魔を呼び寄せるかを説明しました。より良い設計にしようとするモチベーション、危機感を高めるには、どこに悪魔が潜んでいるのか見破る目を養うことが第一歩です。本書の内容と照らし合わせな

がら、普段開発に携わっているプロダクションコードを眺めてみましょう。構造的に良くない箇所はどこか、なぜ良くないのか分析する練習を積みましょう。先に紹介した書籍『リファクタリング』や『Clean Code』を読めば、「悪魔の正体を見破る目」をさらに増やせます。

17.2.3

## リファクタリングで大幅スキルアップ

設計スキルを大幅に高める方法といえば、なんと言ってもリファクタリングです。筆者もリファクタリングで相当設計スキルが鍛えられました。

手順を説明します。リファクタリングの練習題材にするのは普段仕事で使っているプロダクションコードです[*1]。プロダクションコードは泥臭い複雑さを抱えています。だからこそ、実践レベルで使える設計力を養えます。

まずリポジトリからローカルにプロダクションコードをチェックアウトし、練習用にブランチを切ります。このブランチでリファクタリングの練習をします。あくまで練習用なので、製品ブランチにマージしてはいけません。

次にリファクタリング対象を選びます。行数の多いメソッドやpublicメソッドは難易度が高いので避けましょう。なぜならほかのさまざまなクラスやメソッドに依存している度合いが高いからです。行数の少ないprivateメソッドやstaticメソッドが、ちょうど良い練習題材になります。publicメソッドと違い、ほかとの依存が小さいからです。

本書記載のテクニック、たとえば早期return（6.1）やファーストクラスコレクション（7.3.1）を用いてネストを解消するなど、いろいろ試してみましょう。何かの計算をしてローカル変数に格納しているロジックがあれば、そのローカル変数の値をインスタンス変数とする値オブジェクトを設計してみましょう。そして値オブジェクトに計算ロジックを移動させてみましょう。

繰り返しになりますが、アウトプットが重要です。とにかく数をこなすことが大事です。また、意図した効果が得られているかを必ず確認しましょう。

構造変更の練習だけできれば良いので、テストコードを書く必要は特にありません。テストコードを使った本番さながらのリファクタリングを練習すれば、さらにスキルアップがのぞめます。

---

[*1] 架空のコードはあまり泥臭さが伴わないため、良い練習題材とはなりません。

Column

## C#と長き旅、そして設計への道

筆者はC#でのWindowsアプリ開発の経験が最も長いです。大学の研究室での経験年数も含めると十数年あります。C#での開発経験を通じて、設計スキルが最も向上しました。

筆者は最初から設計に興味や知識があったわけではありません。C#を使った、とある開発プロジェクトに従事した際、ひどいレガシーコードに苦しめられていたことがありました。バグが頻発してプロジェクトは炎上し、残業続きの毎日でした。次第に疲れ果て、「なぜこれほどバグが多いんだろう……。いったい何がマズいんだろう……」と悩む日が続きました。

そんなある日、何か良い技術本はないかなと、職場の本棚をなんの気なしにあさって偶然手にした本がありました。『リファクタリング』です。「コードが理解しやすくなる」「バグが少なくなる」の記述を目にしたとき、「これだ！」と筆者は衝撃を覚えました。

コード変更時にバグを埋め込みにくくする設計がある……、筆者がソフトウェア設計に初めて触れた日であり、大げさではなく筆者の運命を本当に変えた本でした。

読んですぐ、学んだ内容を試したくなりました。プロダクションコードのリポジトリから練習用のブランチを切り、プロダクションコードを題材にリファクタリングの練習や試行錯誤を毎日積み重ねました。この時期、設計スキルが最も伸びました。

複雑で混乱したロジックがきれいに整頓されていく有様があまりにもおもしろかったので、ますます設計への興味が高まって、『レガシーコード改善ガイド』や『ドメイン駆動設計』など、さまざまな設計技術書を買い漁りました。

ところで筆者が現在リファクタしているRailsアプリに比べ、C#ははるかにリファクタリングしやすいです。C#は静的型付け言語であり、静的解析によりクラスやメソッドの呼び出し箇所を正確に追跡できます。IDEのVisual Studioは大変高機能です。テストコードをすぐに書けますし、コード分析して品質を数値化できます。書いたコードをクラス図として可視化できます。

しかし、こうした恵まれた環境であっても、設計に理解がなければ、筆者が経験してきたようにバグが頻発し、プロジェクトは炎上します。設計品質向上の手段がはじめから豊富に用意されているのに、宝の持ち腐れです。本当にもったいなく感じます。

それどころか残念なことに、IDEの便利機能が仇となり、品質低下の手助けになっていたケースがありました。

たとえばregionディレクティブというプリプロセッサ記述があります。これは#regionでくくった範囲の行を折りたたんで隠せる機能です。数百行

に及ぶ長大なメソッドを折りたたんで隠す用途に、`region`ディレクティブが頻繁に使われていました。好んで使っていた方々は「読みやすくなって便利」と口にしていましたが、本来であれば長大なメソッドは小さく分割すべきです。設計改善の必要性を覆い隠し、見て見ぬふりを助長していました。

また、「if文の終わり括弧を探す機能があるんですよ。これがあればif文のブロックに何千行書いても大丈夫ですよ。すごいと思いませんか！」と大喜びで語っていた人もいました。長大で粗悪なコードを改善するのに、括弧を正確に探す機能は助けになります。しかし、逆に粗悪なコード書く手助けになっていたことがとても残念でした。

言語の特性や開発環境を活かすも殺すも、設計スキル次第です。設計をよく学び、品質を正しく高めていきましょう。

17.2.4

## 動くコードを書いたら、設計し直してからコミット

開発時に設計スキルを高め、かつ品質の高いコードをコミットする方法です。

コードを書く前にある程度設計してもいいですが、まずは動くコードを早く書くことをおすすめします。時間をかけて慎重に設計しても、いざコードに落とし込んでみると、動作に不可欠な要素を見落としているケースが多々あるからです。

動作するコードを実装できたら、そのままコミットしてはいけません。そこからあるべき構造を設計します。動作に必要な値、計算ロジック、分岐ロジックが、動くコードから得られます。それら動作に必要な要素をメモ帳などにメモしておきます。メモしておいた要素を用い、今度は変更容易性を考慮したクラスとして設計します。そして最初に雑に書いたコードの代わりに、新たにつくったクラスを組み込みます。動作に問題がなければコミットします。

こうすることで品質の高いコードをコミットできますし、実践レベルの設計スキルも向上します[2]。

17.2.5

## 設計技術書でさらなる高みを目指そう

設計がうまくいくと楽しくなってくるものです。そのときこそ、成長のチャン

---

[2]　この手法では、動くコードを設計し直す際、テスト駆動開発を用いればさらに正確性が向上します。興味のある方は書籍『テスト駆動開発』を読んでみましょう。

スです。先に挙げた技術書を入手し、学びを深めてほしいです。

　書籍『リファクタリング』や『レガシーコード改善ガイド』は、ケースに応じた対応方法がカタログ的に記述されています。そのため通読しなくても、使いたい手法をお手軽に拾い読みしてすぐ試せます。繰り返しになりますが、アウトプットを重視し、読んだらすぐ手を動かして試行錯誤しましょう。そして設計の効果を確認しましょう。

　書籍『ドメイン駆動設計』は、ソフトウェアを長期的に成長させる、価値の高い設計知見にあふれています。難解ではありますが、関連する入門書がいろいろ出版されており、サポートが豊富です。やはりドメイン駆動設計も、手を動かし、さまざまな試行錯誤を経て理解が深まります。

　設計力を高め、エンジニアの皆さんが悪魔に苦しめられず、快適に楽しく開発していける世界を目指していこうではありませんか。

# 参考文献

- 『オブジェクト指向入門 第2版 原則・コンセプト』著：Bertrand Meyer、訳：酒匂寛、2007年刊行、翔泳社
- 『現場で役立つシステム設計の原則 ～変更を楽で安全にするオブジェクト指向の実践技法』著：増田亨、2017年刊行、技術評論社
- 『ThoughtWorksアンソロジー ―アジャイルとオブジェクト指向によるソフトウェアイノベーション』著：ThoughtWorks Inc.、訳：株式会社オージス総研オブジェクトの広場編集部、2008年刊行、オライリージャパン
- 『楽しい Scala 気軽にはじめてみよう』著：かとじゅん（j5ik2o）、URL：https://zenn.dev/j5ik2o/books/scala-book-0f190ca38c551a9def3f
- 『ドメイン駆動設計 モデリング/実装ガイド』著：松岡幸一郎、2020年刊行
- 『ドメイン駆動設計 サンプルコード＆FAQ』著：松岡幸一郎、2021年刊行
- 『新装版 達人プログラマー 職人から名匠への道』著：Andrew Hunt、David Thomas、訳：村上雅章、2016年刊行、オーム社
- 『Clean Code アジャイルソフトウェア達人の技』著：Robert C. Martin、訳：花井志生、2017年刊行、ドワンゴ
- 『新装版 リファクタリング 既存のコードを安全に改善する』著：Martin Fowler、訳：児玉公信、友野晶夫、平澤章、梅澤真史、2014年刊行、オーム社
- 『プリンシプル オブ プログラミング 3年目までに身につけたい一生役立つ101の原理原則』著：上田勲、2016年刊行、秀和システム
- 『Clean Architecture 達人に学ぶソフトウェアの構造と設計』著：Robert C. Martin、訳：角征典、高木正弘、2018年刊行、ドワンゴ
- 『レガシーコード改善ガイド』著：Michael C. Feathers、訳：平澤章、越智典子、稲葉信之、田村友彦、小堀真義、2009年刊行、翔泳社
- 『Effective Java 第3版』著：Joshua Bloch、訳：柴田芳樹、2018年刊行、丸善出版
- 『エリック・エヴァンスのドメイン駆動設計』著：Eric Evans、監訳：今関剛、訳：和智右桂、牧野祐子、2011年刊行、翔泳社
- 『スケールする要求を支える仕様の「意図」と「直交性」』著：広木大地、URL：https://qiita.com/hirokidaichi/items/61ad129eae43771d0fc3
- 『リーダブルコード ―より良いコードを書くためのシンプルで実践的なテクニック』著：Dustin Boswell、Trevor Foucher、訳：角征典、解説：須藤功平、2012年刊行、オライリージャパン
- 『UMLモデリングの本質 第2版』著：児玉公信、2011年刊行、日経BP
- 『概念投影によるオブジェクト指向設計の考え方とその方法』著：林宏勝、URL：https://speakerdeck.com/hirodragon112/conceptual-projection-design
- 『テスト駆動開発』著：Kent Beck、訳：和田卓人、2017年刊行、オーム社
- 『JIS X 25010:2013 システム及びソフトウェア製品の品質要求及び評価（ＳＱｕａＲＥ）－システム及びソフトウェア品質モデル』URL：http://kikakurui.com/x25/X25010-2013-01.html

- 『Design It! ―プログラマーのためのアーキテクティング入門』著：Michael Keeling、訳：島田浩二、2019年刊行、オライリージャパン

- 『DXレポート ～ITシステム「2025年の崖」克服とDXの本格的な展開～』著：デジタルトランスフォーメーションに向けた研究会、URL：https://www.meti.go.jp/shingikai/mono_info_service/digital_transformation/pdf/20180907_03.pdf

- 『老朽化ソフトウェアの技術的な負債、毎年12兆円の衝撃』著：広木大地、URL：https://note.com/hirokidaichi/n/n1ce83fa154e5

- 『エンジニアリング組織論への招待 ~不確実性に向き合う思考と組織のリファクタリング』著：広木大地、2018年刊行、技術評論社

- 『Technical debt: From metaphor to theory and practice』著：Philippe Kruchten・Robert L. Nord・Ipek Ozkaya、2012年刊行、IEEE Software 2012 November/December, vol.29, No.6, 18-21

- 『レガシーソフトウェア改善ガイド』著：Chris Birchall、訳：吉川邦夫、2016年刊行、翔泳社

- 『循環的複雑度』著：MathWorks Inc.、URL：https://jp.mathworks.com/discovery/cyclomatic-complexity.html

- 『The magical number 4 in short-term memory: A reconsideration of mental storage capacity.』著：Nelson Cowan、2000年刊行、Behavioral and Brain Sciences(2000), 24, 87-185

- 『凝集度と結合度：このコードのどこが悪いのか？』著：長瀬嘉秀、西田高士、テクノロジックアート、URL：https://www.itmedia.co.jp/im/articles/0510/07/news106.html

- 『元ゲーム開発者のためになるゲームデザイン（マジカルナンバー）のお話。』URL：https://togetter.com/li/1074311

- 『なぜ重大な問題を見逃すのか? 間違いだらけの設計レビュー』著：森崎修司、編集：日経SYSTEMS、2013年刊行、日経BP

- 『「ランチェスター戦略」をビジネスに応用した「マーケットシェア理論」』URL：https://www.sumitai.co.jp/recruit/?column=41

- 『リファクタリング（第2版）既存のコードを安全に改善する』著：Martin Fowler、訳：児玉公信、友野晶夫、平澤章、梅澤真史、2019年刊行、オーム社

- 『レガシーコードからの脱却 ―ソフトウェアの寿命を延ばし価値を高める9つのプラクティス』著：David Scott Bernstein、訳：吉羽龍太郎、永瀬美穂、原田騎郎、有野雅士、2019年刊行、オライリージャパン

- 『実践ドメイン駆動設計』著：Vaughn Vernon、訳：高木正弘、2015年刊行、翔泳社

- 『セキュア・バイ・デザイン 安全なソフトウェア設計』著：Dan Bergh Johnsson、Daniel Deogun、Daniel Sawano、訳：須田智之、2021年刊行、マイナビ出版

- 『ドメイン駆動設計入門 ボトムアップでわかる！ドメイン駆動設計の基本』著：成瀬允宣、2020年刊行、翔泳社

- 『Half baked objects』著：Kristofer、URL：https://krkadev.blogspot.com/2010/05/half-baked-objects.html

# 索　引

( 著者プロフィール )

**仙塲 大也**（せんば だいや）

Twitter：ミノ駆動（@MinoDriven）
青森県出身。大手電機メーカーなどを経て、現在はREADYFOR株式会社にてアプリケーションアーキテクトを務める。リファクタリングや設計全般を推進。
悪しきコードとの戦いの中で設計の魅力に気付く。暇さえあれば脳内でリファクタリングしている。
Twitterではプログラミングの風刺動画を不定期で投稿。
Developers Summit 2021 Summerベストスピーカー賞3位。その他登壇多数。

● 本書サポートページ
https://gihyo.jp/book/2022/978-4-297-12783-1
本書記載の情報の修正／補足については、当該Webページで行います。

| | | |
|---|---|---|
| ● 装丁デザイン | 西岡裕二 | |
| ● 本文デザイン | 西岡裕二、 | |
| | 山本宗宏（株式会社Green Cherry） | |
| ● 組版 | 山本宗宏（株式会社Green Cherry） | |
| ● イラスト | 青木健太郎（セメントミルク） | |
| ● 編集 | 野田大貴 | |

■ お問い合わせについて
　本書の内容に関するご質問は書面、FAX、Webで受け付けております。お電話によるご質問はお答えできません。また、ご質問は書籍内容に関するもののみとさせていただきます。ご質問の際に記載いただいた個人情報は質問の返答以外の目的には使用せず、返答後破棄いたします。

〒162-0846
東京都新宿区市谷左内町21-13
株式会社技術評論社雑誌編集部
「良いコード／悪いコードで学ぶ設計入門」質問係
FAX：03-3513-6173
URL：https://gihyo.jp/book/2022/978-4-297-12783-1

# 良いコード／悪いコードで学ぶ設計入門
## ——保守しやすい 成長し続けるコードの書き方

2022年 5月12日 初版 第1刷発行
2023年 4月11日 初版 第9刷発行

著　者　仙塲 大也
発行者　片岡 巌
発行所　株式会社技術評論社
　　　　東京都新宿区市谷左内町21-13
　　　　TEL：03-3513-6150　販売促進部
　　　　TEL：03-3513-6177　雑誌編集部
印刷／製本　日経印刷株式会社

©2022　仙塲大也
ISBN978-4-297-12783-1 C3055
Printed in Japan